近代物理实验

(第三版)

主编 裴 宁 张赛锋 马洪良 钟建新

上海大学出版社

·上海·

图书在版编目(CIP)数据

近代物理实验/裴宁等主编. —3 版. —上海：
上海大学出版社,2024.6
ISBN 978-7-5671-4983-0

Ⅰ.①近… Ⅱ.①裴… Ⅲ.①物理学-实验 Ⅳ.
①O41-33

中国国家版本馆 CIP 数据核字(2024)第 106694 号

责任编辑　司淑娴　丁嘉羽
封面设计　缪炎栩
技术编辑　金　鑫　钱宇坤

近代物理实验

主编　裴　宁　张赛锋　马洪良　钟建新
上海大学出版社出版发行
(上海市上大路99号　邮政编码200444)
(https://www.shupress.cn　发行热线 021-66135112)
出版人　戴骏豪

*

南京展望文化发展有限公司排版
江苏句容排印厂印刷　各地新华书店经销
开本 787mm×1092mm　1/16　印张 15.5　字数 378 000
2024 年 7 月第 3 版　2024 年 7 月第 4 次印刷

ISBN 978-7-5671-4983-0/O・74　定价：58.00元

版权所有　侵权必究
如发现本书有印装质量问题请与印刷厂质量科联系
联系电话：0511-87871135

前　言

近代物理实验是综合性大学理科最基本的实验课程之一,为培养学生的创新能力、实践能力,提高学生的科学素质打下扎实的基础.当今社会正处在一个科学技术高速发展、高新技术层出不穷的时代,物理学和物理实验技术在其他各学科和领域中迅速渗透并得到广泛应用.近代物理实验不仅使学生能生动直观地观察学习近代物理学发展过程中的重要实验,领会实验设计思想,进一步巩固和综合应用已学习的理论知识,而且可以了解和掌握最新的现代测量技术.通过这些实验的训练,学生可以了解近代物理的基本原理,学习科学实验的方法和设计思路、科学仪器的使用和现代实验技术,养成实验动手能力和科学作风.

实验教学的重要目的是提高学生的科学素质,培养学生的动手能力和创新精神.本书包括的实验突出物理思想和当代测试技术,引导学生认真观察物理现象、分析物理问题,训练学生的观察能力、判断能力、分析能力和综合应用能力,培养学生探索物理规律的热情、积极性和创新思维.本书力图展示上海大学物理实验中心近年来新开设的实验内容,这些结合引进的新设备开出的新实验,更多地体现和吸收了当今科学研究的测量技术,使近代物理实验这门课程更加紧跟时代的发展.

本教材是根据在教师的指导下学生独立完成实验和实验报告为指导思想编写的,因此在使用本教材时需要注意以下三个方面:

(1) 实验前的预习是非常重要的,了解与实验相关的理论,并预计在实验中可能将要碰到的问题.在预习报告中写下实验的基本思想和所用的实验方法,在了解实验装置和实验步骤的基础上作好记录数据表格.

(2) 实验时,记录实验的全过程,包括操作过程、实验条件、实验数据和观察到的实验现象;实验中对仪器或者装置的修改和大的调整需要作详细的记录并和实验结果的比对;老师检查数据和实验方法后在预习报告上签名.

(3) 实验结束后,在实验总结报告作数据处理和分析,学生必须估算测量结果的不确定度,签名的预习报告必须连同实验报告一起交给指导老师,这是培养学生具有良好的实验素质的一个重要方面.

本教材是上海大学物理实验中心近年来近代物理实验课程建设的总结和教学改革成果的体现,是实验室工作的教师和实验技术人员辛勤工作的结晶.本书难于一一记述对各个实验作过贡献的人员名字,在这里只列出参加最后编写工作的作者名单.单元一:马洪良;单元二:王叶;单元三:马洪良,陆江;单元四:王志坚,马洪良,王春涛;单元五:李明;单元六、单元七:马洪良,裴宁;单元八:张义邴,韩咏梅;书中所有插图:陆江.

在此,我们谨向所有对本书作出贡献的老师和实验技术人员表示衷心的感谢.上海大学教务处和物理系许多教师对本教材的编写给予了极大的鼓励和支持,提出了很多指导性的意见和建议;本教材的审稿专家和上海大学出版社的编辑们都为本教材的出版作出了巨大的贡献,借此,我们向他们表示衷心的感谢.由于我们水平有限和时间紧迫,教材中不妥之处在所难免,希望使用本教材的同行、教师和学生批评指正.

编 者

2005年3月于上海大学

2011年11月修订

再 版 说 明

《近代物理实验》第二版是为了适应近代物理实验教学的要求在第一版的基础上修订而成的.为了满足近代物理教学实验室开放和增加创新实验,本次修订版中不仅在实验编排上作了调整,而且在内容上作了许多的补充.对第一版中的一些错误及不妥之处作了更正和修改,主要修订如下:

除单元一"误差理论与数据处理"保持第一版的内容外,其他单元实验都作了大的改动.对单元二"基于 Newport 光学组合仪的光学及光纤光学实验"内容进行了整合,并增加新的知识,将第一版中"光纤位移传感器"和"干涉式位移传感器"内容合并为"位移传感器".第一版中单元三、单元四、单元五和单元七按照物理内容进行了整合,第二版单元三"原子物理与光谱测量技术"增加了电子束在电场/磁场中运动规律、黑体辐射和紫外-可见-红外分光光度计等内容,将第一版中"氢原子光谱和里德堡常数"和"氢氘同位素移位"整合为第二版的"氢原子光谱".第二版单元四"法拉第效应"更换了新的实验装置,由第一版中是德国莱宝教具公司的半定量实验升级到第二版的定量实验.第二版单元五"微波、微弱信号测量和等离子体"增加了"微波的干涉和衍射"和本实验室开发的最新实验"低温等离子体温度和密度测量".按照内容将"核磁共振"整合到第二版单元六"核物理技术应用",由于 ^{22}Na 辐射源的半衰期较短,辐射源不易得到,"正电子淹没寿命谱"在第二版中没有包括.第二版中增加了单元八"创新实验",是实验室创新实验建设的最新成果,目的是让学生更早地接触创新研究实验,更充分地激发学生的兴趣和创新能力.

在此再版之际,感谢物理实验中心全体老师、技术人员和学生在使用本教材第一版中提出的宝贵意见和修改建议,正是由于在教学中教师和学生发现问题并反馈给我们,使我们能够在这次修改中予以更正.

参加本教材第二版编写和修订的人员包括马洪良、张义邴、王志坚、李明、王叶、裴宁、陆江、王春涛和韩咏梅等.

编　者
2011 年 11 月于上海大学

第三版说明

《近代物理实验(第三版)》是在第二版的基础上,依据我校近年开设的近代物理实验项目、总结近年教学实践经验,修订而成.主要修订如下:

因多个近代物理实验涉及光谱测量技术,所以在单元一中增加了光谱测量技术的介绍,介绍了光谱仪器的测量原理和使用方法.考虑到误差理论与不确定度的计算方法已在前置课程"大学物理实验"做了详细的介绍,本书不再复述,删除了第二版中的误差理论内容.

本书新增了单元五——磁共振技术.其包含了核磁共振实验、光磁共振实验和微波铁磁共振实验.其中后两个实验是本书新增的实验.

在单元四中增加了近年增设的实验项目——椭圆偏振仪测量薄膜厚度.

对"核磁共振""相关器原理和基本参数"和"真空镀膜"的实验装置和实验内容作了更新.对"X射线衍射"和"激光拉曼光谱"的实验内容作了更新.删除了近年不常开设的"紫外-可见-红外分光光度计""光学图像处理""光全息干涉计量实验""朴克尔斯实验"和"小型制冷装置制冷量和制冷系数的测量"实验.

在此第三版之际,感谢教务处、理学院和物理系对本教材修订的支持,感谢物理实验中心全体老师、技术人员和学生在使用本教材中提出的宝贵意见和修改建议.教材的编写是物理实验中心广大教师和实验技术人员集体的结晶.裴宁、张赛锋和钟建新对本教材作了统稿、审编,参加本教材第三版编写和修订的人员主要包括裴宁(单元一第1节,单元二,单元四实验十、十一、十二、十四,单元五实验十五、十七,单元六,单元七)、马洪良(单元一第2节,单元三,单元四实验十三,单元五实验十六,单元八实验二十六)、张义郇(单元八实验二十五)、耿在斌(单元四实验十三)、韩咏梅(单元八实验二十六)、陆江(书中插图)等.

由于编者的水平和经验有限,书中出现错误在所难免,敬请专家和同学批评指正.我们将认真听取宝贵意见,不断完善本书.

编 者

2024年4月于上海大学

目 录

单元一 　实验基础知识 ··· 1
　1.1 　数据处理方法：最小二乘法拟合 ·· 1
　1.2 　光谱测量技术 ·· 5

单元二 　基于 Newport 光学组合仪的光学和光纤光学实验 ······················ 12
　2.1 　光纤基础知识 ··· 12
　2.2 　光学组合仪简介 ·· 19
　实验一 　光纤的操作和光纤数值孔径测量 ·· 31
　实验二 　半导体激光器特性测量 ·· 37
　实验三 　位移传感器 ·· 52

单元三 　原子物理 ·· 72
　实验四 　电子束在电场-磁场中运动规律 ·· 73
　实验五 　氢原子光谱 ·· 80
　实验六 　黑体辐射 ··· 85
　实验七 　塞曼效应 ··· 88
　实验八 　X 射线装置及实验 ··· 94
　实验九 　激光拉曼光谱 ··· 104

单元四 　光学 ·· 110
　实验十 　激光全息摄影 ··· 111
　实验十一 　阿贝成像原理和空间滤波 ··· 119
　实验十二 　超声光栅 ·· 126
　实验十三 　椭圆偏振仪测量薄膜厚度 ··· 131
　实验十四 　法拉第效应 ··· 142

单元五 　磁共振技术 ··· 146
　实验十五 　核磁共振 ·· 147
　实验十六 　光磁共振实验 ·· 153
　实验十七 　微波铁磁共振实验 ·· 162

单元六　微波与微弱信号测量技术 ··· 166
　　6.1　微波技术基础知识 ·· 166
　　6.2　微弱信号检测技术基础知识 ··· 173
　　实验十八　微波基本参量和传输特性 ·· 177
　　实验十九　微波的干涉和衍射 ··· 182
　　实验二十　介电常数波导法测量 ·· 187
　　实验二十一　相关器原理和基本参数 ··· 193
　　实验二十二　锁相放大器原理和应用 ··· 199

单元七　等离子体参数测量与真空镀膜 ··· 206
　　7.1　等离子体基础知识 ·· 206
　　7.2　等离子体的诊断方法 ··· 206
　　实验二十三　低温等离子体温度和密度测量 ·· 210
　　实验二十四　真空镀膜 ··· 218

单元八　创新实验 ··· 222
　　实验二十五　高温氧化物超导样品制备和物性测量 ·· 223
　　实验二十六　功能玻璃材料制备和激光诱导微纳结构 ··· 231

单元一 实验基础知识

物理学是一门实验的科学,物理规律的认识和证实都是通过观察物理现象、定量测量有关的物理量,并根据测量结果分析这些物理量之间的关系而实现的.在具体测量中,由于存在各种因素的影响,测量值总是或多或少偏离真值,即存在误差.因此对一个物理量的测量,不仅在实验之后对实验数据处理时需要关于误差的知识,而且在实验设计(实验方法和仪器选取等)以及实验过程中对实验条件和环境的控制和监测都需要误差的知识,以使测量结果更接近真值.在近代物理实验中,通常要用到综合的实验技术和复杂的实验设备,只有掌握误差理论,才能深入理解实验设计,有效进行实验测量和数据处理,并对测量结果的可靠程度作出正确的评价和分析.推荐参考本单元的参考文献进行误差分析.

在教学实践中,发现许多学生对数据处理和分析不重视、知之甚少,因而本单元在第一部分重点介绍了最小二乘法拟合的数据处理方法.近代物理实验涉及 X 射线、紫外光、可见光、红外和微波等光谱测量,本单元在第二部分将介绍本书实验中涉及的光谱测量技术.

1.1 数据处理方法:最小二乘法拟合

在实验中经常要测量两个有函数关系的物理量,根据两个量的许多组测量数据来确定它们的函数关系,这就是实验数据处理中的曲线拟合问题.这类问题通常有两种情况:一种是两个观测量之间的函数形式已知,但一些参数未知,通过数据拟合确定未知参数的最佳估计值;另一种是两个观测量之间的函数形式未知,通过数据拟合找出它们之间的经验公式.后一种情况常假设两个观测量之间的关系是一个待定的多项式,多项式系数就是待定的未知参数,可采用类似于前一种情况的处理方法来获得这些系数值.

1. 最小二乘法原理

设 x 和 y 的函数关系由理论公式

$$y = f(x; c_1, c_2, \cdots, c_t) \tag{1.1-1}$$

给出,其中 $c_1, c_2, \cdots, c_t$ 是 t 个通过实验确定的参数.每组观测数据 (x_i, y_i) $(i=1, 2, \cdots, N)$ 都对应于 x-y 平面的一个点.若不考虑测量误差,则数据点都准确落在理论曲线上.此时,将 t 组测量值代入方程,可以得到方程组

$$y_i = f(x_i; c_1, c_2, \cdots, c_t), \quad i = 1, 2, \cdots, N, \tag{1.1-2}$$

求出 t 个方程的联立解,即得 t 个参数的数值.显然,当 $N < t$ 时,参数不能确定.由于实验测量值总是存在误差,这些数据点不可能都准确落在理论曲线上,因此在 $N > t$ 的情况下,式(1.1-2)为矛盾方程组,不能直接用解方程的方法求得 t 个参数值,只能采用曲线拟合来求解.

设测量值 y_i 围绕着期望值 $f(x_i;c_1,c_2,\cdots,c_t)$ 摆动,其分布为正态分布,则 y_i 的概率密度为

$$p(y_i)=\frac{1}{\sqrt{2\pi}\sigma_i}\exp\left\{-\frac{[y_i-f(x_i;c_1,c_2,\cdots,c_t)]^2}{2\sigma_i^2}\right\}, \tag{1.1-3}$$

式中,σ_i 是分布的标准误差.假设各次测量是互相独立的,测量值 $(y_1,y_2,\cdots,y_N)$ 的似然函数为

$$L=\frac{1}{(\sqrt{2\pi})^N\sigma_1\sigma_2\cdots\sigma_N}\exp\left\{-\frac{1}{2}\sum_{i=1}^N\frac{[y_i-f(x_i;C)]^2}{\sigma_i^2}\right\}. \tag{1.1-4}$$

取似然函数 L 最大来估计参数 C(C 代表 $c_1,c_2,\cdots,c_t$),应使

$$\sum_{i=1}^N\frac{1}{\sigma_i^2}[y_i-f(x_i;C)]^2|_{C=\hat{C}} \tag{1.1-5}$$

取最小值.最大似然法与最小二乘法是一致的.式(1.1-5)表明,用最小二乘法来估计参数时,要求各测量值偏差的加权平方和为最小,应有

$$\frac{\partial}{\partial c_k}\sum_{i=1}^N\frac{1}{\sigma_i^2}[y_i-f(x_i;C)]^2|_{C=\hat{C}}=0,\quad k=1,2,\cdots,t, \tag{1.1-6}$$

从而得到方程组

$$\sum_{i=1}^N\frac{1}{\sigma_i^2}[y_i-f(x_i;C)]\frac{\partial f(x_i;C)}{\partial c_k}|_{C=\hat{C}}=0,\quad k=1,2,\cdots,t. \tag{1.1-7}$$

解方程组即得 t 个参数的估计值,从而得到拟合的曲线方程.

最后还需要对数据拟合的结果给予合理的评价.若 y_i 服从正态分布,可引入拟合的 χ^2 量,即

$$\chi^2=\sum_{i=1}^N\frac{1}{\sigma_i^2}[y_i-f(x_i;C)]^2. \tag{1.1-8}$$

把参数估计值 $\hat{C}=(\hat{c}_1,\hat{c}_2,\cdots,\hat{c}_t)$ 代入式(1.1-8),得到最小的 χ^2,即

$$\chi^2_{\min}=\sum_{i=1}^N\frac{1}{\sigma_i^2}[y_i-f(x_i;\hat{C})]^2. \tag{1.1-9}$$

$\chi^2_{\min}$ 服从自由度 $\nu=N-t$ 的 χ^2 分布,由此可对拟合结果作 χ^2 检验.$\chi^2_{\min}$ 的期望值为 $N-t$,如果由式(1.1-9)计算出的 $\chi^2_{\min}$ 接近 $N-t$,则拟合结果可接受;如果 $\sqrt{\chi^2_{\min}}-\sqrt{N-t}>2$,则拟合结果与测量值存在较大矛盾.

2. 直线最小二乘法拟合

直线拟合是曲线拟合中最基本和最常用的一种数据处理方法.设 x 和 y 之间的函数关系满足直线方程

$$y = a_0 + a_1 x, \quad (1.1-10)$$

式中, a_0, a_1 为两个待定参数. 对于等精度测量所得到的 N 组数据 (x_i, y_i) ($i=1, 2, \cdots, N$), 利用最小二乘法拟合数据求解两个待定参数.

在利用最小二乘法估计参数时, 要求测量值 y_i 的偏差的加权平方和为最小. 对于等精度测量值的直线拟合, 要求

$$\sum_{i=1}^{N} [y_i - (a_0 + a_1 x_i)]^2 \big|_{a=\hat{a}} \quad (1.1-11)$$

最小. 于是有

$$\begin{cases} \dfrac{\partial}{\partial a_0} \sum_{i=1}^{N} [y_i - (a_0 + a_1 x_i)]^2 \big|_{a=\hat{a}} = -2 \sum_{i=1}^{N} (y_i - \hat{a}_0 - \hat{a}_1 x_i) = 0, \\ \dfrac{\partial}{\partial a_1} \sum_{i=1}^{N} [y_i - (a_0 + a_1 x_i)]^2 \big|_{a=\hat{a}} = -2 \sum_{i=1}^{N} x_i (y_i - \hat{a}_0 - \hat{a}_1 x_i) = 0. \end{cases} \quad (1.1-12)$$

解方程组可求得直线最小二乘法拟合参数 a_0, a_1 的最佳估计值 $\hat{a}_0, \hat{a}_1$, 即

$$\hat{a}_0 = \frac{\left(\sum_{i=1}^{N} x_i^2\right)\left(\sum_{i=1}^{N} y_i\right) - \left(\sum_{i=1}^{N} x_i\right)\left(\sum_{i=1}^{N} x_i y_i\right)}{N \left(\sum_{i=1}^{N} x_i^2\right) - \left(\sum_{i=1}^{N} x_i\right)^2}, \quad (1.1-13)$$

$$\hat{a}_1 = \frac{N \left(\sum_{i=1}^{N} x_i y_i\right) - \left(\sum_{i=1}^{N} x_i\right)\left(\sum_{i=1}^{N} y_i\right)}{N \left(\sum_{i=1}^{N} x_i^2\right) - \left(\sum_{i=1}^{N} x_i\right)^2}. \quad (1.1-14)$$

最后还需要对数据拟合的结果给予合理的评价. 当测量值 y_i 的标准差为 S 时, 直线拟合中 χ^2 量为最小, 即

$$\chi^2_{\min} = \frac{1}{S^2} \sum_{i=1}^{N} [y_i - (\hat{a}_0 + \hat{a}_1 x_i)]^2. \quad (1.1-15)$$

已知测量值服从正态分布, $\chi^2_{\min}$ 服从自由度 $\nu = N-2$ 的 χ^2 分布, 其期望值为 $N-2$, 由此可得测量值 y_i 的标准偏差为

$$S = \sqrt{\frac{1}{N-2} \sum_{i=1}^{N} [y_i - (\hat{a}_0 + \hat{a}_1 x_i)]^2}. \quad (1.1-16)$$

直线拟合的两个参数估计值 $\hat{a}_0$ 和 $\hat{a}_1$ 是 x_i 和 y_i 的函数. 假定 x_i 是精确的, 所有测量误差只与 y_i 有关, 因此可以利用不确定度传递公式计算两个估计参数的标准偏差, 即

$$S_{a_0} = \sqrt{\sum_{i=1}^{N} \left(\frac{\partial \hat{a}_0}{\partial y_i} S\right)^2}, \quad S_{a_1} = \sqrt{\sum_{i=1}^{N} \left(\frac{\partial \hat{a}_1}{\partial y_i} S\right)^2}. \quad (1.1-17)$$

将直线拟合结果代入式(1.1-17), 得到两个估计参数的标准偏差, 即

$$\begin{cases} S_{a_0}=S\sqrt{\dfrac{\sum\limits_{i=1}^{N}x_i^2}{N\left(\sum\limits_{i=1}^{N}x_i^2\right)-\left(\sum\limits_{i=1}^{N}x_i\right)^2}}, \\ S_{a_1}=S\sqrt{\dfrac{N}{N\left(\sum\limits_{i=1}^{N}x_i^2\right)-\left(\sum\limits_{i=1}^{N}x_i\right)^2}}. \end{cases} \qquad (1.1-18)$$

测量数据作直线拟合时,还不大了解 x 和 y 之间线性关系的密切程度,可用相关系数来进行判断,即

$$r=\dfrac{\sum\limits_{i=1}^{N}(x_i-\bar{x})(y_i-\bar{y})}{\sqrt{\left[\sum\limits_{i=1}^{N}(x_i-\bar{x})^2\right]\left[\sum\limits_{i=1}^{N}(y_i-\bar{y})^2\right]}}, \qquad (1.1-19)$$

式中,r 值范围为 $-1\leqslant r\leqslant +1$. 当 $r>0$ 时,直线斜率为正,为正相关;当 $r<0$ 时,直线斜率为负,为负相关;当 $|r|=1$ 时,全部数据点都落在拟合直线上;当 $r=0$ 时,x 与 y 之间完全不相关.

3. 多项式拟合

如果变量之间的函数关系未知,需要根据测量数据找出经验公式,采用多项式拟合是一种有效的方法.

在一般情况下,可用一个 t 阶的多项式

$$y=a_0+a_1x+a_2x^2+\cdots+a_tx^t \qquad (1.1-20)$$

来拟合任意的经验曲线.不同阶的多项式代表着不同类型的曲线.利用最小二乘法原理,求多项式(1.1-20)中参数 a(a 代表 $a_0,a_1,a_2,\cdots,a_t$)的最佳估计值 $\hat{a}$($\hat{a}$ 代表 $\hat{a}_0,\hat{a}_1,\hat{a}_2,\cdots,\hat{a}_t$). $\hat{a}$ 要满足拟合 χ^2 量为最小,即

$$\chi^2_{\min}=\dfrac{1}{\sigma^2}\sum_{i=1}^{N}[y_i-(\hat{a}_0+\hat{a}_1x_i+\hat{a}_2x_i^2+\cdots+\hat{a}_tx_i^t)]^2. \qquad (1.1-21)$$

为了求 χ^2 量的极小值,分别对 $(t+1)$ 个待定参数 a 求一阶偏微商,并令其等于 0,即得到 $(t+1)$ 个线性方程组成的方程组:

$$\begin{cases} a_0N+a_1\sum x_i+\cdots+a_t\sum x_i^t=\sum y_i, \\ a_0\sum x_i+a_1\sum x_i^2+\cdots+a_t\sum x_i^{t+1}=\sum x_iy_i, \\ a_0\sum x_i^2+a_1\sum x_i^3+\cdots+a_t\sum x_i^{t+2}=\sum x_i^2y_i, \\ \vdots \\ a_0\sum x_i^t+a_1\sum x_i^{t+1}+\cdots+a_t\sum x_i^{2t}=\sum x_i^ty_i. \end{cases} \qquad (1.1-22)$$

求方程组的联立解,即得 t 阶多项式的 $(t+1)$ 个系数的最佳估计值 $\hat{a}_0,\hat{a}_1,\hat{a}_2,\cdots,\hat{a}_t$. 拟

合结果的标准差为

$$S = \sqrt{\frac{1}{N-t-1} \sum_{i=1}^{N} \left[y_i - (\hat{a}_0 + \hat{a}_1 x_i + \hat{a}_2 x_i^2 + \cdots + \hat{a}_t x_i^t) \right]^2}. \quad (1.1-23)$$

根据不确定度传递公式,可求得最佳估计参数的标准差为

$$S_{a_0} = \sqrt{\sum_{i=1}^{N} \left(\frac{\partial \hat{a}_0}{\partial y_i} S \right)^2}, \quad S_{a_1} = \sqrt{\sum_{i=1}^{N} \left(\frac{\partial \hat{a}_1}{\partial y_i} S \right)^2}, \quad \cdots, \quad S_{a_t} = \sqrt{\sum_{i=1}^{N} \left(\frac{\partial \hat{a}_t}{\partial y_i} S \right)^2}.$$

$$(1.1-24)$$

1.2 光谱测量技术

1. 光谱仪器的基本组成和分类

光谱仪器主要用于测定被研究的光(所研究物质发射的、吸收的、散射的、受激而发射的荧光等)的光谱组成,包括它的波长、强度、轮廓和宽度.因此,该仪器应具有的功能是:① 把被研究的光按波长或波数分解开来;② 测定各波长的光所具有的强度,或其强度按波长的分布,即测定谱线的轮廓或半宽度;③ 把分解开的光波及其强度按波长的分布记录和显示出来成为光谱图.

要具备上述基本功能,一般光谱仪器的基本组成应包括光源和照明系统、准直系统、色散系统、聚焦成像系统、检测记录和显示系统.

(1) 光源和照明系统.

利用物质辐射的特征,分析物质的化学成分和研究物质的结构是光谱分析的基本内容.科学家们应用光谱分析先后发现了铷、铯、铟、镓等元素以及一些稀土元素和稀有气体.在现代科学研究和一些生产领域,特别是在地质、冶金、核工业、化工和环保等方面,光谱分析仍然有着广泛的应用.

光谱仪器是光谱分析中必不可少的仪器,其基本功能是测定物质的光谱组成,包括谱线波长、强度等.光谱仪的种类很多,根据分解光谱的工作原理,大致可分为四大类:棱镜光谱仪、光栅光谱仪、干涉光谱仪和新型光谱仪.棱镜光谱仪是最早使用的光谱仪.随着光谱刻画技术和复制技术的提高,结合光栅分光具有的色散均匀、分辨高、能量集中、光谱范围宽等优点,光栅光谱仪的使用越来越普遍.干涉光谱仪(如法布里-珀罗干涉光谱仪)属于高分辨率光谱仪,其分辨率可达到 5×10^7. 而棱镜光谱仪和光栅光谱仪的分辨率一般仅为 10^5 量级.采用光谱调制成的新型光谱仪(如傅里叶变换光谱仪等)可同时兼顾光强与分辨率,适应高分辨率、高灵敏度、高检测信噪比的要求.

在研究物质的发射光谱时,光谱是通过用光源发生器如气体火焰、交流或直流电弧以及电火花等激发试样(被研究的物质)来获得的,因此光源就是被研究的对象.在研究物质的吸收光谱、拉曼光谱、荧光光谱时,光源主要用于照射或激发被研究的物质.

照明系统是用来尽可能多地会聚光源辐射的光能量,并传递给仪器的准直系统.不同的光谱技术和不同的检测记录系统对照明系统的要求也不同,但都包括:聚光本领要大、与仪器主体的相对孔径相匹配、通光孔径充满色散系统.

(2) 准直系统.

一般由入射狭缝和准直物镜组成.对于仪器内部的系统而言,入射狭缝成为替代的、实际的光源,限制着进入仪器的光束.入射狭缝位于准直物镜的焦平面上,由它发出的光束经准直物镜后成为平面光束投向色散系统,形成夫琅和费的衍射条件.

(3) 色散系统.

将入射的复合光分解为光谱.经典的光谱仪器所采用的色散系统,按其作用原理分为三类.

① 物质色散.不同波长的辐射在同一介质中传播的速度不同,因而折射率不同.具体的元件是光谱棱镜.

② 多缝衍射.不同波长的辐射在同一入射角条件下射到多缝上,经衍射后衍射主极大的方向不同.具体的元件是熟知的光栅.

③ 多光束干涉.一束包含各种波长的辐射在平板上被分割成多支相干光束,根据干涉光束互相加强的条件,各波长的干涉极大值位于空间上的不同点.常用的元件是法布里-珀罗干涉仪.

(4) 聚集成像系统.

把在空间上色散开的各波长的光束会聚或成像在成像物镜的焦平面上,形成一系列按波长排列的单色狭缝像.单色狭缝像的集合有三种情况:分立的线状的称为线状光谱,每一波长的狭缝像称为谱线;在小波段范围内连接的称为带状光谱;在大范围内连续的称为连续光谱.

(5) 检测记录和显示系统.

经过前面几个系统将入射的复合光展开成光谱后,这一部分的作用就是接收各光谱元的信号,测量其组成(波长、强度、或轮廓、宽度),并记录和显示成为光谱图.

第一种是最简单的目视接收系统,接收元件是眼睛.只需配上目镜把成像物镜焦面上的谱线转移至眼睛的视网膜上.目视接收的仪器只能进行比较测定,无法将有关资料记录并显示出来.

第二种是感光材料接收系统,接收元件是光谱感光板.将感光板放在成像物镜的焦面上直接摄取所需工作光谱范围内的谱线.这类仪器结构比较简单,且可以获得能长久保存的光谱照片,但操作比较麻烦,底片感光后还要经过显影、定影的程序.要测定谱线的波长、强度和轮廓,进行定性和定量分析,还要使用光谱投影仪、光谱比长仪和测微光度计等一整套设备.总的来说,摄谱仪器工作效率不高,不易实现数字化和自动化.

第三种是光电探测元件.根据光谱范围可以用光电器件、热电器件和气体探测器、光声池等单通道探测器,也可以用光电成像器件(如二极管列阵、摄像管、像增强器、电荷耦合器件等)作为多通道探测器.使用单通道探测器时,将一个或多个出射狭缝放在成像物镜的焦面上分离出所需波长的单色狭缝像或谱线.将分离出的单色束或谱线的能量传递到探测器件的灵敏面(如光电阴极等)上,则光信号就能被转换成电信号.将这些电信号放大、测量、记录就得到光强随波长变化的谱图.通常放大检测后的信号会被传入电子计数机或微处理机进一步处理,继而显示或经各种记录绘图设备绘成谱图,并将数据直接打印出来.作为现代实验室分析测试和研究手段用的或工厂控制生产过程要求快速实时分析用的仪器,这后一部分,即放大测量和记录及微机处理已成为仪器不可分割的一部分.

电荷耦合器件(charge coupled device，CCD)是由美国贝尔实验室的 W. S. Boyle 和 G. E. Smith 于 1970 年提出的新型半导体器件.CCD 像感器具有尺寸小、重量轻、功率小、线性好、噪声低、动态范围大、光谱响应范围宽、寿命长、实时传输和自扫描等一系列优点.50 多年来,CCD 的研究和应用得到了惊人的发展,已成为跨行业的一种光电产品,是现代光电技术中最活跃、最富有成果的器件.

应用光电探测系统使光谱仪器扩大了能够检测的工作光谱范围;提高了测量的精度、灵敏度和速度;实现了数字化和自动化.同时为多种光谱技术,如干涉调制、矩阵变换、导数光谱、相关光谱、光声光谱等新技术的出现提供了可能性.

上述光谱仪器的 5 个基本组成部分及其作用如图 1.2-1 和图 1.2-2 所示.

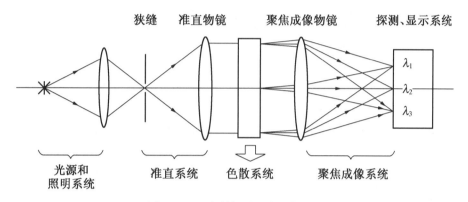

图 1.2-1　光谱仪器基本工作原理

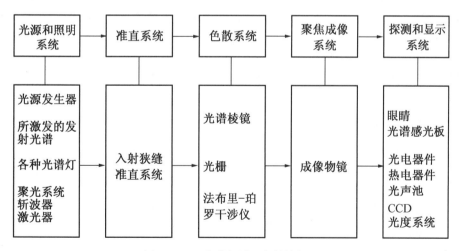

图 1.2-2　光谱仪器基本结构框图

现代光谱仪器种类很多,分类方法也多,这和分类的依据有关.根据所采用的分解光谱的工作原理,可把光谱仪器分为经典和新型两大类.经典光谱仪器利用前述 3 种不同的物理现象把复合光在空间上分解,主要包括:① 棱镜光谱仪器;② 衍射光栅光谱仪器;③ 干涉光谱仪器.

新型光谱仪器建立在调制的原理上,故又称之为调制光谱仪.在实际使用中,往往根据检测和记录光谱的方法来分类,主要包括:① 看谱镜;② 摄谱仪;③ 光电光谱仪(又称光电直读光谱仪或分光光度计).

单色仪通常指不带探测器、以输出波长可连续变换的单色光束为主要作用的仪器.这种仪器既可以是独立的,也可以成为其他分光计、分光光度计的核心部分.

此外,在习惯上还常常按照光谱仪器所能正常工作的光谱范围来划分仪器的类型.

(1) 真空紫外(远紫外)光谱仪,工作光谱范围在 6~200 nm. 由于大气对波长为 185 nm 以下的光有强烈吸收作用,因此在这范围内工作的仪器内部要抽真空,让光在真空中行进.

(2) 紫外光谱仪,工作光谱范围为 185~400 nm.

(3) 可见光光谱仪,工作光谱范围为 360~800 nm.

(4) 近红外光谱仪,工作光谱范围从可见光区到 1 μm 左右.

(5) 红外光谱仪,工作光谱范围为 1~50 μm.

(6) 远红外光谱仪,工作光谱范围为 50 μm~1 mm.

2. 光谱仪器的基本特性

基本特性既是根据使用要求提出作为仪器设计的依据,又是评价仪器质量和性能的基本指标.显然,并不是各种仪器都必须考虑上面所列的所有基本特性.不同类型仪器的基本特性的项目有所不同,其中光谱仪器的特性包括工作光谱范围、色散率、分辨率、集光本领、波长精度和波长重现性、光度精度和重现性、杂散光、信噪比和工作效率.一般来说,用光电探测的光谱要求全面考虑以上指标.下面简述最基本的特性的定义或含义以及和仪器各组成系统的关系.

(1) 工作光谱范围.

工作光谱范围指使用光谱仪器所能记录的光谱范围.它主要取决于光谱仪器光学零件的光谱透过率或反射率,以及所采用探测系统的光谱灵敏度界限.例如,棱镜光谱仪的工作光谱范围受棱镜材料的限制,小于 400 nm 的光谱区要用石英或萤石来制作光学零件.改变发射光栅表面发射膜层的光谱反射率,可使光栅用于整个光学光谱区.光电倍增管的光谱灵敏度界限一般只能达到 900 nm.红外波段则要改用热电元件作为探测器.

(2) 色散率.

对于经典的光谱仪器来说,色散率表明从光谱仪器色散系统中出射的不同波长的光线在空间彼此分开的程度,或被会聚到焦平面上时彼此分开的距离.前者可用角色散率来表述,后者则用线色散率来表述.角色散率和线色散率的关系如图 1.2-3 所示.

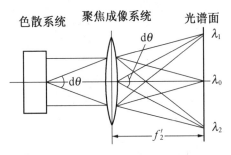

图 1.2-3 角色散率和线色散率的关系

① 角色散率,表明不同波长的光线彼此分开的角距,定义为 $d\theta/d\lambda$,其中 $d\theta$ 是两个不同波长的光线经色散系统后的偏向角之差,$d\lambda$ 是两光线的波长差.角色散率的单位是 rad/mm 或 rad/cm^{-1},其大小主要取决于色散元件的几何参数、个数以及它们在仪器中的安放位置.

② 线色散率,表明不同波长的两条谱线在成像系统焦平面上彼此分开的距离,定义为 $dl/d\lambda$,其中 $d\lambda$ 是两条不同波长的谱线相隔的距离.线色散率的单位一般是 mm/nm 或 mm/cm^{-1}.

在棱镜和光栅光谱仪器中,角色散率和角色散率的关系为

$$\frac{\mathrm{d}l}{\mathrm{d}\lambda} = f'_2 \frac{\mathrm{d}\theta}{\mathrm{d}\lambda}, \qquad (1.2-1)$$

式中，f'_2 为成像物镜的焦距.

如果实际成像面位置不在理想的高斯像面 AB 处，而在倾斜的 DC 面上(见图 1.2-4)，设 DC 面和成像系统光轴的夹角为 ε，则

$$\overline{DC} = \overline{AB}/\sin\varepsilon. \qquad (1.2-2)$$

此时，线色散率为

$$\frac{\mathrm{d}l}{\mathrm{d}\lambda} = \frac{f'_2}{\sin\varepsilon} \cdot \frac{\mathrm{d}\theta}{\mathrm{d}\lambda}. \qquad (1.2-3)$$

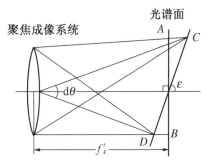

图 1.2-4 成像面倾斜的情形

由式(1.2-3)可知：成像面倾斜时，线色散率比垂直时大.

仪器的线色散率与色散系统的选择和设计有关，也与成像物镜的焦距有关.在棱镜摄谱仪中还与物镜的类型(是否消色差)有关.当色散系统的型式、材料、几何尺寸选定后，角色散率就确定了.这时若想增加线色散率，只可增加物镜焦距 f'_2(棱镜摄谱仪还可设法减小角 ε)，但焦距的增加有一定的限度，因为焦距增大会减小仪器的集光本领.

(3) 分辨率.

分辨率是光谱仪器极重要的性能指标，表明了光谱仪器分开波长极为接近的两谱线的能力.

两条光谱线能否被分辨，不仅取决于仪器的分辨色散率，还和观测到的两谱线的强度分布轮廓及其相对位置有关.由于仪器引入了多种导致谱线轮廓畸变和增宽的因素，因此观测到的谱线轮廓失真，其半宽度比真实轮廓要大得多.这些因素包括：衍射、入射和出射狭缝的几何宽度，光学系统的像差，仪器机械和电学系统的惰性，感光底片乳胶颗粒的大小等，情况很复杂.这些因素的影响可以用仪器函数来描述.通常以瑞利提出的仅考虑衍射现象的分辨率作为仪器的理论分辨率.

瑞利认为，由于衍射现象的存在，线度极小(趋于 0)的单缝被不同波长的光照射.这些光经色散后对应于每一波长的单缝像，谱线不是严格的线状，而存在由仪器的孔径光阑衍射所决定的弥散宽度.如果两谱线的强度相等，且衍射宽度是对称分布的，则一谱线的衍射极大值落在另一谱线的极小值处，它们合成的光强度会在两极大值中间产生一个凹陷，凹陷处的强度约为极大值的 80%.这样的两谱线即认为是可以被分辨的，这就是平常说的瑞利准则.

按照瑞利准则，可被分辨的两谱线波长差记为 $\delta\lambda$，有时称之为分辨极限.分辨率定义为

$$R = \frac{\bar{\lambda}}{\delta\lambda}, \qquad (1.2-4)$$

式中，$\bar{\lambda}$ 为两谱线的平均波长.

瑞利准则假定：① 两条谱线强度相等，且每一谱线的强度分布曲线是对称的；② 探测系统的灵敏度约为 20%，而实际上光电探测器可以判别 5% 的能量差，因此在设计仪器时，

根据使用要求提出实际的分辨率,而后按经验乘以一定的放大系数,得出要求的理论分辨率,并将其作为确定色散系统的起始数据.

在棱镜和光栅光谱要求中,一般都以色散元件口径作为孔径光阑,并且都是矩形.因而根据矩孔衍射,波长 λ_0 的单色谱线衍射后呈一定的分布,极大值到第一极小值处的衍射宽度可用角度表示,即

$$d\theta_0 = \frac{\lambda}{D'}, \qquad (1.2-5)$$

式中,D' 为孔径光阑宽度,也就是色散元件在色散平面内的有效孔径宽度.两波长差为 $\delta\lambda$ 的谱线经色散后的角距为

$$\delta\theta' = \frac{d\theta}{d\lambda}\delta\lambda. \qquad (1.2-6)$$

根据瑞利准则,$d\theta_0 = \delta\theta'$,则有

$$\frac{\lambda}{D'} = \frac{d\theta}{d\lambda} \cdot \delta\lambda, \qquad (1.2-7)$$

分辨率为

$$R = \frac{\lambda}{\delta\lambda} = D'\frac{d\theta}{d\lambda}. \qquad (1.2-8)$$

由式(1.2-8)可以看出,棱镜和光栅光谱仪器的理论分辨率是色散系统的角色散率和色散平面内有效孔径宽度的乘积.

(4) 集光本领.

集光本领是表征光谱仪器收集和传递光强度的本领,即表明辐射光源的光谱亮度和光谱仪器所直接测得的光度数值之间的关系.被测得的数值和探测器的感光性质有关.在用感光底片摄谱时测量的是光谱的照度,而在光电记录时记录的是在光谱线上的辐射通量.通常以光源亮度和被测得的照度或辐射通量数值间的比例系数来表示光谱仪器的集光本领.集光本领和仪器参数的关系不仅因探测器件不同而异,还与光源是线光谱或连续光谱有关.

(5) 波长精度和波长重现性.

波长精度和波长重现性是单色仪和以其为核心的分光光度计一类仪器的又一个重要性能指标.用这类仪器工作时,需要知道输出的单色光束的波长值.然而由于转换单色光束波长的扫描机构和读数机构总存在误差,因此,通过示数机构读得的波长和真正的波长值总有差别,而且即使是对同一波长,每次读数也不可能一致.一般地,波长精度取决于整个波长扫描机构和示数机构的精度,而光学系统调整的好坏、工作环境的温度变化都会影响波长精度.波长示数的不重复性则与机械机构的空间、受力和摩擦情况的变化、机械系统和电学系统的稳定性等有关.工作时环境温度的波动也是影响因素之一.

(6) 光度精度和重现性.

光度精度和重现性是近代光电光谱仪器的重要特性,表示了测量光谱强度的准确性和重要性.影响测量精度的原因很多,主要包括:① 测量的方式(直读式或比较式);② 光源、探

测器和放大测量系统的稳定性;③ 光学系统的杂散光;④ 模-数转换器的位数、精度;⑤ 仪器设计;⑥ 工作条件.

(7) 光谱仪器的工作效率.

工作效率是对光谱要求记录光谱的精度和速度的综合评价.精度包括记录光谱的波长精度和光度精度,和仪器整机(包括光学系统)的基本特性、机械系统以及光电系统有关.速度是指仪器启动到获得最后的测量或分析结果所需的"时间",对近代的光电光谱仪器来说只需要几分钟或更少的时间.狭义地,可把光谱仪器的分辨率和集光本领的乘积作为仪器的工作效率 η,即

$$\eta = R \times P, \quad (1.2-9)$$

式中,R 为光谱仪器的分辨率;P 为光谱仪器的集光本领.

参考文献

[1] 吴先球,熊予莹,黄佐华,等.近代物理实验教程[M].2 版.北京:科学出版社,2009.
[2] 郑建洲.近代物理实验[M].北京:科学出版社,2016.
[3] 吴思诚,荀坤.近代物理实验[M].4 版.北京:高等教育出版社,2015.
[4] 戴乐山,戴道宣.近代物理实验[M].2 版.北京:高等教育出版社,2006.

单元二　基于 Newport 光学组合仪的光学和光纤光学实验

2.1 光纤基础知识

1. 光纤的构造与制备

通常认为,光纤是由一根细玻璃丝、一根二氧化硅制成的圆柱体玻璃纤维或一段光频段的波导结构.它的材料组成可能是纤芯→ GeO_2-SiO_2、包层→ SiO_2,或者是纤芯→ SiO_2、包层→ B_2O_3-SiO_2.GeO_2-SiO_2 的意思是在 SiO_2 中掺锗.实际上就是使光纤纤芯的折射率大于光纤包层的折射率,使得光在纤芯与包层的界面上发生全反射,从而能够长距离传输.光纤的结构如图2.1-1所示.

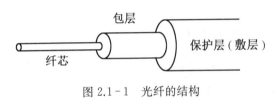

图 2.1-1　光纤的结构

均匀介质的折射率沿空间各个方向保持常数,光在各个方向的行进轨迹是直线.当折射率在某处突变或渐变时,光线才从它的初始方向发生弯折或弯曲.图2.1-2显示的是裸光纤剖面(纤芯与包层的横断面)上的折射率沿径向呈不同柱对称分布时,光在纤芯中走的行迹.

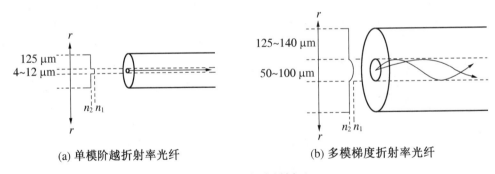

(a) 单模阶越折射率光纤　　　　(b) 多模梯度折射率光纤

图 2.1-2　裸光纤剖面

由图2.1-2(a)可知,单模阶越折射率光纤的纤芯半径在微米量级,光线基本上沿着中心轴线传播,其径向折射率分布为

$$n(r)=\begin{cases}n_1, r\leqslant a,\\ n_2=n_1(1-\Delta), r>a,\end{cases} \quad (2.1-1)$$

式中,$\Delta=\dfrac{n_1^2-n_2^2}{2n_1^2}$ 是纤芯与包层之间的相对折射率差.对于弱导光纤,$\Delta\ll 1$,$n_2\approx n_1$.

由图2.1-2(b)可知,多模梯度折射率光纤的芯半径为几十微米,光线在纤芯中的传输

路径一般是曲线,其折射率分布为

$$n(r)=\begin{cases} n_1(r), r \leqslant a, \\ n_2=n_1(r=a), r>a, \end{cases} \quad (2.1-2)$$

式中,纤芯中的 $n(r)$ 常取抛物线型,即

$$n(r)=\begin{cases} n_1\sqrt{1-2\Delta\left(\dfrac{r}{a}\right)^2}, 0 \leqslant r<a, \\ n_2=n_1\sqrt{(1-2\Delta)}, r>a, \end{cases} \quad (2.1-3)$$

其中,n_1 是纤芯轴线上的折射率.不同取向的光线大致代表光纤中的不同模式.可以预见,对于多模阶越折射率光纤来说,光线走的是折线.

玻璃光波导的制备现多采用气相沉积方法.康宁公司(Corning Glass Work)首先使用外气相氧化法(outside vapor phase oxidation,OVPO)制成损耗低于 20 dB/km 的光纤,光纤的制作过程如图 2.1-3 所示.气相氧化过程首先是将高纯度的金属卤化物($SiCl_4$ 和 $GeCl_4$ 等)和氧气反应生成 SiO_2 及其他掺杂组分的微粒,并沉积在玻璃饵棒上(见图 2.1-3(a)),饵棒匀速旋转的同时来回平移使粉尘状玻璃微粒均匀沉积.然后将疏松的粉尘状预制棒烧结成玻璃预制棒(见图2.1-3(b)),直径为 10~25 mm,长 60~120 cm.最后将它拉制成光纤(见图 2.1-3(c)).除此之外,改进的化学气相沉积法(modified chemical vapor deposition,MCVD)是目前制造低损耗梯度折射率光纤的流行方法,还有与它相似的等离子体化学气相沉积法(plasma chemical vapor deposition,PCVD)等.

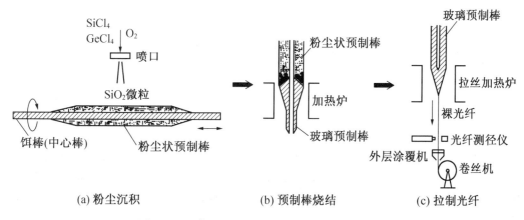

(a) 粉尘沉积　　　(b) 预制棒烧结　　　(c) 拉制光纤

图 2.1-3　使用 OVPO 法制备预制棒及拉纤过程

2. 光纤模式的电磁场理论

一般有两种方法用于讨论光在光纤中的传播,即建立并求解光线路径方程或电磁场方程,实际上前者是后者的短波长极限.由于单模光纤的工作波长已经和其尺寸相比拟,几何光学的处理方式已不合适,而将光在光纤中的传播看作一个电磁场边值问题,则能得到一个、几个或一系列严格解,并且此方法对单模和多模光纤都适用.光纤模式是光纤波导中可能的一个电磁场形式,是一个满足电磁场方程及其边界条件的解或场形结构.光传播模式的主体是导波模(亦称传导模或导模),一般可分为以下两种.

(1) TE 模（$E_z = 0$）和 TM 模（$H_z = 0$），对应光线理论中子午光线（包含中心轴的平面内的折线）的行为. 在发生反射时，TE 波的电场偏振方向不变，TM 波的磁场偏振方向不变.

(2) EH 模和 HE 模，对应光线理论中偏斜光线（其他方向的空间折线）的行为. 每次反射都将产生轴向分量.

阶跃折射率光纤的一些较低阶的模式，对应的线偏模（弱导近似）及其归一化截止频率如表 2.1-1 所示.

表 2.1-1 阶跃折射率光纤较低阶的模式及对应的线偏模

模式组（矢量解）	V_c	模 式 数	线 偏 模
HE_{11}	0	$2 \times 1 = 2$	LP_{01}
TE_{01}，TM_{01}，HE_{21}	2.405	$1+1+2 \times 1 = 4$	LP_{11}
(EH_{11}，HE_{31}），HE_{12}	3.832	$2 \times 1 + 2 \times 1 + 2 \times 1 = 6$	LP_{21}，LP_{02}
EH_{21}，HE_{41}	5.136	$2 \times 1 + 2 \times 1 = 4$	LP_{31}
TE_{02}，TM_{02}，HE_{22}	5.520	$1+1+2 \times 1 = 4$	LP_{12}
EH_{31}，HE_{51}	6.380	$2 \times 1 + 2 \times 1 = 4$	LP_{41}
(EH_{12}，HE_{32}），HE_{13}	7.016	$2 \times 1 + 2 \times 1 + 2 \times 1 = 6$	LP_{22}，LP_{03}
EH_{41}，HE_{61}	7.588	$2 \times 1 + 2 \times 1 = 4$	LP_{51}

模式组显示的是从光纤电磁场方程得出的精确矢量解，每组模式中的每个模式具有相同的归一化截止频率. 光纤的归一化频率 V 定义为

$$V = k_0 a \sqrt{n_1^2 - n_2^2} = k_0 n_1 a \sqrt{2\Delta} = k_0 a \, \text{NA}, \tag{2.1-4}$$

$$\text{NA} = n_1 \sqrt{2\Delta}. \tag{2.1-5}$$

V 是一个将工作波长、光纤参数和波导属性联系起来的物理量，NA 是光纤的数值孔径. 如果已知 V，可以由光纤特征方程（相当于边界条件）求出导波模的两个横向特征常数 U、W（决定电磁场的径向位相），再由下式确定光纤导波模的纵向特征参数 β（决定纵向相位）：

$$\beta = \sqrt{k_0^2 n_1^2 - \frac{U^2}{a^2}}. \tag{2.1-6}$$

由此可得，电磁场传播的相速度为

$$v_p = \frac{\omega}{\beta} = \frac{Vc}{\beta a n_1 \sqrt{2\Delta}}; \tag{2.1-7}$$

群速度为

$$v_\mathrm{g} = \frac{\mathrm{d}\omega}{\mathrm{d}\beta} = \frac{c}{an_1\sqrt{2\Delta}}\frac{\mathrm{d}V}{\mathrm{d}\beta}. \tag{2.1-8}$$

由式(2.1-8)出发可以讨论光纤的波长色散.

3. 单模光纤及其LP_{01}模式

当归一化频率 $0 < V < 2.405$ 时,光纤仅以主模 HE_{11} 运转,其他光波模式均截止(不能传输).例如,Newport 公司生产的型号为 F-SV 的单模光纤,数值孔径为 0.11,纤芯半径为 $2\,\mu m$,工作波长为 633 nm,

$$V = \frac{2\pi}{\lambda} \cdot a \cdot \mathrm{NA} = \frac{2\pi}{0.633} \times 2 \times 0.11 = 2.184,$$

截止波长为

$$\lambda_\mathrm{c} = \frac{V\lambda}{2.405} = 574 \text{ nm},$$

厂方实测为 580 nm.工作波长相较于截止波长是否越大越好呢?并不是.当波长增加时,V 减小,这时由于场形的变化将会有更多的光功率从纤芯转移到包层,从而导致传输损耗增加.在弱导条件下,阶跃单模光纤 LP_{01} 模式解的形式可以表示为

$$E_1 = \frac{A}{\mathrm{J}_0(U)}\mathrm{J}_0\left(\frac{U}{a}r\right), \quad r \leqslant a, \tag{2.1-9}$$

$$E_2 = \frac{A}{\mathrm{K}_0(W)}\mathrm{K}_0\left(\frac{W}{a}r\right), \quad r > a, \tag{2.1-10}$$

式中,$\mathrm{J}_0(\cdot)$ 是第一类贝塞尔函数;$\mathrm{K}_0(\cdot)$ 是第二类变形贝塞尔函数,都是零阶,场形与高斯分布非常接近.LP_{01} 模可以分解为两个本征线偏振模式 LP_{01}^x 和 LP_{01}^y,两者传播的时延差为

$$\Delta\tau = \frac{1}{v_\mathrm{g}^x} - \frac{1}{v_\mathrm{g}^y} = \frac{\mathrm{d}\beta_x}{\mathrm{d}\omega} - \frac{\mathrm{d}\beta_y}{\mathrm{d}\omega} = \frac{\mathrm{d}\beta}{\mathrm{d}\omega} = \frac{\mathrm{d}}{\mathrm{d}\omega}(k_0 B) \tag{2.1-11}$$

$$\approx \frac{B}{c} = \frac{\lambda}{cL_\mathrm{p}}(\text{对石英光纤}),$$

式中,

$$B = \frac{c}{v_\mathrm{p}^x} - \frac{c}{v_\mathrm{p}^y} = n_x - n_y \tag{2.1-12}$$

为单模光纤的双折射;L_p 是拍长,即偏振状态经历一个周期变化的光纤长度;$\Delta\tau$ 是单位距离产生的时差,也就是单位距离的脉冲展宽,称为偏振模色散(polarization mode dispersion, PMD).

4. 光纤通信

一个采用波分复用(wavelength division multiplexing, WDM)技术和掺铒光纤放大器(erbium doped fiber amplifier, EDFA)的数字通信系统如图 2.1-4 所示.数字编码信号可以是数字调制信号如最小频移键控(minimum shift keying, MSK),或模拟信号脉码调制等.WDM 技术和微波通信系统所用的电载波频分复用(frequency division multiplexing,

FDM)技术在概念上类似,其目的都是为了增加信道容量.WDM的技术优势在于波长分割与信号格式的无关联性(本质上是光频载波FDM),因此一根光纤上的集群信号实际上是各自独立传输的.波长复用器的作用是将各个独立的数字光调制输出(来自光发射机)复合,并耦合进一根光纤.在接收端,波长解复用器将不同波长的光信号分离并送入各自的检测通道.实际的WDM无源器件一般是星型耦合器或波长选择耦合器(波长复用器),包含熔融光纤、制作光栅等一系列微光和集成光学技术,可完成复用、解复用、分插复用和波长路由等功能.

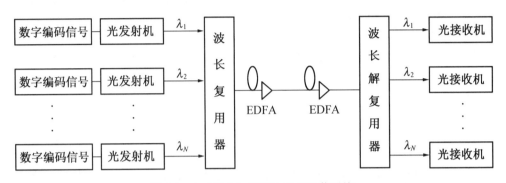

图 2.1-4 WDM-EDFA光纤通信系统

掺铒光纤放大器是一种全光放大器(取代过去的光-电-光中继器).它在1 550 nm波长处、几十纳米内可获得3 dB的增益.EDFA由掺铒光纤、泵浦激光器(980 nm或1 480 nm)、无源波长复用器、光隔离器及抽头耦合器组成,如图2.1-5所示.光隔离器的作用是防止放大光的反馈对元器件的影响(如发射激光器可使信噪比及带宽下降).

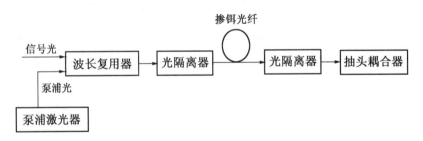

图 2.1-5 同向泵浦掺铒光纤放大器结构

光纤通信是一项系统工程,涉及光学、微电子学、信号与系统、机械、计算机与自动控制、材料以及它们之间的交叉、集成和综合.此外还有光网设计、标准化、成本核算等软层面上的工作.例如设计一个单信道光纤通信系统,将系统粗略地划分为发射、信道、接收三部分,需要考虑的诸多因素如图2.1-6所示.

光纤信道本身是一个复合体,它向前延伸至光发射机,向后与光接收机连接.按照一般通信信道的划分:若不考虑信号编码部分,可以将光发射-光纤信道-光接收称为光调制信道;如果包括信号编码和解码及其载波调制和解调,则称其为编码信道.广义的光纤通信系统应该覆盖整个编码信道.

5. 光纤传感

光纤的导光能力是显然的,但对其他物理量的传感则不那么明显.从上述有关光纤的基

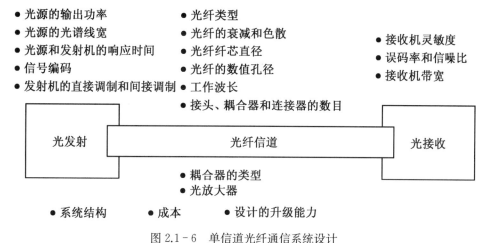

图 2.1-6 单信道光纤通信系统设计

础知识可知,光纤本质上的传输特性完全可以加以变换和利用.例如单纯的光强变化、偏振及相位变化等,光纤传感器就是通过光纤的这些变换特性和外在或联合的传感对象(温度、压力、电流、角度、波导结构、波导模式或传输方式等)产生相互作用或联系.可以认为光纤传感器能够延拓至一切传感器领域,并向更高级和特有的方向发展,如光纤陀螺和所谓光纤智能结构.这里以光纤陀螺为例讨论光纤传感器的潜在价值.

光纤陀螺是一种新颖的角速率传感器,于 1976 年由 Vali 和 Shorthill 首次报道,发展至今已逐步应用于飞机、导弹和舰船的导航系统中,是当前最有发展潜力的惯性制导器件,也是最成功的光纤传感器之一.它基于所谓萨格奈克(Sagnac)效应,如图 2.1-7 所示.由光波的多普勒(Doppler)效应可知,在 dl 上(实验室坐标系)观察到的介质内顺时针和逆时针方向的光波频率 ν_{cw} 和 ν_{ccw} 分别为

$$\nu_{cw}=\nu\left(1-\frac{v}{c}\right), \quad \nu_{ccw}=\nu\left(1+\frac{v}{c}\right), \tag{2.1-13}$$

式中,v 是光纤切线方向的速度,设为顺时针方向,

$$v=R\Omega. \tag{2.1-14}$$

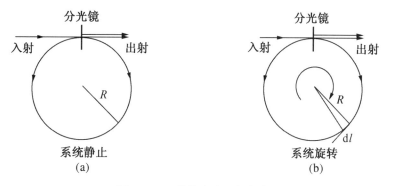

图 2.1-7 萨格奈克环行光路

频差为
$$\Delta\nu = \nu_{ccw} - \nu_{cw} = 2\nu \frac{v}{c} = \frac{2\nu R\Omega}{c}. \qquad (2.1-15)$$

相位差为
$$d\varphi = 2\pi\Delta\nu \frac{dl}{c} = 4\pi \frac{\nu}{c^2} R\Omega dl = 8\pi \frac{\nu}{c^2}\Omega dA, \qquad (2.1-16)$$

式中,
$$dA = \frac{1}{2}R dl \qquad (2.1-17)$$

是小三角形面积,绕行一周总的相位差为
$$\Delta\varphi = \int_L d\varphi = 8\pi \frac{\nu}{c^2}\Omega \int_L dA = 8\pi \frac{\nu}{c^2}\Omega A = 8\frac{(\pi R)^2}{c\lambda_c}\Omega. \qquad (2.1-18)$$

若光纤为 N 匝,则
$$\Delta\varphi = 4\pi R \cdot \frac{2\pi RN}{c\lambda_c}\Omega = \frac{4\pi RL}{c\lambda_c}\Omega, \qquad (2.1-19)$$

式中,L 是光纤总长.

图 2.1-8 是一种干涉式光纤陀螺的实验装置,光在进入光纤绕组之前用 3 dB 光纤耦合器对光进行均衡地分束.设在入射点返回的两束相干光分别为 $A\cos(\omega t)$ 和 $A\cos(\omega t + \theta)$,其中 ω 为光波的角频率,θ 为两束光波的相位差,A 为光波的振幅.当发生干涉时,光强可表示为

$$I = [A\sin(\omega t) + A\sin(\omega t + \theta)]^2. \qquad (2.1-20)$$

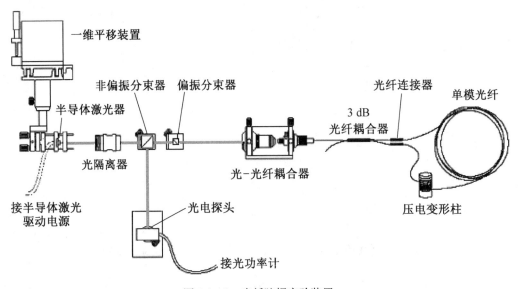

图 2.1-8 光纤陀螺实验装置

若利用响应时间常数为 τ 的探测器检测光强,则探测器上得到的光强为

$$I_d = \frac{1}{\tau} \int_t^{t+\tau} I(t) \mathrm{d}t. \qquad (2.1-21)$$

一般有 $\tau \gg \dfrac{1}{\omega}$,并且认为 θ 在 τ 内几乎不变,则有

$$\begin{aligned} I_d &= 4A^2 \cos^2\frac{\theta}{2} \int_t^{t+\tau} \cos^2\left(\omega t + \frac{\theta}{2}\right) \mathrm{d}t \\ &= A^2\tau(1+\cos\theta) = I(1+\cos\theta). \end{aligned} \qquad (2.1-22)$$

若 θ 仅由萨格奈克相移引起,则有

$$I_d = I(1 + \cos\Delta\varphi). \qquad (2.1-23)$$

在实际测量时,为了提高测量灵敏度,用压电变形柱(piezoelectric deformation column,PZC)对光强进行相位调制.另外还需考虑偏振互易性等问题.

2.2 光学组合仪简介

为了提高实验教学水平,上海大学从美国 Newport 公司全套引进教学用光学组合仪(education kits),其中有专为光纤光学和光纤通信设计的基础实验 20 项,内容涉及光纤的基本操作及基本特性、一般光纤无源与有源器件、各类光纤、3 dB 光纤耦合器、光纤通信链路、光纤 WDM、一般光纤传感器和光纤陀螺等.

该组合仪的特点是将所有光学、机械、电子仪器或设备在实验时实行工具化的现场组合.工具分通用性和专门性.示波器是通用仪器.半导体光源作为常用仪器,既用于光纤通信,又用于光纤传感.当研究通信带宽或光纤传感器的灵敏度时,由于需要深入探究半导体光源的动态调制特性或光强稳定性,其就成了专业性要求很高的仪器.一项实验或许很快就能完成,但其实现过程所依托的设备,大到光学平台、程控半导体激光驱动电源、双踪数字示波器,小到偏振分束器、中心转条、自聚焦透镜等,都需要作为主体的实验者去拿捏直到熟练,以赋予仪器设备活的一面,即所谓用活.

"光学组合仪"所含仪器设备(含加配部分比如计算机等)及部件可基本划分如下:① 常用仪器设备,包括光学平台、各类激光器、光源及电源、示波器、光功率计、立体变倍显微镜、光谱仪、多媒体计算机等;② 一般光学元件、机械组件,包括各类光学透镜、棱镜、光学调整架、光纤定位器等;③ 光纤元器件或组件,包括一般通信单模光纤、多模光纤、特种光纤(如保偏光纤)、光纤连接器、光纤耦合器、光纤传感器等;④ 辅助仪器、工具,包括光纤切割刀、红外传感探测器或镜头、专用化学去敷层试剂、激光防护眼镜等.

基于 Newport 光学组合仪的光学实验的实现思路如图 2.2-1 所示.问题所涉及的范畴可能包括:实验项目的内容及要求;仪器的组成、存放点与操作方法(光学调整架还涉及如何装配);仪器结合相关实验内容的使用方法;光学仪器布局、协调性以及注意事项;光学、机械、电子、电工学原理及参考资料等.

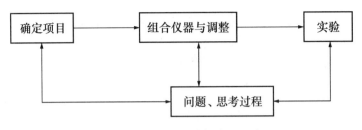

图 2.2-1　光学组合仪实现思路

近代物理实验室面向本科学生开设的光学及光纤实验如下：① 光纤的操作和光纤数值孔径测量(handling fibers, the measurement of fiber numerical aperture)；② 半导体激光器特性测量(the measurement of semiconductor laser diode characterizations)；③ 位移传感器[光纤位移传感器(optic-fiber displacement sensor)、干涉式位移传感器(optic-interferometric displacement sensor)]。

参考文献

[1] Gerd K.光纤通信[M].李玉权,等,译.北京：电子工业出版社,2002.
[2] Jeff H.光纤光学[M].贾东方,等,译.北京：人民邮电出版社,2004.
[3] 李玉权,崔敏.光波导理论与技术[M].北京：人民邮电出版社,2002.
[4] Vali V, Shorthill R W. Fiber ring interferometer[J]. *Applied Optics*, 1976(15)：1099-1100.
[5] Hervé C L.光纤陀螺仪[M].张桂才,王巍,译.北京：国防工业出版社,2002.

附录　一些光学机械、光纤和光电子仪器的使用方法

1. 光学平台(包括内六角螺刀、内六角螺丝)

光学平台是进行高水平光学实验的基本条件,高级光学平台的制作和使用都有严格的要求.在教学及一般应用中,将小型标准光学平台置于稳定桌面上也能满足一定的精度要求,稳定性可达亚微米量级.光学平台上分布着很多 6 mm 螺孔,要用相应大小的螺丝和螺刀将各种光学器械(主要为各种支架、架杆或衬板等)安装在光学平台上.Newport 公司提供了整套内六角螺刀和内六角螺丝,可选用其中的 6 mm 规格处理所有直接固定在光学平台上的光学器械的安装问题.有些光学器械是组合型的,可能需要一个接一个连起来.这些器械上螺孔大小不一,因此会用到不同规格的内六角螺刀和内六角螺丝.这是一项训练动手能力的操作.光功率计和其他一些电子仪器也可以放置在光学平台上,但要注意其对稳定性的影响,不要加入额外的震动.放置光学平台的房间应保持适当的干燥度,以免安放在平台上的光学仪器尤其光学透镜、棱镜、光栅等受潮损坏.温度对平台的机械形变影响较大,在进行与光干涉有关的实验时要特别注意.

2. 633 nm 氦氖激光器(美国 JDSU 产品)

(1) 规格品质(实物见图 2.2-2).

激光器型号：1101,1101P.前一种为非偏振的,后一种为偏振激光.

最大输出功率(TEM_{00}, 633 nm): 1.5 mW.
光束直径(束腰, TEM_{00}, $1/e^2$ 处, ±3%): 0.63 mm.
发散角(TEM_{00}, ±3%): 1.3 mrad.
最小削光比: 500:1.
纵模间隔: 730 MHz.
最大噪声(r/s, 30 Hz~10 MHz): 0.1%.
8 小时以上相对平均功率的最大漂移: 2.5%.
最大模拖贡献: 3%.
最大预热时间(到达 95% 功率): 10 min.
期望点燃寿命: >15 000 h.
所使用的电源型号: 1201-2.

  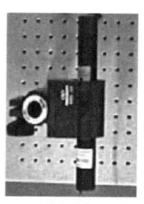

激光器　　　　激光器电源　　　　激光器装置

图 2.2-2　激光、激光器电源、激光器装置实物图

(2) 警告事项.
① 切勿直视激光器出光口.
② 勿将眼睛或皮肤置于强激光的照射下.
③ 严格遵照操作规程使用激光器.
④ 确定所有的反射镜及光学装置处在合适的位置,避免激光从这些装置上散射和失去控制.
⑤ 避免个人用品,如戒指、钢笔等对激光进行反射或散射.
⑥ 如果要调整一组光学装置,可先使激光衰减变小,以减小杂散光.
⑦ 用一块不透明物品终止激光的非用途传播.
⑧ 使用良好接地的插座.
⑨ 在移走某个光学装置前先关闭电源,这是起码要求,拔掉连接线将更为安全.
⑩ 勿自行修理激光器和电源,请使用配套的电源.
(3) 操作规程和使用方法.
① 操作规程.
在选定激光器支架杆位于光学平台上的螺孔位置后,按图 2.2-3 说明固定住此杆.

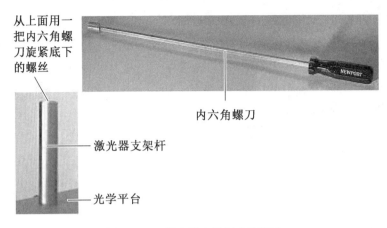

图 2.2-3　激光器支架杆安装图示

用夹具来夹持激光器支架杆(见图 2.2-4),夹持位置的高低取决于激光出射后前端光路的高低.它可以绕激光器支架杆水平旋转,因此决定了激光的出射方向.

激光器底座用来夹持激光器(激光管),如图 2.2-5 所示.这种型号的夹具是不能调整激光器倾斜度的,紧固螺丝的松紧程度对出射光束的空间方位有一定影响,因此以保持自然的夹持状态为宜(平稳放入凹槽后夹紧).

图 2.2-4　固定激光器底座的夹具

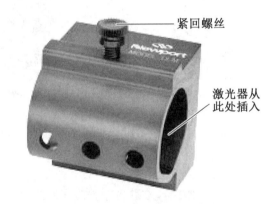
图 2.2-5　安插激光器的激光器底座

② 使用方法.

激光管的高压输入插头和激光电源上的插座是所谓 Alden 型的长短连接器,有唯一的插入方向,使用前务必确认输入电压是否为 220 V,钥匙开关是否处于〇(关闭)状态.型号 1201-2 后面的 2 指 220 V 输入,该型号激光电源可用于 1101P 和 1101 激光管,都由美国 JDSU 公司生产.开启电源钥匙前应先检查激光管前端面上的出射窗是否已经打开,可以用一把平头螺刀插入凹槽并向逆时针方向旋转打开出射窗.在一切连接确认后才能开启激光电源(将钥匙拨至"|"处),使用后应及时关闭(将钥匙拨至"〇"处).

3.505 型半导体激光器驱动电源

(1)电源管理和开通策略.

① 总开关(POWER).控制电路工作.

② 管子供电使能开关(LASER ENABLE).该开关控制使能管流输出的内部锁定

(INTERLOCK)极的导通.此开关未开启时,INTERLOCK极未导通,加电控制按钮(OUTPUT)是不起作用的,可避免误加电操作.

③ 加电控制按钮(OUTPUT).必须在管子已接好和管子供电使能开关已开启的情况下,此按钮才起作用.一旦通电成功,LED会亮起.

(2) 显示模式.

① 预置电流(PRESET).在总开关打开以后就可以调节欲输出的电流大小,一般不宜过大,比如10 mA,如图2.2-6所示.

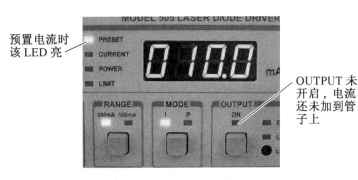

图2.2-6 预置电流状态

② 供电电流(CURRENT).这是实际加到管子上去的电流大小,所以只有在管子通电成功后才会显示其值,如图2.2-7所示.

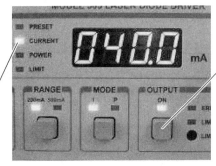

图2.2-7 电流供电状态

③ 恒定功率(POWER).

④ 限流(LIMIT).显示的是电路所能供给的最大电流,现为120 mA,可以调节(LIMIT SET)改变电流的最大值.

(3) 外调制(MOD).

外部信号源通过一个同轴电缆(BNC)接入电路,以使输出电流为内部电流(CURRENT)和外部调制电流之和.外调制一般来自函数发生器信号或者一个欲传输的信号,内部电流是一个合适大小的直流(取决于管子的电光特性).如果外调制信号超过10 kHz,可将后面板上的带宽(BANDWIDTH)放到HIGH位置.

(4) 9 mm和5.6 mm封装类型激光管的连接方法.

电源输出连接线的接线定义如图2.2-8所示.

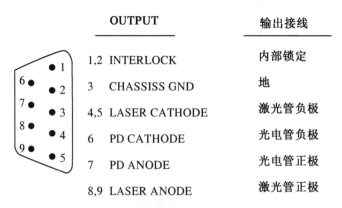

图 2.2-8 电源输出连接线的接线定义

接法举例：共阴极接法(见图 2.2-9、图 2.2-10).具体接法取决于管子的型号,接前一定要仔细检查.

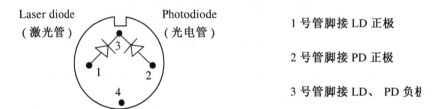

图 2.2-9 半导体激光器管脚图

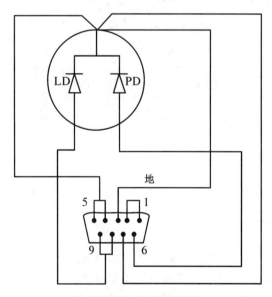

图 2.2-10 半导体激光器与电源连接线的接线图

4. 1830-C 光功率计

光电探头型号：818-SL,圆柱型硅,适用于 0.4～1.1 μm.

探头及衰减器序列号：10684.

衰减器型号：OD3.

(1) 探头与校正器的连接.

Newport 公司为每种型号和系列号的探头定配了校正器,这样才能输入至 1830-C 光功率计,如图 2.2-11 所示.

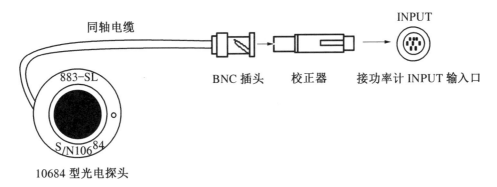

图 2.2-11　10684 型光电探头与 1830-C 光功率计的连接

(2) 电源开启与自动校正过程.

① 打开电源后,首先展示所有的显示功能.

② 显示软件版本号(2.1 版本).

③ 显示探头及校正器的序列号(如果没有校正器,则显示 000).

④ 显示功率计的当前波长(由上次测量决定,如果没有校正器,则显示 0257 nm).

(3) 前面板功能键及显示字符的含义.

前面板功能键及字符含义如图 2.2-12 和表 2.2-1、表 2.2-2 所示.

图 2.2-12　1830-C 光功率计前面板

表 2.2-1　前面板功能键的含义

键盘	远程模式控制字符命令	含义
LOCAL	L0	本地模式使能,在远程模式时通过此按钮激活面板
R/S	G0,G1	本地模式时,执行 RUN/STOP 切换,即 HOLD 功能
ZERO	Z0,Z1	在以后的所有值中减去当前值,然后显示

续 表

键盘	远程模式控制字符命令	含 义
UNITS	U1-U4	在4种测量单位间循环设置(Watt, dB, dBm, Relative)
STOREF	S	储存上次测量的值用于以后的dB或Relative测量
AVG	F1～F3	在3种采样数值平均(16次,4次,1次)间切换(S,M,F)
 λ▲	Wnnnn	波长增加,连按连增
 λ▼	Wnnnn	波长减少,连按连减
 电源按键	None	电源开关
ATTN	A0,A1	设置不同的响应度(探头不带或带衰减器)
BKLT	K0,K1,K2	在不同的背景光亮度间切换(暗,中亮,亮)
BEEP	B0,B1	打开或关闭蜂鸣器
AUTO	R0,R1-R8	设为量程自动切换
 RANGE▲	Rx	增加量程,自动量程功能失效
 RANGE▼	Rx	减小量程,自动量程功能失效

表 2.2-2 其他一些显示字符的含义

字 符	含 义
SN	探头序列号
HOLD	锁定前次采集的
REM	远程控制模式(IEEE488或RS232接口)
LLO	在远程控制模式时,本地模式处于锁定状态,功率计不响应任何面板按键动作
OL	数据溢出,换用AUTO或合适的高一级量程测量
SA	信号水平超过了探头饱和电流值,它与具体的探头有关
CAL	表示功率计正在进行自动校正

(4) 显示单位(UNITS)及计算公式(见表 2.2 - 3).

表 2.2 - 3 1830 - C 光功率计的单位及功率换算公式

显 示 单 位	计 算 公 式	说 明
W	I/R	未 ZERO
W	$(I - I_Z)/R$	ZERO
dBm	$10\log\left(\dfrac{I/R}{1\text{ mW}}\right)$	未 ZERO
dBm	$10\log\left[\dfrac{(I - I_Z)/R}{1\text{ mW}}\right]$	ZERO
dB	$10\log\left(\dfrac{I}{I_{\text{STOREF}}}\right)$	未 ZERO
dB	$10\log\left(\dfrac{I - I_Z}{I_{\text{STOREF}} - I_Z}\right)$	ZERO
REL	$\dfrac{I}{I_{\text{STOREF}}}$	未 ZERO
REL	$\dfrac{I - I_Z}{I_{\text{STOREF}} - I_Z}$	ZERO

注:I = 探头输出光电流;I_Z = 当 ZERO 按下时显示的背景光电流;R = 探头响应度(A/W);I_{STOREF} = 当 STOREF 按下后采集到的参考光电流.

(5) 测量方法.
① 光功率测量公式为

$$(I - I_Z)/R. \tag{2.2-1}$$

在获得当前有效功率前一般应将环境杂光置 ZERO,具体步骤如下:选择 W 显示模式,使用 AUTO 量程或自定量程,设置波长;确定是否用衰减器,若用,则按下 ATTN 键;挡住被测光,用 ZERO 键将环境杂光置零;让信号光进入探头,读数.

② 基于参考功率的对数化测量公式为

$$10\log\left(\dfrac{I - I_Z}{I_{\text{STOREF}} - I_Z}\right). \tag{2.2-2}$$

具体步骤如下:选择 dB 显示模式,使用 AUTO 量程,设置波长;确定是否用衰减器,若用,则按下 ATTN 键;挡住被测光,用 ZERO 键将环境杂光置零;让参考光进入探头,按下 STOREF 键;让信号光进入探头,读数.

基于 1 mW 参考功率的对数化测量公式为

$$10\log\left[\frac{(I-I_z)/R}{1\text{ mW}}\right]. \tag{2.2-3}$$

测量范围为 -90 dBm $\sim +10$ dBm（1 pW$\sim$10 mW,当探头的响应度为1时）.具体步骤如下：选择 dBm 显示模式,使用 AUTO 量程,设置波长;确定是否用衰减器,若用,则按下 ATTN 键;挡住被测光,用 ZERO 键将环境杂光置零;让信号光进入探头,读数.

③ 相对值测量公式为

$$\frac{I-I_z}{I_{\text{STOREF}}-I_z}. \tag{2.2-4}$$

测量范围为 -90 dBm $\sim +10$ dBm（1 pW$\sim$10 mW,当探头的响应度为1时）.具体步骤如下：选择 REL 显示模式,使用 AUTO 量程,设置波长;确定是否用衰减器,若用,则按下 ATTN 键;挡住被测光,用 ZERO 键将环境杂光置零;让参考光进入探头,按下 STOREF 键;让信号光进入探头,读数.

(6) 注意事项.

① 请勿输入超过 42 V DC 或峰值 AC 电压的探头或传感器信号,这会造成电击的可能.

② 勿自行维修内部电路.

(7) 远程控制应用.

如图 2.2-13 所示为功率计的远程应用界面,其中部分按钮含义如下：ON 为开启远程控制模式（先执行软件 REMOTELAB.EXE）;OFF 为关闭远程控制模式;READ 为单次数据采集和显示.其他虚拟按钮与本地模式（仪器面板激活状态）的用法基本相同,数据采集视不同的实验而定（选取不同的标签页）,并以文本格式存盘.

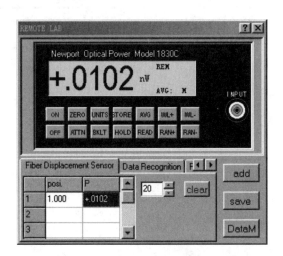

图 2.2-13　1830-C 光功率计远程控制桌面图

5. F-BK2 型光纤切割刀

在进行光纤切割之前应对光纤切割部分作去敷层（保护层）处理：一种方法是用专用化学试剂,比如二氯甲烷浸泡一段时间,等敷层溶解后再进行切割;另一种简便的方法是先用光纤刮刀刮去敷层,再按照图 2.2-14 的步骤进行.

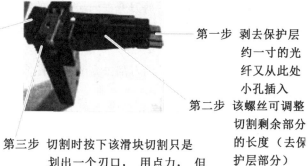

图 2.2-14 光纤切割刀使用图示

例 线缆光纤端面处理步骤（一般多模光纤）.

① 如图 2.2-15(a)所示，用剥线钳的 0.8 mm 孔在 2 mm 粗的光纤线缆某处对光纤外层护套切割一下，将外层护套剥离.

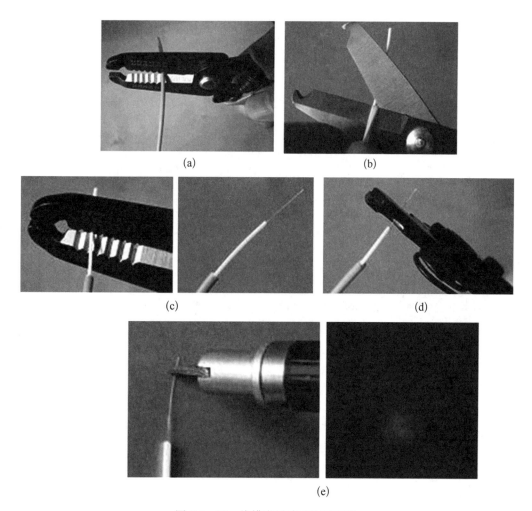

图 2.2-15 线缆光纤端面处理步骤

② 如图 2.2-15(b)所示,用防滑剪刀剪去内层露出的织物.

③ 如图 2.2-15(c)所示,用剥线钳的 0.3 mm 孔在内层护套所需长度处切割一下,慢慢将内层护套剥离.

④ 如图 2.2-15(d)所示,用光纤刮刀刮去 5 mm 左右长的光纤敷层(有机物层),得到一段石英光纤(裸光纤).

⑤ 如图 2.2-15(e)所示,用光纤切割刀(笔式)切掉一小段(1~2 mm)裸光纤,看出射光斑的圆度和光强分布.若没有侧向漏光或是一个中心强、四周渐弱的圆光斑,则表明成功;否则,应按上述步骤重复操作.

实验一　光纤的操作和光纤数值孔径测量

【实验目的】

(1) 掌握光纤及其端面的处理技术,包括去除敷层、切割光纤等.

(2) 测量通信级光纤的数值孔径.

【实验原理】

1. 光纤的几何构造

一般裸光纤具有纤芯、包层及敷层(套)的三层结构(见图1-1),其中纤芯和包层由硅玻璃组成(参看"光纤基本知识"一节).典型单模光纤的芯径为 4~8 μm,多模光纤的芯径为 50~100 μm,几何形状为圆对称;包层直径一般达百微米以上,敷层是一个保护外表,直径一般达百微米至几百微米,由塑料制成,也有用极薄的清漆或丙烯酸涂敷制作.

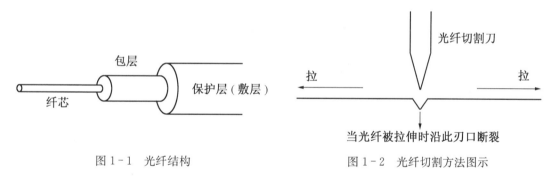

图1-1　光纤结构　　　　图1-2　光纤切割方法图示

2. 光纤的机械特性

在测量光纤的数值孔径之前,需要对光纤端面进行处理,即获得一个垂直平整端面.采用划裂拉断方法完成,原理是先用刀片在去除敷层后的光纤上沿垂直方向划开一个小裂口,然后从光纤两头贴近裂口处沿水平方向拉动光纤,使裂口穿过光纤并使光纤断裂,在垂直于光纤轴方向形成平整截面,如图1-2所示.

切割后光纤端面的一些情况如图1-3所示,实验中可以通过显微镜进行观察.理论上,玻璃光纤的开裂强度可达 5 GPa($1 Pa = 1 N/m^2$,$1 GPa = 10^9 Pa$).但由于光纤的不均匀性和缺陷(比如裂口),强度会降低.当裂口顶端的应力等于理论断裂强度时,断裂即发生.裂口可从顶端开始引起原子键的连续断裂.这就是直的裂口会产生平的开裂的光纤端面的原因.

当光纤保持柔性(比如弯曲状态)时,需要有高的强度,而当光纤弯曲时,裂缝通常出现在高应力点.当一根半径为 r 的光纤弯曲到曲率半径 R 时(见图1-4),光纤上的表面应力是光纤表面的延长 $[(R+r)\theta - R\theta]$ 除以弧长 $R\theta$,即应力是 r/R.尽管光纤可经受百分之几的

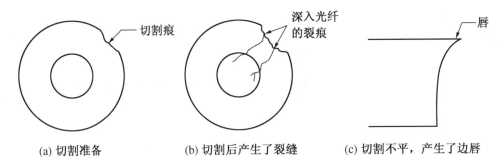

(a) 切割准备　　　　(b) 切割后产生了裂缝　　　　(c) 切割不平，产生了边唇

图 1-3　切割后的光纤端面

应力，但为了保证实地光缆中光纤不受损伤，一般可将应力上限设为 1%．如果采用 0.5% 作为适当的量值，这意味着 125 μm 直径的光纤能够承受半径为 1.25 cm 的弯曲．

3. 光纤的数值孔径(NA)

和一般的集光元件或发光器件一样，光纤的数值孔径在光学系统中的作用非常重要．下面的讨论虽然是在某一平面内进行，但数值孔径是一个和空间角度有关的概念．特别地，有些特种光纤并不是完全圆对称的，折射率分布也不是简单阶跃型的，端面也不是平的，这些因素都会使数值孔径的描述变得复杂．

现在就最简单的阶跃折射率光纤中的子午光线展开推导（见图 1-5）．假设光线以入射角 θ 进入纤芯．如果纤芯的折射率 n_{core} 比包层折射率 n_{cladding} 稍大，则进入纤芯的光线在纤芯与包层界面上有可能发生全反射．设这个临界角为 θ_{crit}，应有

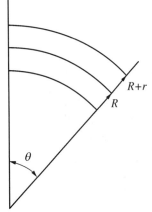

图 1-4　光纤弯曲时的应力情况

$$\sin \theta_{\text{crit}} = \frac{n_{\text{cladding}}}{n_{\text{core}}}. \tag{1-1}$$

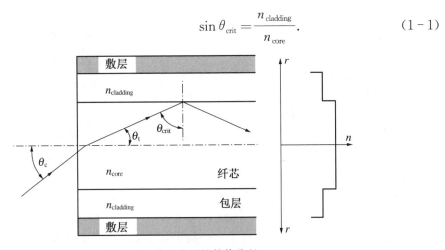

图 1-5　阶跃光纤的数值孔径

设数值孔径角为 θ_c，则由 Snell 定理可得

$$n_i \sin \theta_c = n_{\text{core}} \sin \theta_t = n_{\text{core}} \sin(90° - \theta_{\text{crit}}) \tag{1-2}$$
$$= n_{\text{core}} \cos \theta_{\text{crit}} = n_{\text{core}} \sqrt{1 - \sin^2 \theta_{\text{crit}}},$$

因此,
$$n_i \sin\theta_c = \sqrt{n_{core}^2 - n_{cladding}^2}. \qquad (1-3)$$

光纤的数值孔径与微透镜或成像透镜的数值孔径定义一样,都是入射介质的折射率与最大收光角正弦的乘积,即
$$NA = n_i \sin\theta_{max}. \qquad (1-4)$$

这与式(1-3)同义,故有
$$NA = \sqrt{n_{core}^2 - n_{cladding}^2}. \qquad (1-5)$$

定义分数折射率差为
$$\Delta = (n_{core} - n_{cladding})/n_{core}. \qquad (1-6)$$

弱导时有 $\Delta \ll 1$,则
$$\begin{aligned}NA &= \sqrt{(n_{core} + n_{cladding})(n_{core} - n_{cladding})} \\ &= \sqrt{(2n_{core})(n_{core}\Delta)} \\ &= n_{core}\sqrt{2\Delta}.\end{aligned} \qquad (1-7)$$

此即为弱导近似下,阶跃型光纤数值孔径理论公式.

图 1-6 为 Newport 公司生产的 F-MLD 多模光纤测得的曲线.电子工业协会(Electronic Industries Association,EIA)建议,根据接收光功率最大值的 5% 取值.典型的通信级多模光纤的 $\Delta \approx 0.01$,这满足了 $\Delta \ll 1$ 的弱导近似条件.硅制备的光纤的 n_{core} 近似为 1.46,可以算出 NA = 0.2,最大入射角 Q_{max} 为 11.5°,全锥角为 23°.单模光纤的 NA 值约为 0.1,通信级多模光纤的为 0.2~0.3,大芯径光纤的约为 0.5.

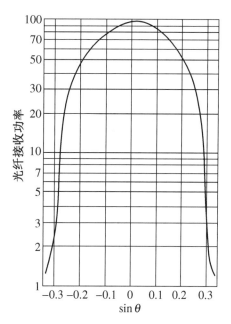

图 1-6 多模光纤数值孔径测量曲线

【实验仪器】

表 1-1 所示为部件清单.

表 1-1 部 件 清 单

部 件	说 明	数 量
激光器装置		
340-RC	夹具	1
40	短棒(激光器支架杆)	1
ULM	激光器底座	1

续 表

部 件	说 明	数 量
U-1101P	4 mW 氦氖激光器	1
1201-2	氦氖激光电源	1
入纤发射装置1		
F-MLD-50	100/140 多模光纤,2~3米	1
FP-1	光纤定位器	1
VPH-2	2英寸立杆支撑座	1
SP-2	2英寸立杆	1
MPH-1	微型立杆支撑座	1
MSP-1	微型立杆	1
RSP-2	转角台	1
入纤发射装置2		
F-MLD-50	100/140 多模光纤,2~3米	1
OM-TZ-89	光纤定位器	1
VPH-2	2英寸立杆支撑座	1
SP-2	2英寸立杆	1
TRB-1-5	转角台	1
出纤装置		
FP-1	光纤定位器	1
VPH-2	2英寸立杆支撑座	1
SP-2	2英寸立杆	1
检测装置1		
10657	大面积光电探头	1
VPH-2	2英寸立杆支撑座	1
SP-2	2英寸立杆	1
1815-C	光功率计	1

续 表

部　　件	说　　明	数　　量
检测装置2		
FK-DET	光电池装置	1
VPH-2	2英寸立杆支撑座	1
SP-2	2英寸立杆	1
	数字电压表	1
附加仪器		
F-CL1	光纤切割刀	1
F-STR-175	光纤剥离器	1
另配立体变倍显微镜或显微视频装置,入纤发射装置与检测装置实验中选1		

【实验内容及操作要点】

按照表1-1的仪器部件分列装配各个单元装置(激光器、入纤、出纤、探测装置),根据图1-7所示光路合理布局各个单元的位置.

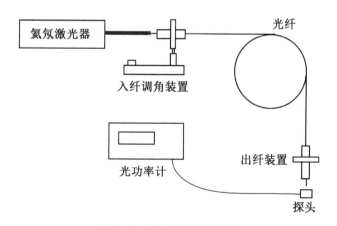

图1-7　数值孔径测量光路

1. 光纤处理

借助立体变倍显微镜完成光纤端面的制备,两个端面在显微镜下观察比较平整.

2. 光路粗调

务必将处理好的光纤入端位于调角仪的中心线上(可以用一把直角尺量).调整激光束的上下位置和偏转角度使其平行入射光纤,在光纤出端得到一个较好的圆光斑;否则,需重新处理或调整光纤.

3. 光功率计调整

打开 1815-C 光功率计,将带有衰减器的探头(10657)对准光纤出端.调整光纤出端的光纤定位器三维坐标,使光纤出射光斑完全进入探头光敏区.当使用检测装置 2 时,也使光纤出射光斑完全进入光电池光敏区.

4. 光路细调

用一块黑板挡住光源,将光功率计调至灵敏度最高档,调零将环境光去掉.打开光路,将光功率计调至合适档级(尽量提高灵敏度),调整光纤入端的光纤定位器 x,y 坐标,使光功率计的示值最大,转动调角仪的调角旋钮进一步使光功率计的示值最大.此时的位置对应着光功率极值点也就是入射零度角的位置,记录此时调角仪的角度和光功率值.

5. 入射角的测量

先朝一个方向转动调角仪,每隔一度测一次光功率值直至最大值的 3% 以内.将调角仪回到初始位置后朝另一个方向转动,重复上面的过程.

6. 实验曲线

以入射角的正弦为横坐标,光功率的常用对数为纵坐标,画出拟合曲线.确定最大光功率的 5% 所对应的两个对称的横坐标的值,以它们各自绝对值的平均值,作为实际测得的光纤数值孔径值.

【注意事项】

(1) 光学镜面或光敏面千万勿触摸.

(2) 小心勿直视激光(包括其反射光).

思考题

1. 光纤入射端面为何要位于调角仪的中垂线上?
2. 光纤入射端面倾斜对数值孔径的测量值有何影响?
3. 激光的注入情况(光源的数值孔径和光斑的大小)对测量结果有何影响?

实验二　半导体激光器特性测量

【背景知识】

20 世纪 60 年代初,半导体材料开始作为激光媒质.伯纳德(Bernard)和杜拉福格(Duraffourg)提出在半导体中实现受激辐射的必要条件:对应于非平衡电子,空穴浓度的准费米能级差必须大于受激发射能量.由此,半导体激光器开始了从同质结到异质结的快速发展过程.单异质结最初由美国的克罗默(Kroemer)和前苏联的阿尔费洛夫于 1963 年提出,其实质是把一个窄带隙的半导体材料夹在两个宽带隙半导体之间,从窄带隙半导体中产生高效率复合和辐射.这个设想很大程度上取决于异质结材料的生长工艺.1967 年,IBM 公司的伍德尔(Woodall)用液相外延(liquid phase epitaxy,LPE)方法在 GaAs 上生长出 AlGaAs.之后,贝尔实验室的潘尼希(Panish)等人成功研制了 AlGaAs/GaAs 单异质结半导体激光器.

虽然单异质结能够利用其势垒将注入电子限制在 GaAs P - N 结的 P 区内,使室温阈值电流密度降到 10^3 A/cm^2 水平,但真正的突破是双异质结(double heterojunction,DH)的发明.双异质结把 p-GaAs 半导体夹在 N - Al$_x$Ga$_{1-x}$As 层和 P - Al$_x$Ga$_{1-x}$As 层之间,利用两个异质结势垒有效地将载流子和光场限制在 p-GaAs 薄层有源层内,使室温阈值电流密度减小了一个数量级.这项重要的发明由阿尔费洛夫、Hayashi、潘尼希等人共同完成.

整个 20 世纪 70 年代的工作重点是提高半导体激光器的各项基本参数要求:低的阈值电流密度;室温工作;连续大功率输出;长寿命;涵盖可见光与近红外的多种单频激光器;窄线宽;波长可调谐等.20 世纪 80 年代以来,随着分子束外延(molecular beam epitaxy,MBE)、金属有机化学气相沉积(metal-organic chemical vapor deposition,MOCVD)和化学束外延(chemical beam epitaxy,CBE)技术取得重大突破,诞生了诸如多量子阱(multiple quantum well,MQW)激光器、应变多量子阱(stained-layer multiple-quantum well,SL - MQW)激光器、垂直腔面发射激光器及高功率激光器阵列等所谓"能带工程"的产物.

半导体激光器最重要的应用是光纤通信.例如,将 1.55 μm、窄线宽的分布反馈式激光器(distributed-feedback laser,DFB - LD)用于光纤通信,单信道码率可达 10 Gb/s.为适应更高码率的波分复用(WDM)和时分复用(time division multiplexing,TWM)等光纤信号传输技术,发展了量子阱有源、多段结构的可调谐 DFB - LD 或分布布拉格反射激光器(distributed Bragg reflector laser,DBR - LD).因其线宽窄、微分增益系数大,有利于降低调制啁啾(chirp)引起的展宽,从而有助于提高信道码率.半导体激光器的另一项重要应用在光盘技术领域.光盘技术是门综合技术,融会了计算机、激光与数字通信技术.半导体激光器用于光盘写入时,关键技术有光斑聚焦和光束圆化、强度和波长涨落以及光反馈影响方面的控制等.

【半导体激光器原理】

1. 半导体异质结能带结构和粒子数反转分布条件

半导体异质结是指由两种基本物理参数不同的半导体单晶材料构成的晶体界面(过渡区).物理参数包括禁带宽度(E_g)、功函数(φ)、电子亲和势(χ)、介电常数(ε).对物理参数进行适当选择就可以获得诸如高注入比、超注入效应、对载流子和光场的限制作用、"窗口效应"等.

对于直接带隙半导体,在热平衡状态下,电子基本上处于价带中(见图2-1(a)),半导体介质对光辐射只有吸收而没有放大作用.当电流注入结区时,热平衡状态被破坏(见图2-1(b)).电子处于导带中能量为 E 的状态的概率 $f_c(E)$ 为

$$f_c = \frac{1}{e^{(E-E_{FC})/KT}+1}; \tag{2-1}$$

电子处于价带中能量为 E 的状态的概率 $f_v(E)$ 为

$$f_v = \frac{1}{e^{(E-E_{FV})/KT}+1}, \tag{2-2}$$

式中,E_{FC} 和 E_{FV} 是导带和价带的准费米能级.为了在结区中心有源区内得到受激辐射,要求 $f_c > f_v$,即要求伯纳德-杜拉福格条件成立:

$$E_{FC} - E_{FV} \geqslant E_2 - E_1 = h\nu. \tag{2-3}$$

由式(2-3)可知,半导体中产生受激发射的必要条件是非平衡电子和空穴的准费米能级之差应大于受激辐射的光子能量.也就是说,无论用光照还是电流激励,在受激辐射发生之前,导带和价带的准费米能级之差应大于带隙 E_g.在该条件下形成集居数反转密度,同时得到净的总受激跃迁增益系数.

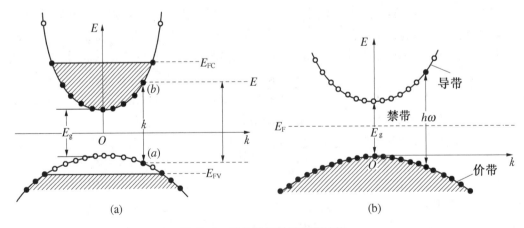

图 2-1 半导体异质结能带结构

$E_{FC} - E_{FV} \geqslant h\nu$ 只是提出了产生激光的前提条件.要实际获得相干受激辐射,必须将增益介质置于光学谐振腔内,实现光放大.一般利用半导体材料的两个解理面(如 110 晶面)构成部分反射(通过蒸镀抗反射或增透薄膜)的 F-P 腔,理论上沿 z 方向形成纵模分布.另外,

DFB-LD 或 DBR-LD 则是由内含布拉格光栅来实现选择性反馈.

2. 半导体介质光波导

F-P 腔条形结构双异质结 $Al_yGa_{1-y}As/GaAs$ 可见光半导体激光器(中心波长 780 nm)的典型结构如图 2-2 所示,其中 $Al_yGa_{1-y}As$ 是有源区,在 x 方向上的厚度为 $0.1\sim0.2~\mu m$. 有源区被两层相反掺杂的 $Al_xGa_{1-x}As$ 包围层所夹持.受激辐射的产生与放大就在有源区中进行的.

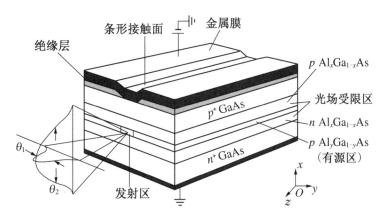

图 2-2 氧化物限制条形结构双异质结电流注入式半导体激光器管芯

异质结半导体二极管激光器中的二维光场约束(以及载流子约束)在 x 方向(横向)通常是通过折射率的阶跃变化来实现的,一般有 DH、大光腔(large optical cavity,LOC)和分别限制异质结(separate confined heterostructure,SCH)三种.在 y 方向(侧向)则既可以通过折射率的阶跃变化(强折射率波导,实折射率差大于 0.01),也可以通过折射率的逐渐变化(弱折射率波导,实折射率差介于 0.005~0.01 之间)实现,或通过增益的适当空间分布来实现.例如,氧化物限制条形方式使得在有源层中沿 y 方向形成一定的载流子浓度分布.上述两种光场约束方法分别称为折射率波导和增益波导.用电磁理论可以证明由增益所形成的波导作用将产生沿 y 方向的高斯光场分布.不过要想获得模式稳定的激光振荡,通常要用实折射率导波机制.

条形半导体激光器当满足横向尺寸(y 方向)$W \gg d$ 时视作三层介质平板波导,在 x 方向的场分布可分为 TE 模和 TM 模(即只考虑沿 z 方向传播的光波模). 应当指出,零阶横模始终存在,但要在弱导条件下实现基模运转(只有零阶横模),有源层厚度可能达微米量级.

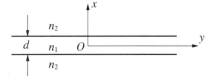

图 2-3 结区光场约束机制(平板波导)

3. 半导体激光器主要特性

(1) 阈值电流密度.

光波模的起振条件为该模式的光波在半导体激光器内沿 z 方向往返一周获得的增益大于该模式经受的损耗.模式的增益等于模式的损耗称为模式振荡的阈值条件.由于有源层载流子密度与增益系数成正比,因此光波模的阈值振荡条件是否满足取决于注入载流子密度、有源层厚度以及光约束因子等因素.在稳态振荡时,载流子注入有源层的速率应与有源层内

载流子的复合速率相等,即

$$\frac{J_{th}}{e} = \frac{Sd}{\tau}, \tag{2-4}$$

式中,J_{th} 为使光波模振荡的阈值注入电流密度；S 为注入载流子密度；$1/\tau$ 为单位时间内载流子的复合概率.

(2) 半导体激光器的输出功率.

受激辐射的光功率为

$$P = \frac{I - I_{th}}{e}\eta_i h\nu, \tag{2-5}$$

式中,I 为二极管激光器的注入电流；I_{th} 为阈值电流；η_i 是有源区内载流子复合而发射辐射的概率,称为内量子效率.考虑到有源层的增益和损耗,通过有源层两端输出的光功率为

$$P_{out} = \frac{\ln\frac{1}{r}}{\alpha L + \ln\frac{1}{r}} \frac{I - I_{th}}{e} \eta_i h\nu, \tag{2-6}$$

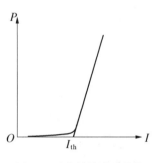

图 2-4 半导体激光器的电光特性曲线

式中,r 为 z 方向间隔为 L 的两端面的能量反射率；α 为有源层的损耗系数.由此可见,只有超过阈值电流 I_{th} 的那部分注入电流才能产生激光输出.根据图 2-4 所示的宽接触激光器的典型电光特性,可以计算外微分量子效率为

$$\eta_d = \frac{(P - P_{th})/h\nu}{(I - I_{th})/e}. \tag{2-7}$$

(3) 半导体激光器的远场特性.

对于三层对称平板介质波导结构,垂直于结平面的发散角近似等于

$$\theta_\perp \approx 2.3 \times 10^2 (n_1^2 - n_2^2)\frac{d}{\lambda_0}. \tag{2-8}$$

(4) 光谱特性.

当驱动电流密度增加时,激光器有源区的粒子数反转增强,具有高 Q 值的模的功率增加.这些模的频率接近于增益谱特性的峰值,使谱宽变窄,Q 值上升,光功率集中到几个占优势的纵模.实际上,典型的 DH 型半导体激光器的光谱一般较宽.这是因为空间烧孔效应的存在使得在时域分割的各个瞬间多个单模竞争出现,在一个长的时间段内平均谱特性呈现多模特性.

F-P 腔半导体激光器在直接调制工作状态下都将发生谱线展宽.展宽的原因很多,一般为洛仑兹型.

(5) 调制特性.

半导体激光器是电子和光子间直接进行能量转换的器件,具有直接信号调制的能力.高速调制要求激光器有很高的动态性能,表现为窄的光谱线宽不应调制而展宽；保持动态单纵

模工作;对输出信号不产生调制畸变;发光与电流输出之间的延迟要小;不产生自持脉冲等.

半导体激光器的调制方式有强度(幅度)调制(intensity modulation,IM)、频率调制(frequency modulation,FM)和相位调制(phase modulation,PM);按信号类型分有模拟信号调制和脉码(数字)信号调制;按信号强弱分有小信号调制和大信号调制.调制特性与器件结构有密切的关系,由于在半导体激光器中载流子和光子场之间存在强耦合,强度调制会同时造成频率或相位的调制.原因在于有源区内载流子浓度的变化会引起光增益的变化,从而使有效折射率发生变化.此类调制的相关性导致谱线的动态展宽即频率漂移,这种频移现象叫作频率啁啾.它是高速光纤通信的制约因素,却在相干光通信系统中得到应用.

【实验装置】

(1) 半导体激光器装置(见图 2-5).
(2) 505 型半导体激光器驱动电源(基本知识见附录).
(3) 1830-C 光功率计及光电探头(基本知识见附录).
(4) 光栅单色仪.

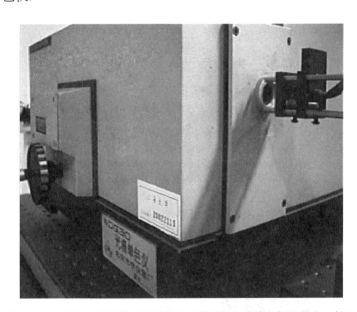

图 2-5 测量半导体激光光谱特性的装置(光谱单色仪及激光入射)

【实验内容】

1. 条形半导体激光器电光特性的测量

测量室温下条形半导体激光器的输出光强与注入电流之间的关系($P-I$ 曲线),确定激光器的阈值电流大小和外微分量子效率.

2. 光谱特性的测量

以光栅光谱仪作为分光仪器测量半导体激光器的光谱($P-\lambda$ 曲线),要求激光器分别工作在低于阈值电流和高于阈值电流两种状态,确定两种光谱的中心波长和半高宽,试比较这两种光谱和展宽类型.

3. 调制特性的测量(可选设计性实验,只给出原理和方法)

应用干涉方法可以测量半导体激光器在以正弦信号做强度直接调制时的输出光频的变化,即频率漂移或频率啁啾.将调制激光引入 Michelson 干涉仪,从强度调制和频率调制双重假设出发导出光强干涉方程,通过测量干涉项的相位噪声确定频率漂移值.

实验装置如图 2-6 所示.偏振分束器和 1/4 波片构成一个光隔离器以阻止反射光进入激光器,实际上两光路稍稍倾斜以彻底挡住反馈光.压电微位移装置 PZT 与反射镜 M2 组成一个整体,调节稳压电源 SV 可以使它横向移动.

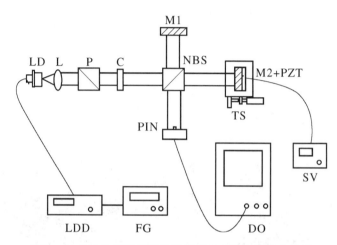

图 2-6 干涉法测量半导体激光器动态调制特性的装置

LD—单模半导体激光器;L—透镜;P—偏振分束器;C—1/4 波片;
M1,M2—反射镜;NBS—非偏振分束器;PZT—压电微位移装置;
TS—一维移动平台;PIN—针孔 PIN 光电探测器;LDD—半导体激光驱动源;
FG—函数发生器;DO—数字示波器;SV—稳压电源

在 Michelson 干涉仪发生等厚干涉时,条纹如图 2-7 所示.这时 M1、M2 相距几毫米,光程差 OPD 约为 1 cm,PZT 所在的 M2 相对于 M1 运动,如图 2-8 所示.

图 2-7 等厚干涉条纹

图 2-8 动镜 M2 的压电微位移用于干涉条纹的定位

干涉仪输出光强为

$$I = I_1 + I_2 + 2\sqrt{I_1 I_2} \cos \Delta\Phi \, e^{-\Delta l/l_c}, \tag{2-9}$$

式中,$\Delta l = $ OPD,取正值;$\Delta\Phi$ 是两路光的相位差;$e^{-\Delta l/l_c}$ 是由光源单色性引起的干涉条纹强

度衰减因子.条纹可见度(fringe visibility)为

$$V = \frac{I_{\max} - I_{\min}}{I_{\max} + I_{\min}} = \frac{2\sqrt{I_1 I_2}\, e^{-\Delta l/l_c}}{I_1 + I_2}. \tag{2-10}$$

当 $I_1 = I_2$, $\Delta l = 0$ 时有最大值 1.

考虑 IM 和 FM 即正弦强度调制和正弦调频时,设

$$I_1 = I_2 = I_0 + I_m \cos(\omega_m t), \tag{2-11}$$

$$\nu = \nu_0 + \Delta\nu \cos(\omega_m t), \tag{2-12}$$

$$\Delta\Phi = \frac{2\pi}{\lambda}\Delta l = \frac{2\pi\nu}{c}\Delta l = \frac{2\pi\nu_0}{c}\Delta l + \frac{2\pi\Delta\nu\cos(\omega_m t)}{c}\Delta l, \tag{2-13}$$

式中,ν_0 是光频;$\Delta\nu$ 是最大频移;ω_m 是调制信号频率.

在干涉条纹的 $\dfrac{\pi}{2}$ 相位(quadrature)处,

$$\frac{2\pi\nu_0}{c}\Delta l = k\pi + \frac{\pi}{2}, \quad k = 0, 1, 2, \cdots, \tag{2-14}$$

$$I = 2I_0 + 2I_m \cos(\omega_m t) \pm 2[I_0 + I_m \cos(\omega_m t)] e^{-\Delta l/l_c} \sin\left[\frac{2\pi\Delta\nu}{c}\Delta l \cos(\omega_m t)\right]. \tag{2-15}$$

将 $\sin\left[\dfrac{2\pi\Delta\nu}{c}\Delta l \cos(\omega_m t)\right]$ 展开为贝塞尔函数,略去高阶项,得

$$\sin\left[\frac{2\pi\Delta\nu}{c}\Delta l \cos(\omega_m t)\right] \approx 2J_1\left[\frac{2\pi\Delta\nu}{c}\Delta l\right]\cos(\omega_m t). \tag{2-16}$$

当 $\dfrac{2\pi\Delta\nu}{c}\Delta l \ll 1$,$J_1$ 呈线性,斜率约为 0.5 (见图 2-9),有

$$J_1\left(\frac{2\pi\Delta\nu}{c}\Delta l\right) \approx 0.5 \times \frac{2\pi\Delta\nu}{c}\Delta l, \tag{2-17}$$

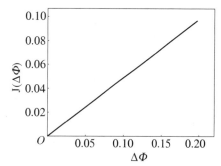

图 2-9 一阶贝塞尔函数小宗数情形

$$\sin\left[\frac{2\pi\Delta\nu}{c}\Delta l \cos(\omega_m t)\right] = 2\pi\frac{\Delta\nu}{c}\Delta l \cos(\omega_m t), \tag{2-18}$$

$$I = 2I_0 + 2I_m \cos(\omega_m t) \pm 4\pi[I_0 + I_m \cos(\omega_m t)]\frac{\Delta\nu}{c}\Delta l\, e^{-\Delta l/l_c}\cos(\omega_m t) \tag{2-19}$$

式(2-19)取正号时,总光强峰-峰值(pp 值)为

$$dI_T = 4I_m + 8\pi I_0 \frac{\Delta\nu}{c}\Delta l\, e^{-\Delta l/l_c}. \tag{2-20}$$

单路光强 pp 值 $dI_1 = 2I_m$，均值为 I_0. 相位噪声(phase noise) pp 值为

$$dI = 8\pi I_0 \frac{\Delta\nu}{c} \Delta l e^{-\Delta l/l_c}. \tag{2-21}$$

典型的半导体激光器单模运行时的线宽约几兆赫至几十兆赫，相干长度 l_c 约几十米至几百米，衰减因子 $e^{-\Delta l/l_c} \approx 1$. 输出光强为

$$\begin{aligned}I &= 2I_0 + 2I_m\cos(\omega_m t) + 4\pi[I_0 + I_m\cos(\omega_m t)]\frac{\Delta\nu}{c}\Delta l\cos(\omega_m t) \\ &= 2[I_0 + I_m\cos(\omega_m t)]\left[1 + \frac{2\pi}{c}\Delta\nu\Delta l\cos(\omega_m t)\right]\end{aligned} \tag{2-22}$$

相位噪声 pp 值为

$$dI = 8\pi I_0 \frac{\Delta\nu}{c}\Delta l = dI_T - 2dI_1; \tag{2-23}$$

最大频率漂移

$$\Delta\nu = (dI_T - 2dI_1)\frac{c}{8\pi I_0 \Delta l}, \tag{2-24}$$

式中，dI_T 是干涉信号在 90°相位(quadrature)处的 pp 值；分别测定二路光各自在某频率点的 pp 值，$2dI_1$ 用它们的和值代入，I_0 则以它们各自均值(直流分量)的平均值代入；Δl 是光程差.90°相位波形是取波形最大均值与最小均值的平均值时的波形，实验要点及讨论参阅参考文献[3].

4. 半导体激光器与光纤耦合（可选拓展性实验）

本实验研究了注入型激光二极管(inject light diode，ILD)与光纤的耦合.

(1) 半导体光源光发射特性.

一般地，光源亮度的角分布可表示为

$$B(\theta) = B_0(\cos\theta)^m, \quad \theta < \theta_{max}, \tag{2-25}$$

式中，θ_{max} 是离开光发射法线的最大角，由光源的几何形状决定.对漫射光源，$m=1$；对准直光源，m 为大值；中间为部分准直光源.ILD 的辐射远场以典型的 15°×30°发散，呈扇形分布.这是由于这些器件的发射面积很小，形成远场衍射.图 2-10 为一个 $m=1$（典型发光二极管 light emitting diode，LED）和另一个 $m=20$（典型 ILD）在极坐标系中的辐射特性.

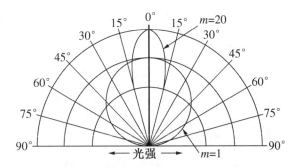

图 2-10 典型半导体激光或半导体二极管发光特性的极坐标分布

（2）耦合效率.

耦合到光纤中的光依赖于光纤的数值孔径,光纤仅能接收被光纤的数值孔径和芯径所限定的光锥内的那些光线.事实上,有4个参数决定了耦合效率,分别是光源和光纤的数值孔径、光源的尺寸以及芯径.光源的尺寸和其数值孔径之积是一个常数.光源的数值孔径比光纤大的情形称为过注入,如图2-11(a)所示;反之为欠注入,如图2-11(b)所示.

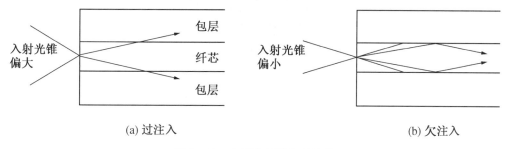

图 2-11 多模光纤的发射情况

通过加插透镜减小光源的数值孔径以适应光纤的数值孔径,但光源在光纤端面上的成像尺寸将可能同时变大,耦合效率并不能获得提高.一种改善方法是所谓"贴背耦合",即不用透镜而直接将光纤紧贴光源发射区.这时接收光功率与发射光功率之比为

$$P_f/P_s = 0.5(m+1)[\alpha + (\alpha/2)]NA^2, \quad (2-26)$$

式中,α 为光纤的折射率轮廓因子(梯度折射率光纤为 2,阶跃折射率光纤为 ∞),耦合损耗为 $-10\log\dfrac{P_f}{P_s}$.理论上的最佳耦合是指光源的尺寸和其数值孔径之积与光纤相匹配时的耦合,一般应使用透镜完成.

图 2-12 显示了发散特性不同的光源的耦合损耗随光纤的数值孔径变化的情况.由图可知,在使用相同自聚焦透镜和光纤(数值孔径>0.25)的情况下,ILD($m=20$)的偶合损耗要比 LED($m=1$)小很多(约 10 dB).LED 光源的发散性使其耦合一般为过注入,当然耦合调整过程会容易些.

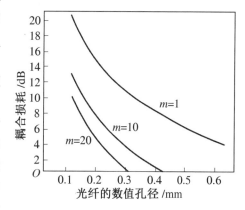

图 2-12 不同 m 值下光纤的耦合损耗随光纤的数值孔径变化的曲线

（3）梯度折射率棒透镜

本实验使用梯度折射率(gradient refractive index, GRIN)棒透镜(自聚焦透镜)将半导体光源耦合进光纤(见图2-13和图2-14).这种透镜是直径为1~3 mm,长度为几毫米的小玻璃棒(圆柱体),其折射率沿径向分布,为

$$n(r) = n_0(1 - Ar^2/2), \quad (2-27)$$

式中,n_0 是轴上折射率;$A = 2\Delta/a^2$,其中 Δ 是分数折射率差,a 是芯径.

GRIN 棒透镜可以对光束进行准直或聚焦.此处用 0.29 节距的棒透镜(见图 2-15(a))

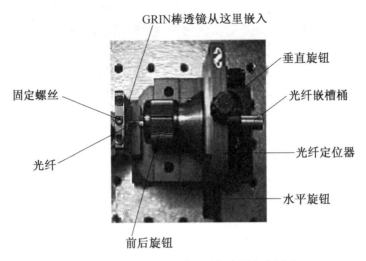

图 2-13 GRIN 棒透镜光纤耦合器安装图示

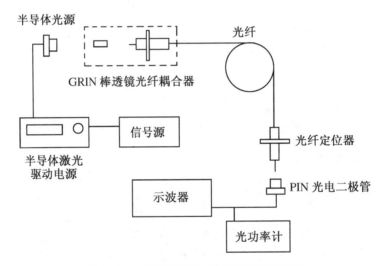

图 2-14 半导体光源与光纤耦合系统示意

对发散的半导体光源实现聚焦.节距是指光线在 GRIN 介质中沿正弦轨迹运行一周的长度.能够实现准直的为 1/4 节距的 GRIN 棒透镜(见图 2-15(b)).

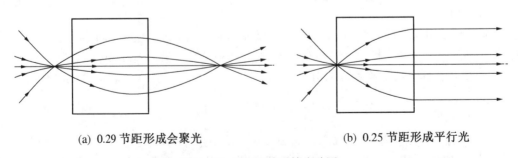

图 2-15 GRIN 棒透镜光路图

(4) 实验仪器.

实验所用仪器部件清单如表 2-1 所示.

表 2-1 部 件 清 单

部　　件	说　　明	数　　量
F-MLD-50	100/140 多模光纤,1 米	1
	633 nm 单模光纤,1 米	1
XSN-22	2×2 英尺光学平台	1
1815-C	光功率计	1
B-1	底衬板	3
VPH-2	2 英寸立杆支撑座	3
SP-2	2 英寸立杆	3
FP-1	光纤定位器(1 个在 F-925 上)	2
FK-GR29	0.29 节距自聚焦透镜	1
F-925	格兰棒透镜光纤耦合器	1
FK-ILD	780 nm 半导体激光器装置	1
	635 nm 半导体激光器装置	1
MH-2PM	光学支撑座(适配圈)	1
505	半导体光源驱动电源	1
F-IRC1	红外磷光片	1
818-BB-21	硅 PIN 管光电探测器	1
TDS-210	数字示波器	1
F-BK2	光纤切割刀	1

(5) 操作步骤及要点.

① 开 505 激光驱动电源开关,将其限制电流调至 120 mA(已调好).注意此时激光驱动电源的钥匙处于关闭(off)状态,电流示值为 0.

② 将激光驱动电源的钥匙拨向开(on)的位置,慢慢将电流从 0 mA 调至 42 mA,按一下(注意只能按一次)激光输出按钮(output/on,灯亮).调整 GRIN 光纤耦合器(F-925)上的光纤定位器的 X、Y、Z 旋钮,将入纤端面置于 GRIN 镜后合适位置(离 GRIN 镜 2 mm 以内中央,不能碰到 GRIN 镜).

③ 调整上述光纤定位器的 X、Y、Z 旋钮,将红外磷光片置于出纤端面前,观察是否

接收到光(有无光斑).如有,则将光斑调亮(即调整光纤入端光纤定位器的 X、Y 旋钮)后移去红外传感片,将光纤出端置于 PIN 光电管前 2 mm 以内对准小孔位置(不能碰到 PIN 管).

④ 同时观察示波器上该通道的直流耦合信号的直流分量(平均值)是否随着激光器调制电流的变化而变化;如否,则需检查步骤③.

⑤ 如接收信号有变化,则通过调整出端光纤定位器的 X、Y 旋钮使得信号达最大.进一步调整光纤耦合器(F-925)上的光纤定位器的 X、Y、Z 旋钮使接收到的信号最大.此时光纤入端处于最佳耦合状态.

⑥ 将调制电流置零,从 0 mA 开始到 50 mA 为止.测量半导体激光器 LD 的电光特性曲线(P-I 曲线,以示波器电压平均值代表光强 P,在接近阈值处开始每隔 1 mA 或 0.5 mA 测一次),确定 LD 的阈值电流大小(曲线直线段的延长线与横轴交点).

【注意事项】

(1) 完成实验后一定要将 LD 调制电流调回到 0 mA.先按一次激光输出按钮(灯灭),再拨钥匙至 off,最后才能关电源.

(2) LD 器件勿用手摸,否则它们将因静电而被击坏.

(3) LD 为近红外激光,小心不得直视或反射直视.

(4) 光学镜面勿用手触摸.

思考题

1. 测量电光特性时,单色仪输出光波长偏离激光器中心波长将有什么不同? 如果事先不知道激光器中心波长又该如何去做?
2. 有什么办法可以提高激光器的外微分量子效率?
3. 根据所得光谱数据如何判断其展宽类型?
4. 同时考虑正弦强度调制和正弦调频时,激光器的输出光强和输出频率如何表示? Michelson 干涉仪的相位差又如何表示?
5. 在用干涉方法测量半导体激光器频率漂移时,为何将干涉条纹定位在 90°相位处?
6. 如何测量半导体激光器与光纤的耦合效率?
7. 光纤端面紧贴 GRIN 棒透镜能否提高耦合效率?
8. 在"贴背耦合"时,阶跃折射率光纤的耦合效率高还是梯度折射率光纤的耦合效率高?
9. 如何测量半导体激光器的发散角?

参考文献

[1] 周炳琨,高以智,陈倜嵘等.激光原理[M].北京:国防工业出版社,2000.
[2] 江剑平.半导体激光器[M].北京:电子工业出版社,2001.
[3] 王叶.干涉法测量半导体激光频率漂移实验[J].大学物理,2003(12):33-37.
[4] 樊昌信,张甫翊,徐炳祥,等.通信原理[M].北京:国防工业出版社,2001.

附录 自聚焦透镜成像

在此用矩阵的方法来描述透镜的几何光学行为.当考虑近轴子午光线的传播时,光线在自聚焦透镜中的轨迹参数为

$$\begin{bmatrix} r \\ t \end{bmatrix} = \begin{bmatrix} \cos(\sqrt{A}z) & \dfrac{\sin(\sqrt{A}z)}{n_0\sqrt{A}} \\ -n_0\sqrt{A}\sin(\sqrt{A}z) & \cos(\sqrt{A}z) \end{bmatrix} \begin{bmatrix} r_0 \\ t_0 \end{bmatrix}, \qquad (2-28)$$

式中,

$$t = n(r)\sin\theta = n_0\tan\theta \qquad (2-29)$$

是透镜内光线的局部数值孔径;$\sqrt{A}$ 称为聚焦常数;r、t 两个参数分别描述透镜内光线的高度和方位.图 2-16 给出了自聚焦透镜的各个参数的定义.从成像角度,对参数的符号作如下规定.

(1) 原点:可以是顶点(透镜端面与光轴交点)、主点(透镜主平面与光轴交点)或焦点(透镜焦平面与光轴交点).

(2) 线段:以原点为基点,顺光线传播方向($+z$ 轴方向)为正,反之为负.

(3) 角度:以光轴或端面法线为基轴,从基轴向光线转动,顺时针为负,逆时针为正.

(4) 标记:在成像图中出现的几何量(长度和角度)均取绝对值,正量直接标注,负量加"−"号.

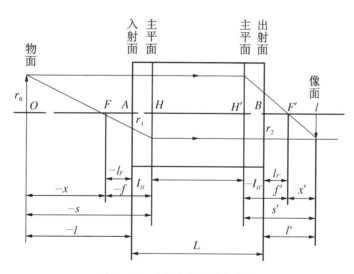

图 2-16 自聚焦透镜几何光学

选择透镜的顶点为原点,物面上有一物高为 r_0,自其顶端发出的光线的数值孔径为 t_0.此光线经过前焦点于入射面上某点(高度为 r_1)进入透镜,碰到主平面后变成平行于基轴的光线,由出射面上某点(高度为 r_2)出来最后到达像面.像面的垂直位置可由物体顶端另一根

平行光线经后主面过后焦点后与前述光线相交决定.

显然,入射面上的光线参数为

$$\begin{bmatrix} r_1 \\ t_1 \end{bmatrix} = \begin{bmatrix} 1 & -l \\ 0 & 1 \end{bmatrix} \begin{bmatrix} r_0 \\ t_0 \end{bmatrix}; \qquad (2-30)$$

出射面上的光线参数为

$$\begin{bmatrix} r_2 \\ t_2 \end{bmatrix} = \begin{bmatrix} \cos(\sqrt{A}L) & \dfrac{\sin(\sqrt{A}L)}{n_0\sqrt{A}} \\ -n_0\sqrt{A}\sin(\sqrt{A}L) & \cos(\sqrt{A}L) \end{bmatrix} \begin{bmatrix} r_1 \\ t_1 \end{bmatrix}; \qquad (2-31)$$

像面上的光线参数为

$$\begin{aligned}\begin{bmatrix} r \\ t \end{bmatrix} &= \begin{bmatrix} 1 & l' \\ 0 & 1 \end{bmatrix} \begin{bmatrix} r_2 \\ t_2 \end{bmatrix} \\ &= \begin{bmatrix} 1 & l' \\ 0 & 1 \end{bmatrix} \begin{bmatrix} \cos(\sqrt{A}L) & \dfrac{\sin(\sqrt{A}L)}{n_0\sqrt{A}} \\ -n_0\sqrt{A}\sin(\sqrt{A}L) & \cos(\sqrt{A}L) \end{bmatrix} \begin{bmatrix} 1 & -l \\ 0 & 1 \end{bmatrix} \begin{bmatrix} r_0 \\ t_0 \end{bmatrix},\end{aligned} \qquad (2-32)$$

式中,r 就是像高.因此给定物点参数 (r_0,t_0) 和像点参数 (r,t) 就确定了.下面用此公式来推导自聚焦透镜的一些参数.

令光线从前焦点 F 出发,则出射的是平行光线,有

$$\begin{bmatrix} (l_H - l_F)t_0 \\ 0 \end{bmatrix} = \begin{bmatrix} \cos(\sqrt{A}L) & \dfrac{\sin(\sqrt{A}L)}{n_0\sqrt{A}} \\ -n_0\sqrt{A}\sin(\sqrt{A}L) & \cos(\sqrt{A}L) \end{bmatrix} \begin{bmatrix} 1 & -l_F \\ 0 & 1 \end{bmatrix} \begin{bmatrix} 0 \\ t_0 \end{bmatrix}, \qquad (2-33)$$

即

$$\begin{cases} l_H - l_F = -l_F\cos(\sqrt{A}L) + \dfrac{\sin(\sqrt{A}L)}{n_0\sqrt{A}}; \\ 0 = l_F n_0\sqrt{A}\sin(\sqrt{A}L) + \cos(\sqrt{A}L). \end{cases} \qquad (2-34)$$

物方焦点为

$$l_F = -\frac{\cot(\sqrt{A}L)}{n_0\sqrt{A}}; \qquad (2-35)$$

物方主点为

$$l_H = \frac{\tan\left(\dfrac{\sqrt{A}L}{2}\right)}{n_0\sqrt{A}}. \qquad (2-36)$$

注意式(2-35)和(2-36)的参考平面为透镜前端面(入射面).由于像方焦点和物方焦点共轭,像方主点和物方主点共轭,所以

$$l_{F'} = \frac{\cot(\sqrt{A}L)}{n_0\sqrt{A}}, \tag{2-37}$$

$$l_{H'} = -\frac{\tan\left(\frac{\sqrt{A}L}{2}\right)}{n_0\sqrt{A}}. \tag{2-38}$$

它们的参考平面为透镜后端面(出射面).由此可得物方焦距(参考面是前主平面)为

$$f = -(l_H - l_F) = -\frac{1}{n_0\sqrt{A}\sin(\sqrt{A}L)}; \tag{2-39}$$

像方焦距为

$$f' = \frac{1}{n_0\sqrt{A}\sin(\sqrt{A}L)}; \tag{2-40}$$

其他如节距(pitch)为

$$P = \frac{2\pi}{\sqrt{A}}; \tag{2-41}$$

聚焦常数为

$$\sqrt{A} = \frac{2\Delta}{a}, \tag{2-42}$$

式中,a 是透镜半径.由式(2-39)或(2-40)可知:自聚焦透镜是通过改变透镜长度来使焦距变化,L 和 f 或 f' 成反比;聚焦常数 $\sqrt{A}$ 也反映了透镜对于光线的会聚能力,$\sqrt{A}$ 越大,或透镜半径 a 越小,焦距越短,透镜的会聚作用就越强;但 a 与透镜的数值孔径成正比,这一点是制约透镜的集光本领的.

实验三 位移传感器

第一部分 光纤位移传感器

【背景知识】

  从能量转换的角度讲,无论传感的对象是什么,最终都将直接或间接地使光纤的模式场发生变化.这种变化可能来自一些模式的转移或转变、场发生泄漏、模式间产生耦合或者分解、场发生干涉等.有时要区分一些细微的模式变化是比较困难的,但作为探测的目标或物理量,一般都归结为光强信号.如何建立起被传感对象与输出光强之间的关系是开发和解读光纤传感器的基本任务.

  为了研究和认识的需要,把光纤传感器划分成两大类:单纯光强调制型和相位调制型.单纯光强调制型的含义是在这些光纤传感器中,引起光强变化的相位原因并不和传感对象显式关联,或者理论分析并未从相位变化着手.这类光纤传感器一般由多模光纤制成,传感过程中的相位变化难以精确处理,只是通过隐含相位变化的统计宏观量和其他一些宏观物理量表现出来.而对相位调制型光纤传感器来说,模式的相位必须加以考虑.比如前面基础知识部分讨论过的光纤陀螺,它是基于光纤内的萨格奈克(Sagnac)效应.这是一种由场的干涉引起的相移和本地旋转角速度产生的关系.这类光纤传感器往往由单模光纤制成,因为单一模式的原发场的相位及其变化较易把握也不能轻易忽略.

  单纯光强调制型光纤传感器还可以分为两类:内效应方式(internal effect);混合(杂)方式(hybrid effect).

  (1)内效应方式光纤传感器通过扰动光纤本身的光场状态去调制输出光强,这时光纤既是传输介质又是传感转换器或适配器(传感头).转换器或适配器是光强信号与传感对象之间的桥梁,它是将传感对象模型化与定量测量的关键部件.当然,内效应光纤传感器的传感头有时还需要另外的一些拼接部件,比如波纹压板(扰模器)等.这些传感器中的光强调制是通过模式扰动和模式耦合等效应完成的.比如扰模器的作用就是使光纤产生机械变形以引起内部模式间发生耦合,继而光功率发生再分布,同时内部产生热辐射.

  (2)混合方式光纤传感器,顾名思义,就是除光纤外还需在光纤与传感对象间形成或插入更多的界面或物体.这包括可能需要对光纤做更复杂的处理,需要设计特殊的传感转换器或适配器等,所形成的系统的复杂程度取决于传感对象与光的变换关系以及对传感灵敏度等的要求.本实验要讨论的光纤位移传感器就是属于混合方式的,虽然其结构看上去较为简单,但是理论上却有进一步探讨的地方.

表 3-1 常规光纤位移传感器分类及其应用形式

分　　类	单光纤对型	一发多收型	光 纤 束 型
透射或反射	√	多为反射	多为反射
可平行排列	√	√	√
可倾斜排列	√	不常见	不常见
可对称排列		√	√
可随机交织		√	√
收发光纤不同型	√	√	√
定量分析	√	√	√

【实验目的】

(1) 掌握光纤位移传感器的基本特性和工作原理.

(2) 测量 Y 分叉式光纤束光纤位移传感器的光强调制曲线和灵敏度.

【实验原理】

光纤位移传感器的一些常见结构如图 3-1 所示.发射光纤(黑)是指从入端耦合光源的光然后传输至另一端出射的光纤,射出的光斑一般具有规则的形状,其大小及光强分布随位移而变.这个位移由传感通路上的发射及接收光纤的相对位置和路径决定,光强变化也可以由对光产生影响的某个位置的状态变化引起,因此位移传感器有时也可以称位置传感器.如图 3-2 所示,发射和接收光纤是固定的,中间如果有物体通过,则接收光纤输出的光强必然发生变化(产生一个负脉冲).

  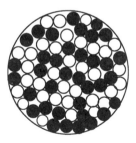 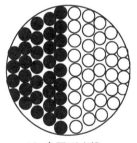

(a) 多模光纤构成发射与接收单光纤对端面结构　　(b) 一根单模或多模光纤用于发射,六根多模光纤用于接收　　(c) 随机型多模光纤束结构　　(d) 半圆型多模光纤束结构

图 3-1 光纤位移传感器的一些常见结构

发射及接收光纤的相对位置可以是透射式的,也可以是反射式的.图 3-3 是常见的反射式结构光纤位移传感器(Y 型).Y 型光纤位移传感器的出射端面情况可以是图 3-1 中的任何一种,现以单光纤对为例作理论探讨.

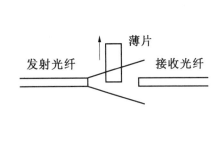

图 3-2 透射式单光纤对位置传感器

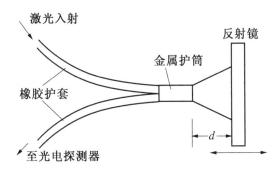

图 3-3 Y 型光纤位移传感器

如图 3-4 所示,设入射光纤为单模阶跃型的,接收光纤为多模光纤,经单模光纤出射的光束近似视为高斯分布,其场强由下式描述,

$$A(x,y,d)=\frac{A_0}{\sqrt{\pi}W}\exp\left(-\frac{x^2+y^2}{W^2}\right), \tag{3-1}$$

式中,W 是距离镜面 d 处的光束尺寸,即

$$W(d)=W_0+2d\tan\theta, \tag{3-2}$$

式中,W_0 为单模光纤近场模半径.在工程上,W_0 可以构建为

$$W_0=r_{SF}(0.65+1.619V^{-1.5}+2.879V^{-6}), \tag{3-3}$$

式中,r_{SF} 是单模光纤的芯半径;V 是其归一化波数(V 数);

$$\theta=\arcsin(NA_{SF}). \tag{3-4}$$

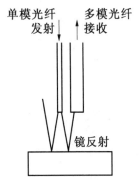

图 3-4 单光纤对模型

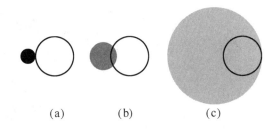

图 3-5 反射光斑与接收光纤交叠的一些情形

(a)至(c)为位移增加方向.位移越小,光斑尺寸越小,分布越集中,总光强(功率)保持不变

出于模型简化的目的,同时考虑接收多模光纤的数值孔径比单模光纤大得多(约为后者的 3 倍),可认为进入高斯光斑与接收光纤重叠区域内的光线大部分能有效传输至光电探测器.设接收光纤与高斯光斑的重叠部分区域为 D,接收光纤光强函数为

$$I_r(d) = \iint_D A^2(x, y, d) \mathrm{d}x \mathrm{d}y. \tag{3-5}$$

反射的整个高斯光斑光强函数为

$$I_e(d) = 2\int_{-W}^{W} \mathrm{d}x \int_{0}^{\sqrt{W^2-x^2}} A^2(x, y, d) \mathrm{d}y. \tag{3-6}$$

当 d 一定时,式(3-6)应是一个常数,则光强调制函数定义为

$$M_s = \frac{I_r}{I_e}. \tag{3-7}$$

一般地,除位移 d 外,输出光强还依赖于光纤的一些特征参数,如数值孔径、芯径、包层与涂层半径、单模光纤模场半径以及纤轴间距等.

【实验仪器】

实验仪器如表 3-2 所示.

表 3-2 部 件 清 单

部 件	说 明	数 量
激光器装置		
340-RC	夹具	1
40	短棒(激光器支架杆)	1
ULM	激光器底座	1
U-1101P	4 mW 氦氖激光器	1
1201-2	氦氖激光电源	1
光纤传感器入纤发射装置		
AC-1	透镜卡座	1
VPH-2	2英寸立杆支撑座	1
SP-2	2英寸立杆	1
光纤束位移传感器装置		
777-1	Y分叉式光纤束位移传感器	1
FP-1	光纤定位器	1
VPH-2	2英寸立杆支撑座	2

续表

部　件	说　明	数　量
SP-2	2英寸立杆	2
10D20ER.1	1英寸平镜	1
P100-P	反射镜底座	1
UPA-1	1英寸镜支撑座	1
SM-13+423	13 mm平移平台	1
光纤传感器出纤接收装置		
AC-1	透镜卡座	1
VPH-2	2英寸立杆支撑座	1
SP-2	2英寸立杆	1
检测装置		
10657	大面积光电探头	1
VPH-2	2英寸立杆支撑座	1
SP-2	2英寸立杆	1
1815-C	光功率计	1

【实验内容及操作要点】

运用Y分叉式光纤束光纤位移传感器(见图3-1(d))构成的实验装置如图3-6所示.

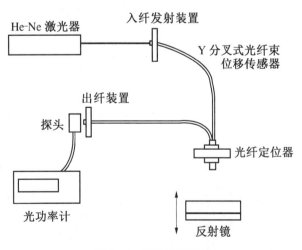

图3-6　实验装置示意

1. 接收光功率的测量

(1) 将SM-13测微计置于0 mm处(切勿将其乱拧和调到过零,这可能损坏镜面).

(2) 开激光,开1815-C功率计,选择合适的档级(保证有3～4位有效数字).

(3) 用一块黑板挡住激光,将功率计调零(注意环境光的影响程度).

(4) 记录光功率P,此时d(光纤传感器端面与镜面距离)假定为1 mm.

(5) 调节SM-13测微计,从0开始,每隔0.2 mm(20小格)测一次光功率,至 SM-13 的 6 mm 为止,实际 d 的范围为 1~7 mm.

2. 传感灵敏度的测量

(1) 将实验 1 的测量结果以 d 为横坐标,P 为纵坐标作图,找到一个斜率较大的线性段.回到实验中,从此线性段内的某处开始每隔 10 μm(1 小格),连续测 12 次数据.

(2) 用逐差法(可分为两组)计算单位长度(以 10 μm 为单位)的光强变化(微瓦),即灵敏度

$$R = \frac{\Delta P}{\Delta d}, \tag{3-8}$$

式中,

$$\Delta P = \frac{1}{36}(|P_7 - P_1| + |P_8 - P_2| + \cdots). \tag{3-9}$$

(3) 计算此灵敏度的误差(不确定度).

【注意事项】

(1) 光学镜面或光敏面千万勿触摸.

(2) 小心勿直视激光(包括其反射光).

思考题

1. 从直观及从式(3-7)作图出发,讨论光强调制曲线的形状.
2. 哪些因素会影响传感灵敏度?
3. 用什么方法或新的设计可以消除光强漂移对灵敏度的影响?
4. 试分析图 3-1(c)、(d)两种光纤束位移传感器的光强调制关系.

参考文献

[1] 王叶,张义郎,孙迺疆.进阶实验教学及个案[J].物理实验,2008(增刊):116-119.
[2] 苑立波.光纤实验技术[M].哈尔滨:哈尔滨工程大学出版社,2005.
[3] 杨华勇,等.反射式光纤传感器光纤参量对调制系数的影响[J].光子学报,2002,31(1):74-78.

附录 光纤位移传感器设计实验

1. 光纤位移传感器制作

在实验室内,利用石英、塑料裸光纤、光纤连接器(光纤跳线)、有机玻璃棒、不锈钢管等材料可以很方便地制作各种类型的光纤位移传感器.如图 3-7 所示,它们都属于混合(杂)方式,直反式光强类型.图 3-7(a)所示的入射光纤由多模光纤连接器构成:一端根据光纤基本知识给出的线缆光纤端面处理步骤进行处理;另一端通过尾纤接头可连接至半导体激光器.塑料光纤为 2 mm 直径的聚甲基丙烯酸甲酯(polymethyl methacrylate, PMMA)光纤,其两

端要经过切割和打磨(用抛光纸手工打磨一般只能达到80%的透过率),将处理过的入射光纤和出射光纤插入一个预先打好孔的有机玻璃棒合并为直反式光纤探头.

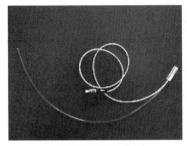
(a) 石英塑料混合型
光纤位移传感器

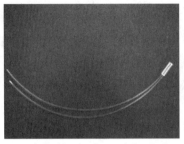
(b) 全塑料(PMMA 有机玻璃)
光纤位移传感器

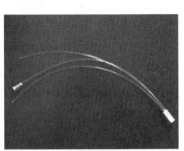
(c) 一发二收补偿式全塑料
光纤位移传感器

图 3-7 自制光纤位移传感器

表 3-3 光纤元件或材料的一些参数

名 称	参 数 和 数 据	备 注
PMMA 塑料光纤	直径:2 mm	
	数值孔径:0.5	
	损耗:≤180 dB	650 nm
	弯曲直径:≥8 D	
光纤连接器	尾纤类型:FC/PC,FC/APC	注意激光注入条件
	光纤:标准多模光纤,62.5/125	芯径/包层直径
	数值孔径:	待测

2. 建模

直反式单光纤对光纤位移传感器的建模并不简单.一般先基于两个理想条件:① 反射面为理想镜面;② 两根光纤的轴互相平行且垂直于反射面(取决于加工、制作).

对于发射、接收皆为多模光纤的情况,从发射角度要考虑的问题包括:① 场型特征,涉及激发条件及其强度分布、包层光作用、光纤对间耦合、表面缺陷及反射干扰等;② 位型关系,涉及两根光纤的芯径、数值孔径、间隔、光斑圆度等.从接收角度要考虑的问题包括:① 接收强度的算法;② 位移精度与灵敏度;③ 抗干扰与补偿;④ 线性区间及其定标.

一般地,发射可以假设为高斯型、准高斯型或朗伯型,接收可以用交叠面积比、光强积分(包括光度法)等方法处理,得到所谓光强调制函数,定义为

$$M = \frac{I_r}{I_e} \tag{3-10}$$

式中,I_e 表示发射光强;I_r 表示接收光强(具体算法参阅参考文献).图 3-8 是根据有关理论得到的一些仿真结果.

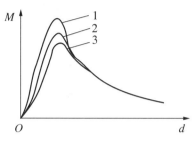

(a) 光纤对间距由小变大

在其他参数不变的情况下,传感器1的光纤间距<传感器2<传感器3

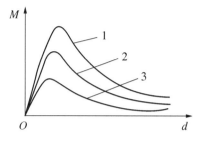

(b) 接收光纤芯径由大变小

在其他参数不变的情况下,传感器1的接收光纤芯径>传感器2>传感器3

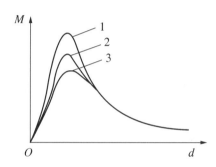

(c) 入射光纤芯径由小变大

在其他参数不变的情况下,传感器1的入射光纤芯径<传感器2<传感器3

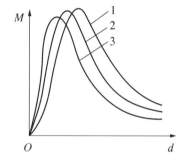

(d) 芯径相同数值孔径由小变大

在其他参数不变的情况下,传感器1的光纤数值孔径<传感器2<传感器3

图 3-8 多模光纤构成的直反式光纤位移传感器光强调制函数的理论曲线

因此,从理论及实验出发可以讨论光强调制曲线的形状变化,如表 3-4 所示.

表 3-4 光纤参量对单光纤对光纤位移传感器光强调制特性的讨论

单参量变化	起始距离 d_0	峰顶距离 d_p	峰顶高度 M_p	峰顶宽度	前坡灵敏度	填表说明
p 增加						用增大、减小、不变或基本不变表示
r_1 增加						
r_2 增加						
θ_N 增加						

3. 研究性与应用实验

实验装置如图 3-9 所示.实验装置基本配置如表 3-5 所示.

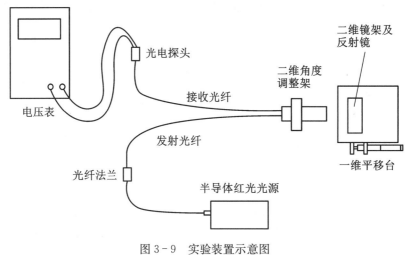

图 3-9　实验装置示意图

表 3-5　实验装置基本配置(部件)

序　号	名　　称	规格或型号	数　量
1	半导体红光光源	650 nm,1 mW	1
2	石英-塑料光纤位移传感器		1
3	全塑料光纤位移传感器		1
4	二维角度调整架	孔径 12 mm	1
5	二维角度调整架	孔径 25.4 mm	1
6	反射镜	25.4 mm	1
7	一维平移台	10 μm 精度	1
8	光纤法兰		1
9	光电探头及适配器	10 657	1
10	万用表	0.01 mV 精度	1
11	内六角螺刀	5 mm	1
12	平头螺刀		1

(1) 光源性质与注入条件(激发条件)对纤端发射光强分布的影响.使用半导体激光或 He-Ne 激光或 LED,设计一个入射光路,可以改变入射光斑的大小和数值孔径(平行性),研究过注入、欠注入、包层发射等的影响,研究去包层光的方法.

(2) 反射镜面倾斜的影响.改变反射镜架的水平或垂直角使镜面和光纤端面不垂直,测量光强调制曲线并进行比较.

（3）"光纤位置开关"实验.在接收端设计一个电压放大电路,驱动一个 LED,当在不同的位置、用不同的物品(比如手)挡住光纤位移传感器时,调整放大倍数,找到一个能够点亮 LED 的阈值.

（4）光纤位移传感器测量物体表面粗糙度实验.将不同粗糙度的物品(如将光纤打磨纸排成一行),放置在具有合适灵敏度的距离处,依次测量其反射强度,画出粗糙度与反射光强的曲线.

思考题

1. 哪些因素会影响传感灵敏度?
2. 试分析光纤位移传感器的稳定性.
3. 用什么方法或新的设计可以消除光强漂移对灵敏度的影响?
4. 试分析单模光纤发射、多模光纤接收时的光强调制关系.

第二部分　干涉式位移传感器

【实验目的】

（1）用泰曼-格林干涉仪构建一个微位移传感器.
（2）干涉条纹识别,条纹计数测位移.
（3）干涉条纹光学检测.

【实验原理】

1. 光的相干性

干涉是波动叠加产生的能量和能流的群聚现象.光具有波动和粒子二重性.波动的特点是其幅度呈现时间周期性和空间周期性,干涉是遵循确定性的规律的波动叠加的空间分布.光波动是原子(分子)的辐射形成的,发光粒子的运动及其发光过程本质上具有随机性.发光是一个随机过程,光的相干性实际上就是指光源的相干性.考虑一个实际的热光源,在一定的时间内,大量的自发辐射光子组成规则有序(指其频率、相位、传播方向和偏振状态皆相同)的光子流(光波),叫作波列(波包).光源可同时向不同的方向辐射不同的波列(波包),不同的波列是不相干的.干涉实验要揭示的是在大量随机波列的作用下,每一个波列自身的相干性.

波列的相干性可以由两种方法实现观察:杨氏双孔干涉实验用分波面法将一个波包分成两个子波包进行相干叠加;迈克尔逊干涉实验用分振幅法将一个波包分成相当于两个相干光源的波包进行叠加.考虑到波包或子波的群体作用及其场矢的随机特性,干涉条纹是否清晰可见需用条纹可见度(反衬度)描述,即

$$\gamma = \frac{I_{\max} - I_{\min}}{I_{\max} + I_{\min}}, \tag{3-11}$$

式中,$I_{\max}$ 和 $I_{\min}$ 体现了波包或子波间相干群聚和非相干群聚的总效果.

光源的广延(尺寸)对光场呈现相干性的影响称为光源的空间相干性.如图 3-10 所示,单色面光源宽度为 b,它到双孔所在面的距离为 L,双孔距离为 d.粗略地可以证明,当下式

成立时才有清晰的干涉条纹：

$$\frac{b}{L} \ll \frac{\lambda}{d}. \tag{3-12}$$

此条件表明，尺寸很小的光源才具有空间相干性.严格地讲，对于一个任意面积的非相干均匀光源，双孔所在面上理论上存在一个区域，使得该区域内任意两点发出的子波具有相干性.由 Van Cittert-Zernike 定理可以证明，此区域的面积为

$$A_c = \frac{(\lambda z)^2}{A_s}, \tag{3-13}$$

式中，A_s 是光源的面积；A_c 用来表示光源的空间相干性，称为相干面积，它在统计光学（或信号统计检测理论）中的确切定义为

$$A_c = \iint_{-\infty}^{+\infty} |\mu(\Delta x, \Delta y)|^2 d\Delta x d\Delta y, \tag{3-14}$$

其中，$\mu(\Delta x, \Delta y)$ 是位于双孔所在面的所谓复相干系数，它是光源强度分布的二维傅里叶变换；Δx、Δy 是双孔所在面任意两点之间的坐标增量，$\mu(\Delta x, \Delta y)$ 量度任意两个子波间的相关性，A_c 是这种相关性的统计幅值.

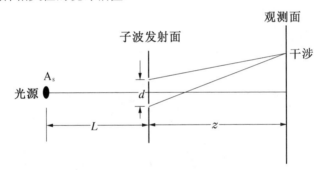

图 3-10　光源的空间相干性

除了空间相干性之外，光源还具有时间相干性.光源的时间相关性是由辐射光谱的线宽决定的.波列是有一定时间长度的，即使从同一点发出的波列，长度也可能是随机的，其中任意两个波列间的时间相关性可以由复自相干度描述.对于准单色光源，波列的有限时间长度和光谱的有限频率宽度相对应，相干时间原本是波列间时间相关性的统计幅值，为避免空间相干性的影响，准单色点光源发出的两个波列的先后时间间隔只有小于这个相干时间时才能相干叠加，由此可得相干长度为

$$l_c = c\tau_c = \frac{c}{\Delta\nu} = \frac{\lambda^2}{\Delta\lambda}, \tag{3-15}$$

式中，$\tau_c = \frac{1}{\Delta\nu}$ 称为相干时间，它是光源线宽（频域量）在时域中的反映.应当指出，光源的时间相干性始终存在.

2. 泰曼-格林干涉仪

泰曼-格林干涉仪是以迈克尔逊干涉仪为原型的激光双光束波前干涉装置，如图 3-11 所示.

迈克尔逊干涉仪的详细原理请参阅有关光学书籍. 在实际测量时,光束应稍微发散,即以小角度入射,这样事先可以得到所需的同心圆型(光程差较大时)或椭圆型(光程差较小时)甚至双曲线型(光程差很小时)的等倾干涉条纹(见附录2),其干涉光强方程为

$$I = I_1 + I_2 + 2\sqrt{I_1 I_2} \cos\theta \cos\Delta\varphi \cdot e^{-|\Delta l|/l_c}; \tag{3-16}$$

条纹可见度为

$$\gamma = \frac{I_{\max} - I_{\min}}{I_{\max} + I_{\min}} \tag{3-17}$$

$$= \frac{2\sqrt{I_1 I_2} \cos\theta \cdot e^{-|\Delta l|/l_c}}{I_1 + I_2},$$

式中,θ是入射偏振的方位角,设它为0;l_c是相干长度,在零光程差附近($\Delta l \approx 0$),再设$I_1 = I_2$,$V \to 1$,可见性最佳.

相位差为

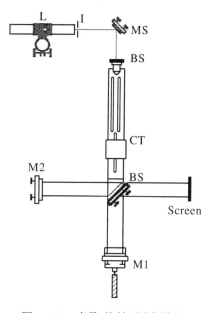

图 3-11 泰曼-格林干涉仪装置

L—氦氖激光;I—光栏;MS、M1(安装了测微计);M2—反射镜;BE—扩束及准直器;BS—分束器;Screen—屏

$$\Delta\phi = \frac{2\pi}{\lambda} n_{1,2} \Delta l. \tag{3-18}$$

在空气中,折射率$n_{1,2} = 1$,条纹周期性的路程差$\Delta l = \lambda$,它应是动镜位移量的2倍,此即为借助条纹干涉测量进行微位移测量的理论基础. n个条纹所对应的位移为

$$d = n\frac{\lambda}{2}. \tag{3-19}$$

此外,也可以通过调整两反射镜的倾角,使二者之间形成斜劈获得平行的等厚干涉条纹,进行条纹平移计数测量,如图3-11所示.使用针孔光电探头定位于干涉条纹某处,经过连续测量可以得到如图3-12所示的采样序列波形.计算一定的峰、谷数目亦能得到相应的位移.

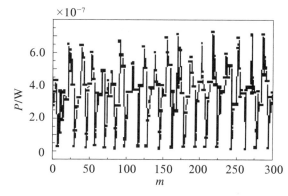

图 3-12 干涉条纹的光电计数法得到的信号样本序列

【实验仪器】

(1) 4 mW 氦氖激光器及电源.
(2) 扩束镜装置.
(3) 准直系统.
(4) 分光器装置.
(5) 反射镜装置三套.
(6) 测微计及平移机构一套.
(7) 光栏.
(8) 白屏.

仪器组装与调整参阅附录 1.

【实验内容】

1. 干涉条纹观察、计数与位移测量

根据附录 1 的干涉仪调整技术和附录 2 的干涉条纹原理,找到干涉仪零光程差位置,并相应验证同心圆、椭圆、双曲线等不同干涉条纹形状与条件.选择同心圆或椭圆条纹,从某处开始,记读一定量的条纹数(如 50 个条纹)时的测微计位置读数,来回测 6 次,计算位移值及误差;或一个方向连续测 6 次,作条纹序列和位移曲线(m-d 曲线),进行直线拟合并由斜率求得光源波长.

2. 棱镜表面几何等级检测

如图 3-13 所示,用一个 PT-1 棱镜架代替 M2 反射镜架.PT-1 棱镜架和 MM-2 镜座对接,调整 MM-2 镜座的倾角直到干涉条纹出现.调整棱镜和 M1 反射镜的倾角得到两边对称的 V 形条纹,条纹要在底边相交.用一块光洁度基板挡住棱镜测试光路的一半,如果基板光洁度非常高,试比较两边干涉条纹的区别.

3. 塑料薄片厚度起伏检测

如图 3-14 所示,在干涉仪的测试光路中插入一块塑料薄片(如有机玻璃),通过伸缩、弯折、卷曲、加力等产生不同的干涉条纹并加以比较.

4. 透镜表面检测

(1) 单透镜.如图 3-15 所示,在干涉仪的测试光路中插入一块双凸透镜,调整透镜与 M2 反射镜的距离使光会聚于 M2 上.调整反射镜的倾角可以观察到同心圆干涉条纹,从条纹的形状、厚度变化等可以判断透镜表面加工品质.

(2) 双透镜.如图 3-16 所示,用一块平凸透镜(如 KPX085ER.1)代替图 M2 反射镜,移动双凸透镜靠近平凸透镜并调整高度直到获得干涉条纹,比对条纹形状和对称性.

【注意事项】

(1) 光学镜面勿用手触摸.
(2) 小心勿直视激光(包括其反射光).

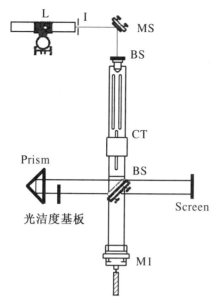

图 3-13 棱镜架代替 M2 反射镜架后的干涉条纹观察

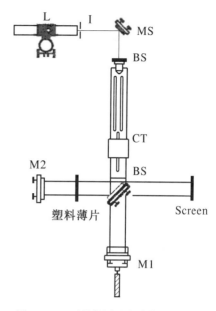

图 3-14 干涉仪测试光路中插入一块塑料薄片(如有机玻璃)后通过伸缩、弯折、卷曲、加力等产生不同的干涉条纹

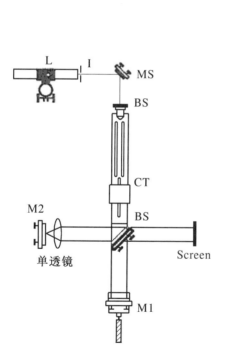

图 3-15 同心圆的干涉条纹

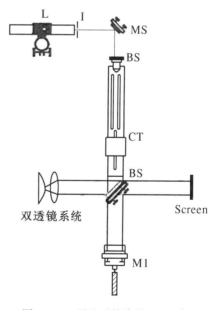

图 3-16 平凸透镜代替 M2 反射镜后的干涉条纹

思考题

1. 估算 1 Å 线宽光源的相干长度.
2. 试举出提高干涉传感灵敏度的方法.

3. 试举出提高机械位移精度的方法.
4. 思考光学元件干涉条纹图像检测的定量方法.

附录1 光路部件及其调整

光路部件如表3-6所示.

表3-6 部件清单(由美国Newport公司提供产品型号)

部 件	说 明	数 量
激光器装置		
340-C	夹具	1
40	激光器支架杆	1
807	激光器底座	1
U-1101P	4 mW氦氖激光器	1
1201	氦氖激光电源	1
光栏装置		
ID-0.5	瞳栏	2
MCF	滑轨平载板	2
MH-2P	瞳栏座	2
MSP-3	3英寸立杆	2
MPH-3	3英寸立杆支撑座	2
MRL-3	3英寸微型光学滑轨	1
MRL-18	18英寸微型光学滑轨	1
偏转反射镜装置		
10D20ER.1	1英寸平镜	1
COR-1	中心转条适配器	1
P100-P	反射镜底座	1
UPA-1	1英寸镜支撑座	1
SP-4	4英寸立杆	1
VPH-4	4英寸立杆支撑座	1

续 表

部 件	说 明	数 量
扩束装置		
B-2	平底衬板	1
M-40X	40倍物镜	1
MH-2PM	物镜底座	1
SP-3	3英寸立杆	1
VPH-3	3英寸立杆支撑座	1
准直测试装置		
20QS20	2英寸准直测试器	1
AC-2	透镜底座	1
LC-V	准直器模板	1
B-2	平底衬板	1
SP-3	3英寸立杆	1
VPH-3	3英寸立杆支撑座	1
分束器装置		
20B20BS.1	2英寸分束镜	1
GM-2	镜底座	1
SP-3	3英寸立杆	1
VPH-3	3英寸立杆支撑座	1
M1和M2反射镜装置		
20D20ER.1	2英寸反射镜	2
462-X-M	平移平台	1
DM-13	高精度测微计(0.5μm)	1
GM-2	镜底座	2
SP-2	2英寸立杆	1
SP-3	3英寸立杆	1
VPH-2	2英寸立杆支撑座	1
VPH-3	3英寸立杆支撑座	1

续 表

部 件	说 明	数 量
观察屏装置		
B-2	平底衬板	1
BC-2	底座夹具	1
FC-1	滤波器夹具	1
SP-2	2英寸立杆	1
VPH-2	2英寸立杆支撑座	1

光路调整步骤：

(1) 将光学平台放置于稳定平面上，台面近旁留有空间以便安放电源和其他无需支起的部件.

(2) 激光器调整.用内六角旋转扳手将激光器支架杆立于光学平台的一角，将340-C夹具套入激光器支架杆，并将807激光器底座与340-C夹具连接起来.将激光器插入其底座，旋转激光器使其出光的偏振方向垂直于台面(使用已知偏振方向的偏振片，获得S偏振).

(3) 激光束对准.将光栏装置I立于MRL-3滑轨上，开启激光器，控制光束使其沿光学平台的一边并调整出射光束高度达6英寸.将光栏装置置于激光器出射端(如图3-17中的I1位置)，调整光栏高度使光束通过其光瞳(光瞳尺寸应由大变小).再将另一光栏移到平台的另一端(如图3-17中的I2位置)，调整激光器的倾斜和垂直位置使光束既通过I1又能通过I2从而平行于平台表面.

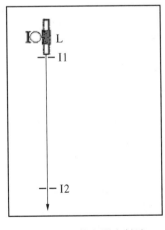

图3-17 激光器出射端

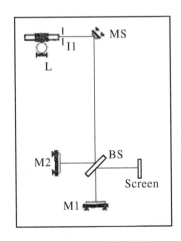

图3-18 干涉仪结构

(4) 将光栏置于如图3-18中的I1位置(激光器要旋转90°).加入偏转反射镜装置MS让光束打到其中心(调整其立杆高度).将另一光栏置于MS后调整MS的倾角使光束前后等高.

(5) 干涉仪的构建.如图 3-18 所示.将 2 英寸分束镜装于 GM-2 镜底座上,同样将 2 英寸反射镜 M1 和 M2 装于 GM-2 镜底座上,并用 2 英寸立杆和 2 英寸立杆支撑座将 M1 反射装置固定于平移平台上(装配好测微计的平移平台已事先固定于光学平台上).再用 2 英寸立杆和 2 英寸立杆支撑座将 M2 反射装置固定于光学平台上,两反射镜与分束镜相隔 20 cm 左右.调整分束镜装置 BS 使出射双光束互相垂直,这样就构成了泰曼-格林干涉仪的基本框架.

(6) 干涉仪的调整.调整 BS 装置立杆高度使光束打到其中心,将光栏分别置于 BS 装置的两出射光束光路上;调整 BS 装置的倾角使光束前后等高,再让两束光分别打到 M1、M2 的中心;将光栏置于 M1 和 M2 前,调整 M1 和 M2 反射镜的倾角使光束前后等高.实际上,在光路调整期间,可以通过观察屏上的光点移动来判断两束光的平行性,调整完毕时两束光的中心光点应重合在一起.

(7) 扩束准直定位.将 2 英寸准直测试器通过透镜底座固定于准直器模板的合适位置(相对于扩束镜 BS 后准直器模板的约 3/4 处),将 B-2 平底衬板用 4 mm 螺丝固定于 3 英寸立杆的顶部,将其插入 3 英寸立杆支撑座内并固定于光学平台上.将安装好的准直器搁到 B-2 平底衬板上(注意重心,否则要调整平板支撑座的孔位),调整高度使光束通过其中心.将装配好的扩束装置固定于如图 3-11 所示位置,扩束镜的高度偏向使扩束后的光斑充满准直器光瞳.

(8) 观察屏上有无干涉条纹.可通过调节两反射镜 M1 和 M2 的倾角将干涉条纹移至屏中央,前后移动准直器使出现四五个条纹为宜.

附录 2 干涉条纹形状轨迹方程的数学推导

此推导的出发点是将干涉仪的分振幅双光束干涉视为两个虚点光源之间的球面波波前干涉.为简化问题的讨论,假定两虚点光源在垂直台面方向上(即等高)无投影,只在前后、左右叉开一定的距离(见图 3-19),则在观察屏上建立这样的直角坐标系 xOy,使两虚点光源 S_1 和 S_2 的坐标为 $(x_0, 0, z_1)$ 和 $(-x_0, 0, z_2)$,如图 3-20 所示.

设观察屏上任意一点 P 坐标为 (x, y),它到两虚点光源的距离分别为 r_1 和 r_2,则有

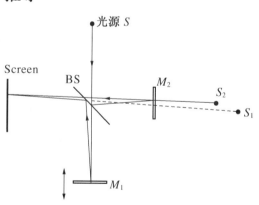

图 3-19 等效虚点光源示意图

$$r_1 = \sqrt{(x-x_0)^2 + y^2 + z_1^2}, \tag{3-20}$$

$$r_2 = \sqrt{(x+x_0)^2 + y^2 + z_2^2}. \tag{3-21}$$

两虚点光源到达 P 点的光程差为

$$\Delta r = r_2 - r_1 = \sqrt{(x+x_0)^2 + y^2 + z_2^2} - \sqrt{(x-x_0)^2 + y^2 + z_1^2}. \tag{3-22}$$

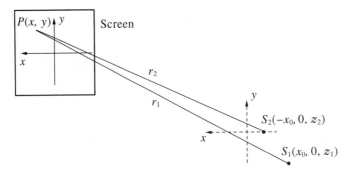

图 3-20 两等效虚点光源的波前在 P 点形成干涉

对式(3-22)两边取平方化简后得到

$$\sqrt{(x+x_0)^2+y^2+z_2^2} \times \sqrt{(x-x_0)^2+y^2+z_1^2}$$
$$=x^2+y^2+x_0^2+\frac{z_1^2+z_2^2}{2}-\frac{\Delta r^2}{2}. \tag{3-23}$$

对式(3-23)两边取平方化简后得到

$$(\Delta r^2-4x_0^2)x^2+2x_0(z_1^2-z_2^2)x+\Delta r^2 y^2$$
$$=\frac{(z_1^2-z_2^2)^2}{4}+\left(\frac{\Delta r^2}{4}-\frac{z_1^2+z_2^2}{2}\right)\Delta r^2. \tag{3-24}$$

将 x 配成平方项,得到

$$\left[x+\frac{x_0(z_1^2-z_2^2)}{\Delta r^2-4x_0^2}\right]^2+\frac{\Delta r^2 y^2}{\Delta r^2-4x_0^2}$$
$$=\frac{1}{\Delta r^2-4x_0^2}\left[\frac{(z_1^2-z_2^2)^2}{4}+\left(\frac{\Delta r^2}{4}-\frac{z_1^2+z_2^2}{2}\right)\Delta r^2\right]+\frac{x_0^2(z_1^2-z_2^2)^2}{(\Delta r^2-4x_0^2)^2} \tag{3-25}$$
$$=\frac{(z_1^2-z_2^2)^2}{\Delta r^2-4x_0^2}\left(\frac{x_0^2}{\Delta r^2-4x_0^2}+\frac{1}{4}\right)+\frac{\Delta r^2}{\Delta r^2-4x_0^2}\left(\frac{\Delta r^2}{4}-\frac{z_1^2+z_2^2}{2}\right)=A,$$

式中,

$$\Delta r=\begin{cases}k\pi, & k=\pm 1,\pm 2,\cdots \text{时是亮条纹轨迹;}\\(2k+1)\dfrac{\pi}{2}, & k=0,\pm 1,\pm 2,\cdots \text{时是暗条纹轨迹.}\end{cases} \tag{3-26}$$

因此,当 Δr 取分列值时可对应不同的亮条纹或暗条纹,并且当

$$\Delta r^2-4x_0^2<0 \text{ 或 } \Delta r<2x_0, x_0>0, \text{且 } A>0 \tag{3-27}$$

时,是一系列贯轴(transverse axis)在 x 方向的双曲线.当

$$\Delta r^2-4x_0^2<0 \text{ 或 } \Delta r<2x_0, x_0>0, \text{且 } A<0 \tag{3-28}$$

时,是一系列贯轴在 y 方向的双曲线.特别地,当

$$\Delta r^2 - 4x_0^2 < 0 \text{ 或 } \Delta r < 2x_0, x_0 > 0 \text{ 且 } A = 0 \tag{3-29}$$

时,是两条相交的直线.这个条件只在 $z_1 \approx z_2$, Δr 很小时才能满足.这相当于在两虚点光源非常靠近的时候才能发生,且如果 $\Delta r \to 0$,则 $x^2 = 0$.这意味着整个干涉图样收缩为一个点(是亮点还是暗点,为什么?).

如果

$$\Delta r^2 - 4x_0^2 > 0 \text{ 或 } \Delta r > 2x_0, x_0 > 0, \text{且 } A > 0, \tag{3-30}$$

则得到一系列椭圆.特别地,当

$$\Delta r \gg 2x_0 \text{ 且 } A > 0 \tag{3-31}$$

时,条纹轨迹方程为

$$\begin{aligned}
&\left[x + \frac{x_0(z_1^2 - z_2^2)}{\Delta r^2}\right]^2 + y^2 \\
&= \frac{(z_1^2 - z_2^2)^2}{\Delta r^2}\left(\frac{x_0^2}{\Delta r^2} + \frac{1}{4}\right) + \left(\frac{\Delta r^2}{4} - \frac{z_1^2 + z_2^2}{2}\right) \\
&= A.
\end{aligned} \tag{3-32}$$

它是一系列圆.

由此,一般地,当测微计移动时,z_1 将有较大的变化,而 x_0 变化微小,可认为不变时,光程差 Δr 的变化基本取决于测微计的移动量,即

$$\Delta r = r_2 - r_1 \approx z_2 - z_1. \tag{3-33}$$

因此,当测微计相对于零光程位置由远而近时,可分别得到同心圆型(光程差较大时)或椭圆型(光程差较小时)甚至双曲线型(光程差很小时)的等倾干涉条纹.

采用等厚干涉条纹进行微位移测量时,也应注意光程差与实际位移稍有不同的问题,读者可自行思考.

单元三 原子物理

化学已经阐明各种物体是由元素构成的,原子是元素的最小单元.各种元素的原子有其各自的结构和特性,因而组成的物体丰富多样.科学的发展证实了原子的存在,但它并非如古代先哲所想象的那样简单而不可分割,而是有复杂的内部结构和运动.

近代有许多重大实验发现.1869 年,门捷列夫发现元素周期表.1885 年,巴耳末发现氢原子光谱规律.1895 年,伦琴发现 X 射线.1896 年,贝克勒耳发现放射线.1897 年,汤姆逊发现电子.1890 年,普朗克建立黑体辐射理论(能量子);1911 年,卢瑟福建立原子核式结构;1913 年,玻尔建立玻尔量子理论.这三大发现揭开了近代物理的序幕,使原子物理学开始了新的篇章.原子物理学的发展导致了量子理论和量子力学的诞生. 1925 年前后,量子力学建立.至此,对原子这一层次的认识才获得了从实验到理论的比较完全的认识.

1911 年,物理学家卢瑟福根据 α 粒子穿过金箔产生的散射现象,提出了原子结构的一种模型——"原子行星模型":原子的质量几乎全部集中在直径很小的核心区域,叫原子核;原子核带正电,电子带负电,电子在原子核外绕核作轨道运动.但根据古典力学原理,这样的原子会因为电子发射电磁波而不稳定,且所发射出的电磁波波谱不符合所观测到的原子光谱.

这些问题在 1913 年被丹麦物理学家波尔改进的原子模型所解决.在波尔模型中,位于特殊轨道的电子具有取决于轨道半径才拥有的特定能量(这个能量值后来被称为能级).因为仅允许有特定轨道,所以电子只具有特定能量,产生特定允许能阶图.电子在允许轨道上不发射电磁能,但电子从一个轨道跃迁到另一个轨道上时,发射或吸收的能量为两轨道允许能量的差值.这正与所观察到的原子光谱一致.

虽然波尔模型提供了一种有用的形象化模型,但近代原子理论还是采用量子力学向前发展.电子具有波动性,因此波尔轨道模型可以解释为一种要求,以适合绕核电子波的总波数.原子中的电子较好地被表示为标以特定量子数组合的电荷分布,而不是在圆轨道上的点状粒子.量子数的每种可能的组合对应一个能级.波尔理论能部分地解释原子光谱,而现代量子理论则能明确地详细计算光谱.

基态原子的电子的量子数严格地确定了原子在元素周期表上的位置;而电子结构则确定了其他原子形成化学键的类型.氢原子的特性可以非常精确地计算,但对于较复杂的原子,预期特性的问题就变得非常困难.光谱学与原子间的碰撞被用于检测对能级和其他特性所做的预测.原子物理的直接技术应用包括激光和原子钟.

实验四 电子束在电场-磁场中运动规律

【背景知识】

电子是人们发现的第一个基本粒子,是构成物质世界的重要成员.在电子的发现过程中,汤姆逊起到了关键性的决定作用.电子的发现是物理学基本粒子层次突破的开始,具有划时代的意义.

电子的荷质比(electron charge-mass ratio)是电子电量 e 和电子静质量 m 的比值 e/m,是电子的基本常数之一.1897 年,汤姆逊通过电磁偏转的方法测量了阴极射线粒子的荷质比.它比电解中单价氢离子的荷质比约大 2 000 倍,从而发现了比氢原子更小的组成原子的物质单元,定名为电子.精确测得的电子荷质比的值为 $1.758\ 819\ 62 \times 10^{11}$ C/kg,根据测定电子的电荷,可确定电子的质量. 20 世纪初,考夫曼用电磁偏转法测量 β 射线(快速运动的电子束)的荷质比,发现 e/m 随速度增加而减小.这是电荷不变质量随速度增加而增大的表现,与狭义相对论质速关系一致,是狭义相对论实验基础之一.

【实验目的】

(1) 了解电子束电聚焦和磁聚焦.
(2) 掌握电子束电偏转和磁偏转基本规律.

【实验原理】

1. 电子束电偏转

如图 4-1 所示,阴极射线管由阴极 K、控制栅极 G 与阳极 A_1、A_2 等组成电子枪.阴极被灯丝加热而发射电子,电子受阳极的作用而加速.

电子从阴极发射出来时,初速度很小.电子枪内阳极 A_2 相对阴极 K 具有几百伏甚至几千伏的加速正电位 U_2.它产生的电场使电子沿轴向加速.电子从速度为 0 到 A_2 时的速度为 v. 由能量关系有

$$\frac{1}{2}mv^2 = eU_2, \quad v = \sqrt{\frac{2eU_2}{m}}. \tag{4-1}$$

设电子的速度方向为 z,电场方向为 y(或 x)轴. 当电子进入平行板空间时,$t_0 = 0$,电子速度为 v,此时有 $V_z = v$,$V_y = 0$. 设平行板的长度为 l,电子打到显示屏所需的时间 t 为

$$t = \frac{l}{V_z} = \frac{l}{v}. \tag{4-2}$$

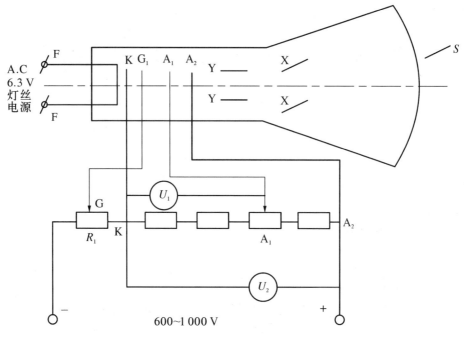

图 4-1 阴极射线管结构示意图

K—阴极;G—栅极;A_1—聚焦阳极;A_2—第二阳极;Y—垂直偏转板;X—水平偏转板;S—荧光屏

过阳极 A_2 的电子以 v 的速度进入两个相对平行的偏转板间,若在两个偏转板上加上电压 U_d,则平行板间的电场强度 $E=\dfrac{U_d}{d}$,电场强度的方向与电子速度 v 的方向相互垂直,如图 4-2 所示.电子在平行板间受电场力的作用,电子在与电场平行的方向产生的加速度为 $a_y=\dfrac{-eE}{m}$,其中 e 为电子的电量,m 为电子的质量,负号表示加速度 a_y 方向与电场方向相反.当电子射出平行板时,在 y 方向电子偏离轴的距离为

$$y_1=\frac{1}{2}a_y t^2=\frac{1}{2}\frac{eE}{m}t^2. \qquad (4-3)$$

将 $t=\dfrac{l}{v}$ 代入式(4-3),得

$$y_1=\frac{1}{2}\frac{eE}{m}\frac{l^2}{v^2}. \qquad (4-4)$$

再将 $v=\sqrt{\dfrac{2eU_2}{m}}$ 代入式(4-4),得

$$y_1=\frac{1}{4}\frac{U_d}{U_2}\frac{l^2}{d}. \qquad (4-5)$$

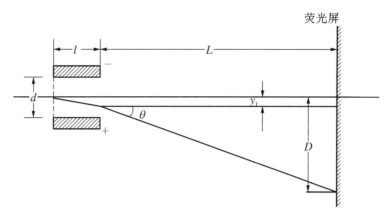

图 4-2 电场中电子束运动轨迹

由图 4-2 可以看出,电子在荧光屏上偏转距离为

$$D = y_1 + L \cdot \tan\theta. \tag{4-6}$$

存在

$$\tan\theta = \frac{dy_1}{d_L} = \frac{U_d L}{2U_2 d}. \tag{4-7}$$

将式(4-5)、式(4-7)代入式(4-6),得

$$D = \frac{1}{2} \frac{U_d \cdot l}{U_2 \cdot d} \left(\frac{l}{2} + L \right), \tag{4-8}$$

式中,U_d 和 U_2 分别表示两个平行板间的电压和加速电压;d 是两个平行板间距离. 由式(4-8)可知:偏转量 D 随 U_d 的增加而增加,而与加速电压 U_2 成反比关系.

2. 电子束电聚焦

电子射线束的聚焦是所有射线管如示波管、显像管和电子显微镜等都必须解决的问题. 在阴极射线管中,阳极被灯丝加热发射电子. 电子受阳极产生的正电场作用而加速运动,同时又受栅极产生的负电场作用,只有一部分电子能通过栅极小孔飞向阳极. 改变栅极电位能控制通过栅极小孔的电子数目,从而控制荧光屏上的辉度. 当栅极上的电位负到一定的程度时,可使电子射线截止,辉度为 0.

聚焦阳极和第二阳极是由同轴的金属圆筒组成. 由于各电极上的电位不同,在它们之间形成了弯曲的等位面电力线. 这样就使电子束的路径发生弯曲,类似光线通过透镜产生会聚和发散,这种电子组合称为电子透镜. 改变电极间的电位分布,可以改变等位面的弯曲程度,从而达到电子透镜的聚焦.

3. 电子束磁偏转

电子通过阳极 A_2 后,如果在垂直于 z 轴方向(x 方向)放置一个均匀磁场,那么以速度 v 飞越的电子在 y 方向上也将发生偏转. 由于电子受洛伦兹力 $F = eBv$,其大小不变,方向与速度方向垂直,因此电子在洛伦兹力的作用下作匀速圆周运动,洛伦兹力就是向心力,有

$$evB = \frac{mv^2}{R}, \qquad (4-9)$$

所以

$$R = \frac{mv}{eB}, \qquad (4-10)$$

式中,R 是电子匀速圆周运动的半径;B 外加磁场强度.

如图 4-3 所示,当电子离开磁场区域以后,将沿切线方向飞出,作直线运动.该直线与 z 方向的夹角为 θ,角度 θ 满足

$$\sin\theta = \frac{L_1}{R} = \frac{eB}{mv}L_1. \qquad (4-11)$$

电子穿出磁场区域时,在 y 方向位移为

$$a = R - R \cdot \cos\theta. \qquad (4-12)$$

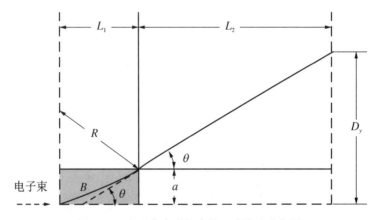

图 4-3 电子束在磁场中的运动轨迹示意图

电子束打到荧光屏上的位置与未加磁场时的位置之间的偏离为 D_y,则有

$$D_y = L_2 \cdot \tan\theta + a. \qquad (4-13)$$

考虑到本实验中偏转角度 θ 很小,可以近似地认为 $\tan\theta \approx \theta$,$\cos\theta = 1 - \frac{1}{2}\theta^2$,因此得到偏转量 D_y 与外加磁场的关系为

$$D_y = \frac{eB}{\sqrt{2meV_2}} L_1 \cdot \left(L_2 + \frac{L_1}{2}\right), \qquad (4-14)$$

式中,V_2 为加速电压;L_1 为磁场区域的宽度;L_2 为电子束从磁场区域穿出到显示屏的距离;m,e 分别为电子的质量和电荷量.由式(4-14)可知:电子束的偏转与磁场 B 成正比,而与加速电压的平方根成反比,这一点与静电偏转的情况不同,这是因为磁场力本身又与速度有关的缘故.

4. 磁聚焦和电子荷质比测量

示波管置于长直螺线管中,在不受任何偏转电压的情况下,在荧光屏上出现一个小亮点.若第二加速阳极 A_2 的电压为 U_2,则电子的轴向运动速度用 $V_{/\!/}$ 表示,则有

$$V_{/\!/} = \sqrt{\frac{2eU_2}{m}}. \tag{4-15}$$

当给其中一对偏转板加上交变电压时,电子将获得垂直于轴向的分速度(用 $V_\perp$ 表示),此时荧光屏上便出现一条直线.随后给长直螺线管通一直流电流 I,于是螺线管内便产生磁场,其磁感应强度用 $B_\perp$ 表示.运动电子在磁场中要受到洛仑兹力 $f=eV_\perp B_\perp$ 的作用,这样电子束在直螺线管中以 $V_{/\!/}$ 沿 Z 方向作匀速运动,在垂直于磁场(也垂直于螺线管轴线)的平面内作圆周运动.设其圆周运动的半径为 $R_\perp$,则有

$$eV_\perp B_\perp = \frac{mV_\perp^2}{R_\perp}, \tag{4-16}$$

即得到

$$R_\perp = \frac{mV_\perp}{eB_\perp}. \tag{4-17}$$

于是得到电子圆周运动的周期为

$$T = \frac{2\pi R_\perp}{V_\perp} = \frac{2\pi m}{eB_\perp}. \tag{4-18}$$

电子长直螺线管中的运动既在轴线方向作直线运动,又在垂直于轴线的平面内作圆周运动(见图 4-4).它的轨道是一条螺旋线,其螺距用 h 表示,则有

$$h = V_{/\!/} T = \frac{2\pi}{B}\sqrt{\frac{2mU_2}{e}}. \tag{4-19}$$

有趣的是,从式(4-18)、式(4-19)可以看出,电子运动的周期和螺距均与 $V_\perp$ 无关.

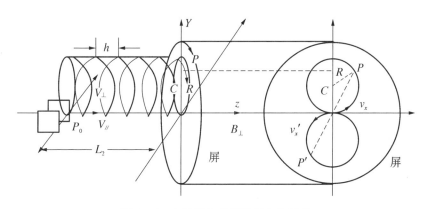

图 4-4 电子束在直螺线管中的运动

电子在作螺线运动时,它们从同一点出发,尽管各个电子的$V_\perp$各不相同,但经过一个周期以后,它们又会在距离出发点相距一个螺距的地方重新相遇,这就是磁聚焦的基本原理.由式(4-19)可得,

$$\frac{e}{m} = \frac{8\pi^2 U_2}{h^2 B^2}. \tag{4-20}$$

长直螺线管的磁感应强度$B_\perp$,其计算公式为

$$B_\perp = \frac{\mu_0 NI}{\sqrt{L^2 + D_0^2}}, \tag{4-21}$$

可得电子荷质比为

$$\frac{e}{m} = \frac{8\pi^2 U_2(L^2 + D_0^2)}{(\mu_0 NIh)^2}, \tag{4-22}$$

式中,$\mu_0 = 4\pi \times 10^{-7}$ H/m为真空中的磁导率.本仪器的其他参数如下:螺丝管内的线圈匝数$N=498\pm 3$;螺线管的长度$L=222$ mm;螺线管的直径$D_0=92$ mm;螺距(Y偏转板至荧光屏距离)$h=137$ mm.

【实验内容】

1. 电子束电偏转

实验装置仪器面板如图4-5所示.

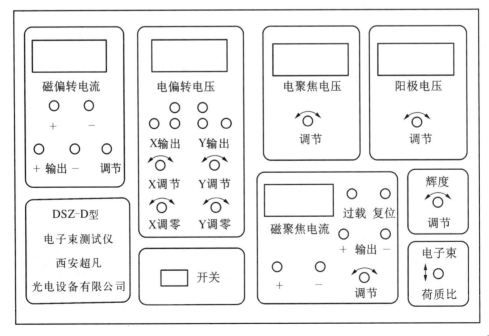

图4-5 电子束实验仪器面板图

（1）开启电源开关,将"电子束-荷质比"选择开关打向电子束位置,辉度适当调节,并调节聚焦,使屏上光点聚成一细点.应注意：光点不能太亮,以免烧坏荧光屏.

（2）光点调零,将 X 偏转输出的两插孔和电偏转电压表的两输入插孔相连接.调节"X 调节"旋钮,使电压表的指针在零位.再调节"X 调零"旋钮,使光点位于示波管垂直中线上.同 X 调零一样,将 Y 调节后,光点位于示波管的中心原点.

（3）测量偏转量 D 随 U_d 变化.调节阳极电压旋钮,给定阳极电压 U_2.将电偏转电压表并在电偏转输出的两插孔上测 U_d（垂直电压）,每调节一个 U_d 测一组 D 值.然后再改变 U_2 后测 D-U_d 变化（U_2 可调范围为 600～1 000 V）,要求作 3 种不同加速电压.

（4）数据分析并作图.

2. 电子束磁偏转

测量偏转量 D 随磁偏电流 I 的变化.加速电压 U_2 可调范围为 600～1 000 V.选择 3 种不同加速电压,测量偏转量 D-I 数据.

3. 电子束磁聚焦及电子的荷质比测量

（1）开启电子束测试仪电源开关,"电子束-荷质比"开关置于荷质比方向,此时荧光屏上出现一条直线,阳极电压调到 600 V.

（2）将磁聚焦电流部分的调节旋钮反时针方向调节到头,并将磁聚焦电流表串在输出和螺线管之间.

（3）调节输出调节旋钮,逐渐加大电流使荧光屏上的直线一边旋转一边缩短,直到变成一个小光点.读取电流值,然后将电流调为 0.再将电流换向（对调螺线管前方两插孔中的连线）,重新从 0 开始增加电流,使屏上的直线反方向旋转并缩短,直到再得到一个小光点,读取电流值.

（4）改变阳极电压为 700 V,重复步骤,数据记录和处理.

（5）将所测各数据记入表中,计算出电子荷质比 e/m.

【注意事项】

（1）在实验过程中,光点不能太亮,以免烧坏荧光屏.

（2）在改变螺线管电流方向时,应先将磁聚焦电流调到最小后再换向.

（3）内置的磁聚焦电源的过电流保护点设置在 2A,如果电流大于 2A,就会出现过载指示（红色发光二极管亮）.此时,需反时针方向旋转调节旋钮,按压一下复位按钮,即可恢复正常.

（4）磁偏转电流表和磁聚焦电流表在使用时,必须串联在电路中,切勿并联在电源上.

（5）改变加速电压后,光点亮度会改变,这时应重新调节亮度.若调节亮度后加速电压有变化,则调加速电压.

实验五　氢原子光谱

　　氢原子由一个质子及一个电子构成,是最简单的原子,因此其光谱一直是了解物质结构理论的主要基础.在研究其光谱时,可借由外界向其提供能量,使其电子跃至高能阶.之后,在跳回低能阶的同时,会放出能量等同两高低阶间能量差的光子,再以光栅、棱镜或干涉仪分析其光子能量、强度,从而得到其发射光谱.根据氢原子光谱谱线所在的能量区段及发现的科学家,可将其划分为莱曼(Theodore Lyman,1914 年)线系、巴尔末(J. J. Balmer,1885 年)线系、帕邢(Friedrich Paschen,1908 年)线系、布拉克(Frederick Sumner Brackett,1922 年)线系、蒲芬德(August Herman Pfund,1924 年)线系和汉弗莱(Curtis J. Humphreys,1953 年)线系系列.图 5-1 是氢原子光谱与电子跃迁图.

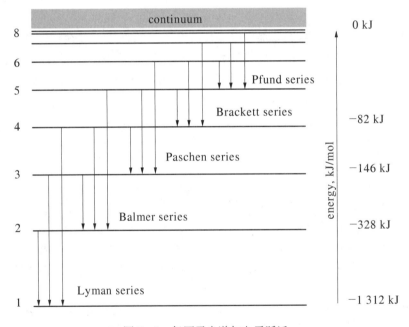

图 5-1　氢原子光谱与电子跃迁

第一部分　氢原子光谱与里德堡常数

　　1855 年,瑞士物理学家巴耳末通过对氢原子光谱的深入研究,发现了光谱线的规律性,特别是其中 4 条位于可见光区用 H_α、H_β、H_γ、H_δ 表示的谱线,其波长可以很准确地用经验公式

$$\lambda_H = B \frac{n^2}{n^2-4} \tag{5-1}$$

来表示,其中,$B=364.56$ nm 为一常数.当 $n=3$、4、5、6 时,分别给出了氢原子光谱中 H_α、H_β、H_γ、H_δ 4 条谱线的波长(见表 5-1),其结果与实验结果一致.式(5-1)可改写为

$$N = \frac{1}{\lambda_H} = \frac{4}{B}\left(\frac{1}{2^2} - \frac{1}{n^2}\right) = R\left(\frac{1}{2^2} - \frac{1}{n^2}\right), \tag{5-2}$$

式中,N 表示波数;n 是大于 2 的正整数;$R = \frac{4}{B} = 1.09677 \times 10^7 (\text{m}^{-1})$ 为里德堡常数.

表 5-1 氢原子光谱巴耳末线系($k=2$)谱线波长

n	谱　　线	λ_H/nm
3	H_α	656.28
4	H_β	486.13
5	H_γ	434.05
6	H_δ	410.17

随着对氢原子光谱的深入研究,除了巴耳末光谱系之外,又发现了其他光谱线,规律都和巴耳末公式相似,可以表示成下列统一的形式:

$$N = R\left(\frac{1}{k^2} - \frac{1}{n^2}\right), \quad \begin{cases} k=1,2,3,4; \\ n=k+1, k+2, \cdots \end{cases} \tag{5-3}$$

式(5-3)代表了氢原子光谱的全部光谱线系.从氢原子光谱的规律性,人们获悉了原子的内部结构和发射光谱的规律,从而发展了研究物质结构的近代光谱学.

【实验内容】

实验之前详细阅读 WGD-8 型组合式多功能光栅光谱仪使用说明书,了解光谱仪的测量原理,正确使用光谱仪,实验装置示意图如图 5-2 所示.

1. 校准谱仪

利用汞灯(GY-5)校准多功能光栅光谱仪波长,具体操作方法如下.
(1) 调节入射狭缝和出射狭缝,选择合适的宽度.
(2) 光电倍增管选择合适的高压.
(3) 工作范围为 400～600 nm,设置合适的扫描间隔.
(4) 扫描汞灯光谱,寻峰,根据汞灯光谱线公认值校准谱仪.

2. 测量氢原子光谱
(1) 调节狭缝宽度,光电倍增管高压 500～800 V.

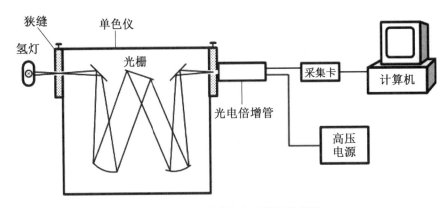

图 5-2 光栅光谱仪实验装置示意图

(2) 选择工作范围和扫描间隔,扫描氢灯光谱;选定一条中等强度的谱线定波长扫描,移动氢灯,使强度最大.

(3) 工作范围为 400～660 nm,设置合适的扫描间隔,扫描氢灯光谱.

3. 计算里德伯常数

利用 H_α、H_β、H_γ、H_δ 4 条谱线波长的测量值计算里德伯常数.

第二部分　氢氘同位素位移

每个元素都有其特征光谱线,并且同位素对于每根光谱线的能量都有微量的影响.对于每条谱线,同位素引起的能量差被称为同位素位移.原子(离子)或分子光谱都存在同位素的位移.

由于同位素的质量不同,电荷分布不同(中子数不同),其能级也会有相应的偏移,即同位素位移.设一原子(离子)上能级为 E',下能级为 E,那么两能级之间的跃迁能量为

$$\Delta E = E' - E = h\nu, \tag{5-4}$$

式中,ν 为光子跃迁频率;h 为普朗克常数.一般地,对于不同的同位素,该跃迁能量不同.考虑两个同位素,分别用 H 和 L 分别表示重同位素和轻同位素,由式(5-4)可得

$$\begin{cases} E'_H - E_H = h\nu_H, \\ E'_L - E_L = h\nu_L. \end{cases} \tag{5-5}$$

同位素位移等于差值 $h\nu_H - h\nu_L = h\delta\nu$,即

$$\Delta_{IS} = h\delta\nu = (E'_H - E_H) - (E'_L - E_L). \tag{5-6}$$

同位素位移(Δ_{IS})包括质量位移(Δ_{MS})和场位移(Δ_{FS}),其中质量位移又分为正常质量位移(Δ_{NMS})和特殊质量位移(Δ_{SMS}),即

$$\Delta_{IS} = \Delta_{MS} + \Delta_{FS} = \Delta_{NMS} + \Delta_{SMS} + \Delta_{FS}. \tag{5-7}$$

正常质量位移引起两个同位素的光谱线频率 ν_H 和 ν_L 满足下式:

$$\frac{\nu_H - \nu_L}{\nu_H} = \frac{m(M_H - M_L)}{M_H(M_L + m)}. \tag{5-8}$$

由于频率相对偏移 $\frac{\delta\nu}{\nu} \propto \frac{1}{M^2}$，因此对于重元素，这一效应很微小. 例如，对于质量数 A 约为 100 的相邻两个同位素($\delta M = 1$)，$\frac{\delta\nu}{\nu}$ 约为 5×10^{-8}. 氢同位素产生的质量效应最大. 例如氢和氘，$\frac{\delta\nu}{\nu}$ 约为 2.7×10^{-4}，普通的光谱仪就可以观察到. 本实验利用光栅多道谱仪测量充氢和氘气体灯的谱线，测量巴耳末 H_α、H_β 谱线氢氘同位素移位.

【实验内容】

在实验之前，详细阅读 WGD-8A 型组合式多功能光栅光谱仪使用说明书. 氢同位素位移测量实验装置示意图如图 5-3 所示.

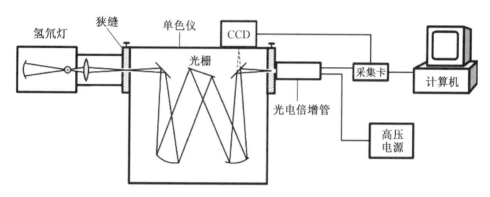

图 5-3 氢同位素位移测量实验装置图

1. 校准谱仪

利用钠灯(GY-4)双黄线(589.00 nm，589.59 nm)校准组合式多功能光栅光谱仪，具体操作如下.

(1) 调节入射狭缝和出射狭缝宽度.
(2) 选择合适的高压和增益.
(3) 设置工作范围为 580～600 nm；选择合适的间隔.
(4) 扫描钠灯光谱，寻峰，根据钠灯双黄线公认值对组合式多功能光栅光谱仪进行校准.

2. 测量氢氘同位素位移

由于测量氢氘同位素位移要求有较高的光谱分辨，入射狭缝宽度和出射狭缝宽度适当调小，高压和增益设置需要适当提高. 具体操作方法同"校准谱仪".

根据测量的数据计算氢氘同位素位移，并与理论值进行比较.

思考题

1. 根据实验得到的氢氘同位素位移结果，分析引起氢氘同位素位移的主要原因.
2. 在调节组合式多功能光栅光谱仪时，如何提高光谱的分辨率？

参考文献

[1] 马洪良.同位素位移实验测量[J].物理实验,2002,20(3):10-12.
[2] 杨福家.原子物理学[M].3版.北京:高等教育出版社,2000.
[3] 林木欣.近代物理实验教程[M].北京:科学出版社,2001.
[4] 戴道宣,戴乐山.近代物理实验[M].2版.北京:高等教育出版社,2006.

实验六　黑体辐射

【实验原理】

任何物体都具有不断辐射、吸收、发射电磁波的本领.辐射出去的电磁波在各个波段是不同的,也就是具有一定的谱分布.这种谱分布与物体本身的特性和温度有关,因而被称为热辐射.为了研究不依赖于物质具体物性的热辐射规律,物理学家们定义了一种理想物体——黑体(black body),以此作为热辐射研究的标准物体.

1893 年,维恩利用经典热力学和电动力学得到了能量密度公式,但仅适用于黑体辐射曲线高频区.1899 年,瑞利和金斯利用经典统计物理和电磁理论推导出瑞利-金斯公式.但是公式在高频区能量密度发散,与事实不符.1900 年,普朗克抛弃了能量是连续的传统经典物理观念,导出了与实验完全符合的黑体辐射经验公式.在理论上导出这个公式,必须假设物质辐射的能量是不连续的,只能是某一个最小能量的整数倍.普朗克把这一最小能量单位称为"能量子".普朗克的假设解决了黑体辐射的理论困难,他还进一步提出了能量子与频率成正比的观点,并引入了普朗克常数 h.量子理论现已成为现代物理学理论和实验的不可缺少的基本理论.普朗克由于创立了量子理论而获得了诺贝尔物理学奖.

什么是黑体?需满足下面三个条件之一:① 在任何条件下,完全吸收任何波长的外来辐射而无任何反射的物体;② 吸收比为 1 的物体;③ 在任何温度下,对入射的任何波长的辐射全部吸收的物体.

所谓黑体是指入射的电磁波全部被吸收,既没有反射,也没有透射(当然黑体仍然要向外辐射).按照基尔霍夫(Kirchhoff)辐射定律,即在热平衡状态的物体所辐射的能量与吸收率之比与物体本身物性无关,只与波长和温度有关,在一定温度下,黑体必然是辐射本领最大的物体,可叫作完全辐射体.

任何物体,只要其温度在绝对零度以上,就向周围发射辐射,也称为温度辐射.黑体是一种完全的温度辐射体,即任何非黑体所发射的辐射通量都小于同温度下的黑体发射的辐射通量.非黑体的辐射能力不仅与温度有关,而且与表面材料的性质有关,而黑体的辐射能力则仅与温度有关.黑体的辐射亮度在各个方向都相同,即黑体是一个完全的余弦辐射体.

普朗克辐射定律则给出了黑体辐射的具体谱分布,在一定温度下,单位面积的黑体在单位时间、单位立体角内辐射出的能量为

$$M(\lambda, T) = \frac{c_1}{\lambda^5 \left(e^{\frac{c_2}{\lambda T}} - 1\right)}, \qquad (6-1)$$

式中,$M(\lambda, T)$ 是黑体光谱辐射出射度,单位是 W/m^3;第一辐射常数 $c_1 = 2\pi hc^2 = 3.74 \times 10^{-16}\ W \cdot m^2$;第二辐射常数 $c_2 = hc/k = 1.439\ 8 \times 10^{-2}\ m \cdot K$;$\lambda$ 表示辐射波长;T 表示黑体绝对温度;光速 $c = 2.998 \times 10^8\ m/s$;普朗克常数 $h = 6.626 \times 10^{-34}\ J \cdot s$;波尔兹曼常

数(Bolfzmann)$k = 1.380 \times 10^{-23}$ J/K.

由式(6-1)可知,在一定温度下,黑体的谱辐射亮度存在一个极值,这个极值的位置与温度有关,这就是维恩位移定律(Wien's displacement law),即

$$\lambda_m \cdot T = b, \qquad (6-2)$$

式中,λ_m 表示最大黑体谱辐射亮度处的波长;b 为维恩位移常数,2002 年国际科技数据委员会(CODATA)推荐值为 $b = 2.8977685(51) \times 10^{-3}$ m·K. 维恩位移定律说明一个物体越热,其辐射谱的波长越短. 比如,在宇宙中不同恒星随表面温度的不同会显示不同的颜色. 濒临燃尽而膨胀的红巨星表面温度只有 2 000~3 000 K,因而显红色. 太阳的表面温度是 5 778 K,根据维恩位移定律计算得到峰值辐射波长为 502 nm,为黄光. 对于地球物体,温度约为 300 K,辐射中最大谱辐射亮度处波长 λ_m 约为 9.6 μm,属于红外区域.

由式(6-2)还可知,在任一波长处,高温黑体的谱辐射亮度绝对大于低温黑体,不论这个波长是否是光谱最大辐射亮度处.

如果把式(6-1)对所有的波长积分,那么可得到斯特藩-波尔兹曼定律(Stefan-Boltzmann law),即绝对温度为 T 的黑体单位面积在单位时间内向空间各方向辐射出的总能量为

$$M(T) = \int_0^\infty M(\lambda, T) \cdot d\lambda = \delta T^4, \qquad (6-3)$$

式中,δ 为到斯特藩-波尔兹曼常数,$\delta = \dfrac{2\pi^5 k^4}{15 h^3 c^2} = 5.670 \times 10^{-8}$ W·m^{-2}·K^{-4}.

【实验装置】

黑体实验装置是天津港东仪器厂生产的黑体实验仪,型号为 WGH-10,由光栅单色仪、接收单元、扫描系统、电子放大器、A/D 采集单元、电压可调的稳压溴钨灯光源、计算机及打印机组成. 该设备集光学、精密机械、电子学、计算机技术于一体,具体结构见仪器说明书.

入射狭缝、出射狭缝均为直狭缝,宽度范围为 0~2.5 mm 连续可调. 顺时针旋转为狭缝宽度加大,反之减小,每旋转一周狭缝宽度变化为 0.5 mm. 为延长使用寿命,调节时注意最大不超过 2.5 mm,平日不使用时,狭缝最好开到 0.1~0.5 mm. 光源发出的光束进入入射狭缝 S1,S1 位于反射式准光镜 M2 的焦面上. 通过 S1 射入的光束经 M2 反射成平行光束投向平面光栅 G 上. 衍射后的平行光束经物镜 M3 成像在 S2 上. 经 M4、M5 会聚在光电接收器 D 上.

黑体实验光源采用溴钨灯光源,标准黑体实验仪应是此实验的主要设置. 但购置一个标准黑体其价格太高,所以本实验装置采用稳压溴钨灯作光源. 溴钨灯的灯丝是钨丝制成,钨是难熔金属,它的熔点为 3 665 K.

本实验装置的工作区间在 800~2 500 nm,所以选用硫化铅(PbS)为光信号接收器. 从单色仪出缝射出的单色光信号经调制器,调制成 50 Hz 的频率信号被 PbS 接收. 选用的 PbS 是晶体管外壳结构. 该系列探测器是将硫化铅元件封装在晶体管壳内,充以干燥的氮气或其他惰性气体,并采用熔融或焊接工艺,以保证全密封. 该器件可在高温、潮湿条件下工作,且性能稳定可靠.

【实验内容】

(1) 设计内容验证普朗克辐射定律.

(2) 设计内容验证斯特藩-波尔兹曼定律.

(3) 设计内容验证维恩位移定律.

参考文献

[1] 杨福家.原子物理学[M].3 版.北京:高等教育出版社,2000.

[2] 欧阳方平,马松山,熊小努. 近代物理实验[M].长沙:中南大学出版社,2020.

实验七 塞曼效应

【背景知识】

1896 年,荷兰物理学家彼得·塞曼(Pieter Zeeman)使用半径 10 英尺的凹形罗兰光栅观察磁场中钠火焰的光谱.他发现钠的 D 谱线似乎出现了加宽的现象.这种加宽现象实际是谱线发生了分裂.随后不久,塞曼的老师、荷兰物理学家洛仑兹(Hendrik Antoon Lorentz)应用经典电磁理论对这种现象进行了解释.他认为,由于电子存在轨道磁矩,并且磁矩方向在空间的取向是量子化的,因此在磁场作用下能级发生分裂,谱线分裂成间隔相等的 3 条谱线.塞曼和洛仑兹因这一发现共同获得了 1902 年的诺贝尔物理学奖.塞曼效应是继 1845 年法拉第效应和 1875 年克尔效应之后发现的第三个磁场对光有影响的实例.塞曼效应证实了原子磁矩的空间量子化,为研究原子结构提供了重要途径,被认为是 19 世纪末 20 世纪初物理学最重要的发现之一.应用正常塞曼效应测量谱线分裂的频率间隔可以测出电子的荷质比.由此计算得到的荷质比数值与汤姆生在阴极射线偏转实验中测得的电子荷质比数量级是相同的,二者互相印证,进一步证实了电子的存在.在天体物理中,塞曼效应可以用来测量天体的磁场.1908 年,美国天文学家海尔等人在威尔逊山天文台利用塞曼效应,首次测量到了太阳黑子的磁场.

【实验原理】

1. 原子的总磁矩

由原子物理可知,原子的总磁矩起源于原子内部电子和核子的运动.单个电子的轨道运动和自旋运动分别产生轨道磁矩 μ_L 和自旋磁矩 μ_S,即

$$\mu_L = \frac{e}{2m} P_L, \quad P_L = \sqrt{L(L+1)}\ \frac{h}{2\pi}; \tag{7-1}$$

$$\mu_S = \frac{e}{m} P_S, \quad P_S = \sqrt{S(S+1)}\ \frac{h}{2\pi}, \tag{7-2}$$

式中,P_L 和 P_S 是原子的轨道角动量及自旋角动量;L 和 S 是相应的轨道量子数和自旋量子数;e、m 分别是电子的电荷和质量.

原子核也有磁矩,但它要比电子的磁矩小三个数量级,故可忽略其对原子总磁矩的贡献.碱金属原子只有一个价电子,原子实的总角动量为 0,原子的总磁矩由价电子的总角动量决定,这个结论可推广至多价电子原子情形,只是电子的自旋轨道耦合情况更复杂.对于两个价电子原子,对应 LS 耦合的朗德因子表述为

$$g = 1 + \frac{J(J+1) - L(L+1) + S(S+1)}{2J(J+1)}. \tag{7-3}$$

计算对于汞 546.1 nm 谱线($6s7s\,^3S_1 \to 6s6p\,^3P_2$)上下能级的 g 因子各是多少?

原子的总有效磁矩为

$$\mu_J = g\,\frac{e}{2m}P_J. \tag{7-4}$$

2. 外磁场对原子的作用

从动力学的角度看,原子的总磁矩受磁场作用将发生旋进(见图 7-1),产生这个旋进的力矩为

$$\boldsymbol{L} = \boldsymbol{\mu}_J \times \boldsymbol{B}. \tag{7-5}$$

这种运动引入的附加能量为

$$\Delta E = -\boldsymbol{\mu}_J \cdot \boldsymbol{B} = g\,\frac{e}{2m}\boldsymbol{P}_J \cdot \boldsymbol{B} = g\,\frac{e}{2m}P_J B\cos\beta. \tag{7-6}$$

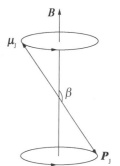

$\boldsymbol{P}_J$ 在磁场中的取向是量子化的,也就是 β 角不是随意的;$\boldsymbol{P}_J\cos\beta$ 是 $\boldsymbol{P}_J$ 在磁场方向的分量. β 的量子化也就是这个分量的量子化,其取值为

$$P_J\cos\beta = M\,\frac{h}{2\pi} \tag{7-7}$$

图 7-1 原子总磁矩受磁场作用发生的旋进

式中,M 为磁量子数,$M = J, J-1, \cdots, -J$.

$$\Delta E = Mg\,\frac{eh}{4\pi m}B = Mg\mu_B B, \tag{7-8}$$

式中,μ_B 称为玻尔磁子,$\mu_B = \dfrac{eh}{4\pi m}$. 若用波数表示,式(7-8)可表示为

$$\Delta\tilde{\nu} = \frac{\Delta E}{hc} = Mg\,\frac{eB}{4\pi mc} = MgL, \tag{7-9}$$

式中,L 为洛伦兹单位,$L = \dfrac{eB}{4\pi mc}$. 式(7-9)表明,原来的一个能级在磁场作用下分裂为 $2J+1$ 个能级,分裂能级的能量是原来的能量加上由式(7-8)决定的附加能量,裂距可以用洛伦兹单位表示.

设谱线由 E_1 和 E_2 能级间跃迁产生,即

$$h\nu_0 = E_2 - E_1. \tag{7-10}$$

在外场作用下,上下各分裂能级间的跃迁为

$$h\nu = (E_2 + \Delta E_2) - (E_1 + \Delta E_1). \tag{7-11}$$

能级分裂后的谱线与原谱线的频率差为

$$\Delta\nu = \nu - \nu_0 = \frac{1}{h}(\Delta E_2 - \Delta E_1). \tag{7-12}$$

用波数差表示为

$$\Delta\tilde{\nu} = \frac{\Delta\nu}{c} = \frac{1}{hc}(\Delta E_2 - \Delta E_1) = (M_2 g_2 - M_1 g_1)\frac{eB}{4\pi mc} = (M_2 g_2 - M_1 g_1)L. \tag{7-13}$$

跃迁应满足如下的选择定则：

$$\begin{cases} \Delta M = 0, \text{产生 } \pi \text{ 线}(\text{当 } \Delta J = 0 \text{ 时}, M_2 = 0 \to M_1 = 0 \text{ 除外}); \\ \Delta M = \pm 1, \text{产生 } \sigma \text{ 线}. \end{cases}$$

当 $\Delta M = 0$ 时,垂直于磁场方向观察时产生线偏振光,线偏振光的振动方向平行于磁场,叫作 π 线.平行于磁场观察时 π 成分不出现.

当 $\Delta M = \pm 1$ 时,垂直于磁场方向观察时产生线偏振光,线偏振光的振动方向垂直于磁场,叫作 σ 线.平行于磁场观察时,产生圆偏振光,圆偏振光的转向依赖于 ΔM 的正负、磁场方向以及观察者相对磁场的方向.

已证实,圆偏振光具有角动量 $\dfrac{h}{2\pi}$,且角动量和电矢量组成右手螺旋定则.

3. 法布里-珀罗标准具(F-P 标准具)

当外加磁场 $B = 1$ T,谱线波长 $\lambda = 500$ nm,能级分裂后的谱线 $\Delta\lambda \approx 0.012$ nm,这样的间隔用一般的光谱仪很难观测.法布里-帕罗标准具是一种高分辨率的分光仪器,由两块镀有高反射率膜的玻璃(或熔凝石英)平行放置,内表面平整度高达 $\dfrac{\lambda}{20}$ 到 $\dfrac{\lambda}{200}$,反射率一般为 95%.

当单色平行光束以小角度入射到标准具内部后,光线将在两内表面多次反射和透射,相邻透射光线间的光程差为

$$\Delta = 2nd\cos\theta, \tag{7-14}$$

式中,d 为两块反射镜的间距;n 为空气折射率;θ 为光束入射角.

形成干涉极大的条件为

$$2nd\cos\theta = N\lambda, \tag{7-15}$$

式中,N 为整数,称干涉序. λ 不变则不同的干涉序对应不同的入射角,在扩束光源照明时将形成等倾干涉,干涉条纹是一系列同心圆环.

(1) 分辨率.

标准具的理论分辨率为

$$\frac{\lambda}{\delta\lambda} = \frac{2nh\pi\sqrt{R}}{\lambda(1-R)}, \tag{7-16}$$

式中,R 是标准具内表面反射率.

(2) 自由光谱范围.

考虑两个具有微小波长差的单色光 λ_1 和 λ_2 入射到标准具上,如 $\lambda_2 > \lambda_1$,则相同 N 的 λ_1

在外圈，λ_2 在里圈.设入射波长分别为 λ 与 $\lambda+\Delta\lambda$，当前者的 $N+1$ 序环和后者的 N 序环重叠,有

$$(N+1)\lambda=N(\lambda+\Delta\lambda), \tag{7-17}$$

式中，$\Delta\lambda$ 称为自由光谱范围,即入射波长的区间应小于 $\Delta\lambda$,否则将发生不同级次的重叠.当入射光近似为平行光时,用 $\Delta\lambda_F$ 表示 F-P 标准具的自由光谱范围,即

$$\Delta\lambda_F=\frac{\lambda}{N}=\frac{\lambda^2}{2nd}. \tag{7-18}$$

(3) 精细常数 F（精细度）.

精细常数是指两个相邻干涉序之间能够被分辨的干涉花纹的最大数目,即

$$F=\frac{\Delta\lambda_F}{\delta\lambda}=\frac{\pi\sqrt{R}}{1-R}. \tag{7-19}$$

它仅由反射率 R 决定.当 $R=95\%$ 时,F 约为 61；R 越大,F 越大,分辨本领越高.

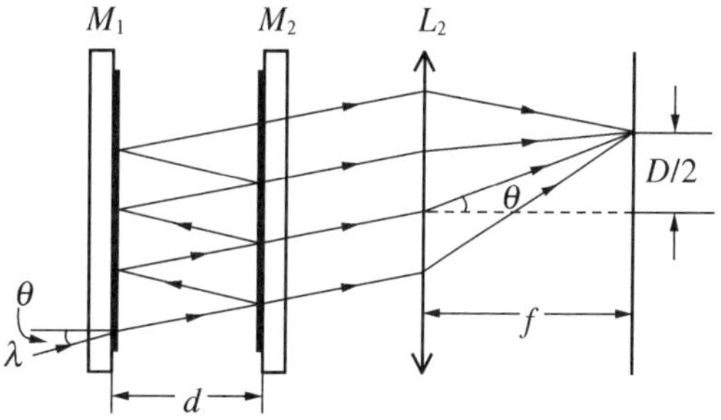

图 7-2 入射光在 F-P 标准具中的多次反射

4. F-P 干涉仪测量微小波长差原理

设成像透镜的焦距为 f,干涉环的直径 D 与其入射角 θ 的关系为

$$\cos\theta=\frac{f}{\sqrt{f^2+\left(\frac{D}{2}\right)^2}}=\left(1+\frac{D^2}{4f^2}\right)^{-\frac{1}{2}}\approx 1-\frac{1}{8}\frac{D^2}{f^2}. \tag{7-20}$$

将式(7-20)代入式(7-15),并设 $n=1$（空气中）,则有

$$2d\left(1-\frac{1}{8}\frac{D^2}{f^2}\right)=N\lambda. \tag{7-21}$$

可以看出：N 与 D^2 成反向线性关系,干涉环随 N 的减小越来越密；N 一定,λ 越大,D 越小(思考：为什么？).

当波长 λ 一定,相邻两序 N 与 $N-1$ 间干涉条纹存在,即

$$\Delta D^2=D_{N-1}^2-D_N^2=\frac{4f^2\lambda}{d}. \tag{7-22}$$

当 N 一定,属于该序的 λ_a 和 λ_b 的微小波长差为

$$\lambda_a-\lambda_b=\frac{d}{4f^2N}(D_b^2-D_a^2)=\frac{\lambda}{N}\frac{D_b^2-D_a^2}{D_{N-1}^2-D_N^2}. \tag{7-23}$$

考虑取近中心的干涉序,$\theta\approx 0^0$,

$$N=\frac{2d}{\lambda}, \tag{7-24}$$

则有

$$\lambda_a - \lambda_b = \frac{\lambda^2}{2d} \frac{D_b^2 - D_a^2}{D_{N-1}^2 - D_N^2}. \tag{7-25}$$

用波数表示为

$$\widetilde{\nu}_b - \widetilde{\nu}_a = \frac{1}{2d} \frac{D_b^2 - D_a^2}{D_{N-1}^2 - D_N^2}. \tag{7-26}$$

【实验装置】

(1) 光具座及多自由度调整架一套.
(2) 电磁铁及磁铁电源.
(3) 辉光放电管(Hg)及激励电源.
(4) 光学元件一组(包括法布里-珀罗标准具).
(5) 特斯拉计.

实验装置如图 7-3 所示.

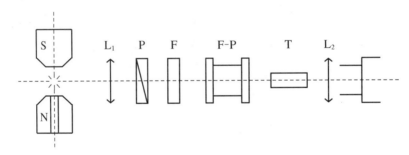

图 7-3 塞曼效应实验装置布局图

L_1—会聚透镜;P—1/4 波片;F—干涉滤光片;F-P—法布里-珀罗标准具;
T—测量望远镜;L_2—成像透镜

【实验内容】

(1) 画出 Hg 546.1 nm 谱线在磁场中的能级分裂图,并计算所有可能的 ΔMg.
(2) 试由式(7-13)与式(7-26)导出电子荷质比公式.
(3) 观察零场干涉图样.
(4) 开启电磁铁电源,电流调至 5 A,观察横向(垂直磁场方向)塞曼效应,鉴别分裂谱的偏振情况.
(5) 自拟方案测量干涉环的直径.
(6) 计算荷质比的平均值并和理论值 $1.758\,819\,62 \times 10^{11}$ C/kg 进行比较.
(7) 观察纵向塞曼效应.

【注意事项】

(1) 光学元件表面切勿用任何物品擦拭.

(2) 应缓慢调节 HY1791-5 直流稳定电源,磁场电流小于 5 A,以免电源烧坏.

(3) 调光路时,HY1791-5 直流稳定电源输出电流应小于 2 A.光路调好后,测干涉环直径时,HY1791-5 直流稳定电源输出电流增大到需要值(不能超过 5 A).

(4) 做实验时,勿触及电磁铁及其支架、HY1791-5 直流稳定电源的输出端和笔形 Hg 灯电源的输出端,以免烫伤或触电.

参考文献

[1] 林木欣.近代物理实验教程[M].北京:科学出版社,2001.
[2] 戴道宣,戴乐山.近代物理实验[M].2 版.北京:高等教育出版社,2006.

实验八　X 射线装置及实验

【背景知识】

X 射线是波长在 10 nm 到 0.01 nm 范围的电磁波.1895 年,德国科学家伦琴(W. K. Röntgen)发现 X 射线.这个发现是人类揭开研究微观世界序幕的"三大发现"之一(另两大发现分别是 1896 年法国贝克勒发现放射性和 1897 年英国汤姆逊发现电子).X 射线管的制成,被誉为人造射线源史上的第二次大革命(第一次是电灯的制成,第三次是激光的出现).X 射线在医学(如 X 射线诊断)、工业(如 X 射线探伤)、材料科学(如 X 射线分析)、天文学(如 X 射线望远镜)、生物学(如 X 射线显微镜)等方面的应用十分广泛.本实验要求了解 X 射线的产生及其特性,并初步掌握一种利用 X 射线测定晶面间距的方法.

【实验原理】

当具有一定能量的电子与原子发生碰撞时,可把原子的外层电子撞击到高能态(称为激发),甚至击出原子(称为电离).当电子从高能态回归到低能态,或被电离的原子(离子)与电子复合时,就会发射荧光.这是一般气体放电射线源(如生活中常用的日光灯,实验室常用的汞灯、钠灯等)的基本发射线过程.

如果电子的能量高达几万电子伏(约为 10^{14} J),它就可能把原子的内层电子撞击到高能态,甚至击出原子.这时,原子的外层电子就会向内层跃迁,其所发出的光子能量较大,即波长较短,通常为 X 射线.例如,铜原子内主要有两对电子可在内层跃迁的能级,电子从高能级跃迁到低能级时,分别发出波长为 0.154 nm 和 0.139 nm 两种 X 射线.这两种 X 射线在射线谱图上表现为两个尖峰(如图 8-1 中两尖峰曲线所示),在理想情况下则为两条线,称为线光谱,这种线光谱反映了金属铜的特性,称为标识 X 射线谱或 X 射线特征射线谱.此外,当高速电子接近原子核时,原子核的库仑场要使它偏转并急剧减速,同时产生电磁辐射,这种辐射称为韧致辐射.它的能量分布是连续的,在光谱图上表现为很宽的光谱带,称为连续谱(如图 8-1 中的宽带曲线所示).总之,只要让高速电子撞击金属,就可以产生 X 射线.

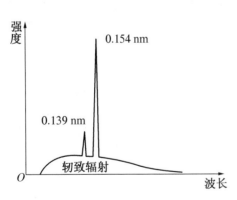

图 8-1　铜 X 射线特征光谱结构

【X 射线装置介绍】

本实验使用的 X 射线装置是德国莱宝教具公司生产的 X 射线实验仪,如图 8-2 所示.它的正面装有两扇铅玻璃门,既可看清楚 X 射线管和实验装置的工作状况,又保证人身不受到 X 射线的危害.要打开这两扇铅玻璃门中的任一扇,必须先按下 A0.此时 X 射线管上的高压立即断开,保证了人身安全.

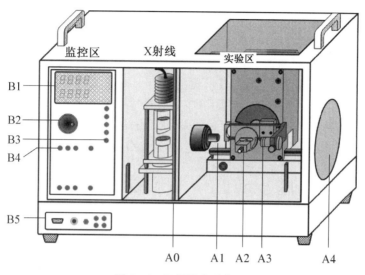

图 8-2 X 射线实验装置

A0—门控开门;A1—X 射线出口;A2—靶台;A3—装有 G-M 计数管的传感器;
A4—观察窗;B1—液晶显示区;B2—大转盘;B3、B4、B5—参数设置及操作按键

X 射线装置分为 3 个工作区:中间是 X 射线管;右边是实验区;左边是监控区.

在实验区内,A1 是 X 射线的出口,做 X 射线衍射实验时,要在它上面加一个射线光阑,使出射的 X 射线成为平行的细射线束.A2 是安放晶体样品的靶台,把样品(平板)轻轻放在靶台上,向前推到底;将靶台轻轻向上抬起,使样品被支架上的凸楞压住;顺时针方向轻轻转动锁定杆,使靶台被锁定.A3 是装有 G-M 计数管的传感器,用来探测 X 射线的强度.G-M 计数管是一种用来测量 X 射线(或 β 射线、γ 射线等放射性粒子)强度的探测器,其计数 N 与所测射线的强度成正比.根据放射性的统计规律,射线的强度为 $N \pm \sqrt{N}$,其相对不确定度为 $\sqrt{N}/N = 1/\sqrt{N}$,故计数 N 越大相对不确定度越小.延长计数管每次测量的持续时间,从而增大总强度计数 N,有利于减少计数的相对不确定度.A2 和 A3 都可以转动,并可通过测角器分别测出它们的转角.

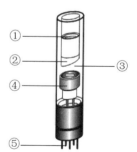

X 射线管的结构如图 8-3 所示.它是一个高真空石英管,其中:① 为螺旋状热沉,用以散热;② 为铜块;③ 为靶(铜/钼靶);④ 为接地的电子发射极,通电加热后可发射电子;工作时加以几万伏的高压,电子在高压作用下轰击钼原子/铜原子而产生 X 射线,受电子轰击的靶面呈斜面,以利于 X 射线向水平方向射出;⑤ 为管脚.

图 8-3 X 射线管结构图

左边的监控区包括电源和各种控制装置.B1 是液晶显示区,它分上下两行.通常情况下,上行显示 G-M 计数管的计数率 N(正比于 X 射线光强 R);下行显示工作参数.B2 是个大转盘,各参数都由它来调节和设置.B3 有 5 个设置按键,由它确定 B2 所调节和设置的对象.这 5 个按键包括:① U 键,设置 X 射线管上所加的高压值,通常设置为 30 kV;② I 键,设置

X射线管内的电流值,通常取 1 mA;③ Δt 键,设置每次测量的持续时间;④ Δβ 键,设置自动测量时测角器每次转动的角度,即角步幅;⑤ β- LIMIT 键,在选定扫描模式后,设置自动测量时测角器的扫描范围,即上限角与下限角.第一次按此键时,显示器上出现"↓"符号,此时可利用 B2 选择下限角;第二次按此键时,显示器上出现"↑"符号,此时可利用 B2 选择上限角.

B4 有 3 个扫描模式选择按键和 1 个归零按键.3 个扫描模式按键包括:① SENSOR 键,传感器扫描模式键,按下此键时,可利用 B2 手动放置传感器的位置,也可用 β-LIMIT 设置自动扫描时靶台的上限角与下限角,显示器的下行此时显示靶台的角位置;② COUPLED 键,耦合扫描模式键,按下此键时,可利用 B2 手动同时旋转靶台和传感器的位置——传感器的转角自动保持为靶台转角的 2 倍,而显示器的下行此时显示靶台的角位置,也可利用 β-LIMIT 设置自动扫描时靶台的上限角与下限角;③ ZERO 键,归零按键,按下此键后,靶台和传感器都回到 0 位.

B5 有 5 个操作键,包括:① RESET 键,按下此键,靶台和传感器都回到测量系统的零位置,所有参数都回到缺省值,X 射线管的高压断开;② REPLAY 键,按下此键,仪器会把最后的测量数据再次输出至计算机或记录仪,本实验中不必用它;③ SCAN(ON/OFF)键,此键是整个测量系统的开关键,按下此键,在 X 射线管上就加了高压,测角器开始自动扫描,所得数据会储存起来(若开启了计算机的相关程序,则所得数据自动输出至计算机);④ ◀ 键,此键是声脉冲开关,本实验中不必用它;⑤ HV(ON/OFF)键,此键开关 X 射线管上的高压,它上面的指示灯闪烁时,表示高压已加上.

本实验仪器专用的软件"X- ray Apparatus"已安装在计算机内,只要双击该快捷键的图标,即可出现一个测量画面,它主要由上面的菜单栏、左边的数据栏和右边的图形栏三部分组成.在菜单栏上选择"Bragg",即可进行布拉格衍射实验.当在 X 射线实验仪中按下"SCAN"开关(ON)时,软件就开始自动采集和显示测量结果:屏幕的左边显示靶台的角位置 β 和传感器中接收到的 X 射线光强的数据;而右边则将此数据作图,其纵坐标为 X 射线光强(单位是 1/s),横坐标为靶台的转角(单位是(°)).点击"Save Measurement",可以存储实验数据.点击"Print Diagram",可以打印衍射谱图.该软件还有许多功能.例如"Zoom"可以对图形局部进行放大,"Set Market"可以在图上写字作标记等,只要在图上任意位置点击右键,就会出现这些功能的菜单供选择.为详细了解该软件的功能,可点击菜单中的"Help",以获得有关信息.

第一部分　X 射线衍射

由于 X 射线的波长与一般物体中原子的间距同数量级,因此 X 射线成为研究物质微观结构的有力工具.当 X 射线射入原子有序排列的晶体时,会发生类似于可见射线入射到光栅时的衍射现象.1913 年,英国科学家布拉格父子(W. H. Bragg 和 W. L. Bragg)证明了 X 射线在晶体上衍射的基本规律(如图 8-4 所示)为

$$2d \cdot \sin\theta = k\lambda, \quad (8-1)$$

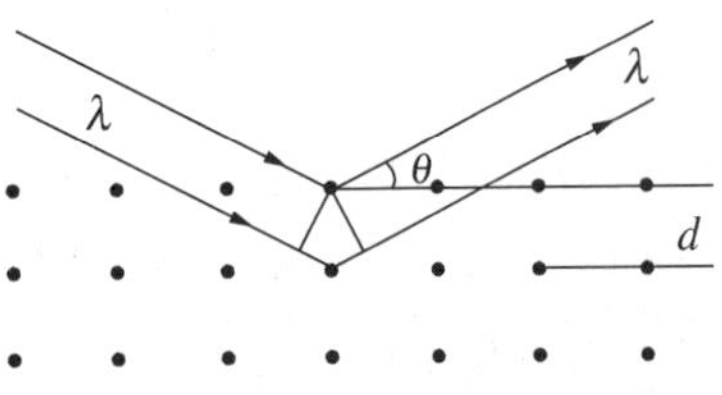

式中,d 为晶体的晶面间距,即相邻晶面之间的距离;θ 为衍射射线的方向与晶面的夹角;λ 是 X 射线的波长;k 是衍射级次.式(8-1)被称为布拉格反射公式,表明当已知 X 射线波长,测

图 8-4　X 射线在晶格中的衍射

量得到衍射尖峰的角度,就可以计算得到晶体的晶面间距.根据布拉格公式,既可以利用已知的晶体(d已知)通过测量θ角来研究未知X射线的波长,也可以利用已知X射线(λ已知)来测量未知晶体的晶面间距.本实验利用已知X射线特征谱线来测量氟化锂(LiF)单晶晶体的晶面间距.

本实验X射线装置使用的阳极是Cu(铜)阳极,特征谱线k_α、k_β波长如表8-1所示.

表8-1 Cu阳极特征谱线k_α、k_β对应波长

	k_β/nm	k_α/nm
Cu阳极	0.139	0.154

【实验内容】

1. 测量NaCl单晶晶体X射线衍射曲线(Cu阳极)

(1) 将NaCl单晶晶体固定在靶台上.注意NaCl晶体易潮、易碎,安装时要特别小心.

(2) 关闭铅玻璃门后开启X射线装置,启动软件"X-ray Apparatus".

(3) 设置X光管的高压$U=25$ kV,电流为$I=1.0$ mA,测量时间$\Delta t=1$ s,角步幅$\Delta\beta=0.1°$.

(4) 按COUPLED键(思考:为什么?),设置β范围.

(5) 按SCAN键进行自动扫描.

(6) 曲线测量完毕后,记录衍射峰对应的角度.

(7) NaCl单晶晶面间距为0.283 nm,计算衍射角,由此得到系统校准角度.

2. 测量MgO晶体X射线的衍射曲线(Cu阳极)

(1) 在靶台上用MgO晶体替换NaCl晶体.同样MgO晶体也是易潮、易碎的,安装要小心,轻拿轻放;

(2) 按U键,设置X光管的高压$U=25.0$ kV,$I=1.0$ mA,测量时间$\Delta t=1$ s,角步幅$\Delta\beta=0.1°$.

(3) 按COUPLED键,按β键,设置下限角和上限角.

(4) 按SCAN键进行自动扫描.

(5) 曲线测量完毕后,记录衍射峰对应的角度,对衍射角度进行修正后,计算MgO晶体晶面间距.

3. 测量Mo(钼)阳极NaCl晶体衍射谱,给出Mo阳极的X射线特征谱

在另一台Mo阳极X射线实验装置样品台放置NaCl晶体,设置合适的参数,得到NaCl晶体衍射谱(只要求测量到第一级衍射),计算Mo阳极的特征波长,然后仿照Cu阳极特征谱图画出Mo阳极的X射线特征谱.

第二部分 X射线吸收

当一束单色的X射线垂直入射到吸收体上,通过吸收体后,由于物质对X射线存在各种作用,使X射线被吸收并散射.X射线能量转变为其他形式的能量,其强度将衰减,即X射线被物

质吸收,只有一小部分 X 射线保持原有能量、沿原方向直线穿过物质并继续传播(见图 8-5).

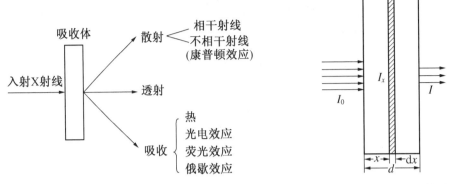

图 8-5　X 射线与物质的相互作用过程　　　图 8-6　X 射线通过吸收体示意图

除透射 X 射线外,入射 X 射线可能被物质吸收,转化为热能、光电效应、荧光效应、俄歇效应等,并发生能量不变的相干散射或者损失部分能量的非相干散射.单位面积单位时间光子数为 I_0、能量为 $h\nu$ 的 X 射线垂直入射到吸收体(见图 8-6),通过厚度为 d 的物质后透射出来的光子数 $I(d)$ 表示为

$$I(d)=I_o e^{-\mu d}, \tag{8-2}$$

式中,μ 为线性吸收系数,$\mu=N\sigma$,量纲为 cm^{-1}；σ 为射线与吸收体的碰撞截面积,单位为 cm^2/atom；N 为吸收体单位体积的原子个数,单位为 atom/cm^3.

X 射线与物质的相互作用实质上是 X 射线与原子的相互作用.X 射线被物质吸收时,X 射线能量除转变为热量之外,还可转变为电子电离、荧光产生、俄歇电子形式等光电效应.对于原子序数为 Z 的原子,K 层的光电截面为 σ_{ph},单位为 cm^2/atom,其计算公式为

$$\sigma_{\text{ph}}=2^{\frac{5}{2}}\varphi_o Z^5\alpha^4\left(\frac{m_o c^2}{h\nu}\right)^{\frac{7}{2}}, \tag{8-3}$$

式中,$\varphi_o=\dfrac{8}{3}\pi r_o^2$；$r_o=\dfrac{e^2}{m_o c^2}$；$\alpha=\dfrac{2\pi e^2}{hc}\approx\dfrac{1}{137.04}$.

对于汤姆逊散射,每个电子的截面是 σ_T,单位为 $\text{cm}^2/\text{electron}$,其计算公式为

$$\sigma_T=\frac{8\pi}{3}\left(\frac{e^2}{m_o c^2}\right)^2=0.665\,2\times 10^{-24}\ \text{cm}^2/\text{electron}, \tag{8-4}$$

其线性吸收系数分别为

$$\begin{cases}\mu_{\text{ph}}=N\sigma_{\text{ph}},\\ \mu_T=N\cdot Z\cdot\sigma_T.\end{cases} \tag{8-5}$$

总的线性吸收系数 μ 为二者之和,即

$$\mu=\mu_{\text{ph}}+\mu_T. \tag{8-6}$$

质量吸收系数为 μ_m,即

$$\mu_{\mathrm{m}} = \frac{\mu}{\rho}(\mathrm{cm}^2/\mathrm{g}) = \sigma \cdot \frac{N_{\mathrm{A}}}{A}, \quad (8-7)$$

式中，N_{A} 为阿伏伽德罗常数；A 为原子量；ρ 为吸收体密度.式(8-2)可以表示为

$$I(d) = I_{\mathrm{o}} \mathrm{e}^{-\mu_{\mathrm{m}}\rho d}. \quad (8-8)$$

对式(8-8)取自然对数可得

$$\ln \frac{I_0}{I} = \mu_{\mathrm{m}}\rho d. \quad (8-9)$$

可见,透射 X 射线强度是按照指数规律迅速衰减的,μ_{m} 对一定波长 X 射线和一定物质来说,是与物质密度无关的常数,不随物质的物理状态而改变.图 8-7 给出了金属铅、铜、铝的质量吸收系数随波长的变化曲线.当能量低于 0.1 MeV 时,随着能量减小截面显示出尖锐的突变.实验结果表明,吸收系数突然下降的波长(吸收限)与 K 系激发限的波长接近.在长波长区还有 L 突变与 M 突变存在,由于 L 层和 M 层构造的复杂性,这些突变不如 K 突变那样明显,并且有几个极大值.

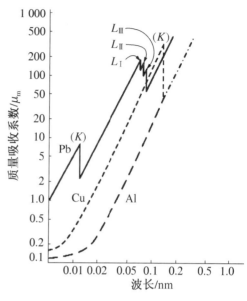

图 8-7 铅、铜、铝的质量吸收系数与波长的关系

【实验内容】

(1) 测量 X 射线的吸收与吸收体厚度的关系；

(2) 测量 X 射线的吸收与吸收体材料原子序数的关系.

德国莱宝教具公司的 X 射线实验仪(参见实验六)提供了两个吸收体附件,如图 8-8 所示,其中 1a 为空光阑；1b 为同样材料(铝)不同厚度(0.5、1.0、1.5、2.0、2.5 和 3.0 mm)的吸收体；1c 为滑槽；2a 为空光阑,2b 为同样厚度(0.5 mm)不同材料的吸收体,分别为碳($Z=6$)、铝($Z=13$)、铁($Z=26$)、铜($Z=29$)、锆($Z=40$)和银($Z=47$)；2c 为滑槽.实验中选择这两个附件中的一个,插入原来装靶台的支架(见图 8-9).置传感器于零位,转动靶台支架,分别让不同的吸收板位于 X 射线的射线束中,即可进行测量.

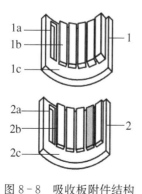

图 8-8 吸收板附件结构   图 8-9 吸收板安装示意图

第三部分 X射线电离剂量率

X射线在医学和技术应用以及辐射防护中十分重要.放射量测定是当X射线通过物质时引起效应的定量测量,这个效应被用来探测X射线强度.这种放射量测定要求诸如全部X射线被吸收和转化为热量的量热测量.经过合适的刻度,通过测量剂量和测量时间可以确定X射线的辐射强度.

1. 剂量和剂量率

根据辐射理论,基于X射线通过物质是电离作用还是能量吸收来定义剂量,前者被称为离子剂量(又称照射剂量),后者被称为吸收剂量.

离子剂量是由于辐射物质中产生的电荷 dQ 与被辐照体积元的质量 dm 的比值,即

$$J = \frac{dQ}{dm}, \tag{8-10}$$

推导的SI单位是 $C \cdot kg^{-1}$,$1\,C \cdot kg^{-1} = 1\,As \cdot kg^{-1}$.

吸收剂量是被辐照物质吸收的能量 dW 与被辐照体积元的质量 dm 的比值,即

$$K = \frac{dW}{dm}, \tag{8-11}$$

推导的SI单位是Gy,$1\,Gy = 1\,J \cdot kg^{-1}$.

X射线有效强度定义为剂量与时间的比值,离子剂量率定义为

$$j = \frac{dJ}{dt}, \tag{8-12}$$

单位是 $A \cdot kg^{-1}$.吸收剂量率定义为

$$k = \frac{dK}{dt}, \tag{8-13}$$

单位是 $Gy \cdot s^{-1} = W \cdot kg^{-1}$.

2. 离子剂量率

在一个充满空气的平行板电容中,通过测量电离电流饱和值 I_C 来测量离子剂量率 j,即

$$I_C = \frac{dQ}{dt}. \tag{8-14}$$

再利用式(8-10)和式(8-11)得

$$j = \frac{dI_C}{dm}. \tag{8-15}$$

离子剂量率是与被辐照物质相关的量,测量工作量很大,而测量平均离子剂量率容易得多.平均离子剂量率的表达式为

$$<j> = \frac{I_C}{m}. \tag{8-16}$$

需要确定总电离电流 I_C 和总辐照体元 V 的质量 m,

$$m = \rho \cdot V. \tag{8-17}$$

空气的密度 ρ 为

$$\rho = \rho_0 \cdot \frac{T_0}{T} \cdot \frac{p}{p_0}, \tag{8-18}$$

式中,$\rho_0 = 1.293 \text{ kg} \cdot \text{m}^{-3}$;$T_0 = 273 \text{ K}$;$p_0 = 1\,013 \text{ kPa}$;$T$、$p$ 分别是实验室环境温度和压强.

3. 被辐照体元 V 计算

如图 8-10 所示,假定 X 射线管的焦斑非常近似为一点,平行板电容之前的矩形光阑使 X 射线管辐照锥形形成弥漫待计算体积的一束.焦斑与矩形光阑之间的距离是 $s_0 = 15.5 \text{ cm}$. 矩形光阑的尺寸是 $a_0 = 4.5 \text{ cm}$,$b_0 = 0.6 \text{ cm}$. X 射线以直线传播,因此在矩形光阑之后离焦斑任意给定距离 s 所对应的矩形尺寸为

$$a(s) = \frac{s}{s_0} \cdot a_0, \quad b(s) = \frac{s}{s_0} \cdot b_0. \tag{8-19}$$

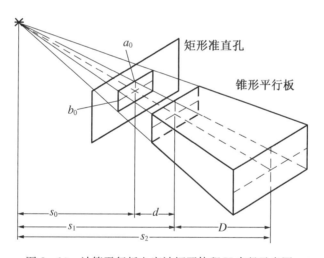

图 8-10 计算平行板电容被辐照体积 V 束径示意图

于是平行板电容中空气被辐照体积等效于

$$V = \int_{s_1}^{s_2} a(s) \cdot b(s) \cdot \mathrm{d}s, \tag{8-20}$$

式中,上下积分限为

$$s_1 = s_0 + d, \quad s_2 = s_0 + d + D, \tag{8-21}$$

其中 d 表示平行板电容离矩形光阑的距离,$d = 2.5 \text{ cm}$;D 表示平行板电容的长度, $D = 16.0 \text{ cm}$. 最后得到辐照体积为

$$V = \frac{1}{3} \cdot \frac{a_0 \cdot b_0}{s_0^2} \cdot (s_2^3 - s_1^3) \tag{8-22}$$

$$= a_0 \cdot b_0 \cdot D \cdot \left(\frac{s_2^2 + s_2 s_1 + s_1^2}{s_0^2} \right) = 125 \text{ cm}^3.$$

【实验内容】

在进行 X 射线电离计量率实验时,需要将 X 射线装置内的准直器和其他所有实验仪器拿走,在 X 射线装置测量区换上锥型平行板电容附件,实验布局如图 8-11 所示. X 射线通过准直矩形孔进入锥形平行板中,与平行板中的气体碰撞、电离. 电离的正负电荷在平行板电场力作用下分别向上下平行板移动形成电流. 这个电流流过放大器前端 1 GΩ 高阻产生电压降,经过放大器放大之后利用电压表测量.

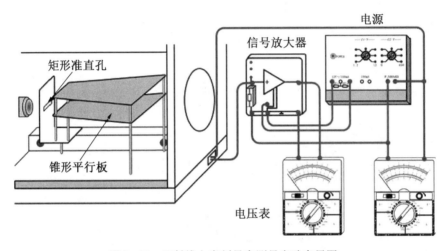

图 8-11　X 射线电离剂量率测量实验布局图

1. 操作方法

(1) BNC/4 mm 电缆(黑粗线)与平行板电容底板(BNC 插座)连接;用红细导线与平行板电容的顶板(安全插座)连接.

(2) 将平行板电容装置放入 X 射线装置的测量区,将其安装插头插入定位插座中;检查、确定电容上下板与 X 射线装置底板平行.

(3) 将 BNC 黑粗线和红细导线从 X 射线装置的安全自由通道送出直到 X 射线装置的右侧外边,如图 8-11 所示.

(4) 将红细导线连接到 450 V DC 电源的正极(红色端口,Ri：5 MΩ),适配电缆 BNC/4 mm 与带有 1 GΩ 电阻的静电计放大器连接,如图 8-11 所示.

(5) 适配电缆 BNC/4 mm 的地线与放大器地线连接,并与 450 V DC 电源的地线(蓝色端口)连接.

(6) 连接两个电压表：一个与 450 V DC 电源的输出端连接,测量平行板电容之间的外加电压;另一个与静电计放大器的输出端连接,测量放大器的输出电压,如图 8-11 所示.

2. 数据记录

(1) 确定环境温度 T 和压强 p,计算被辐照体元的质量.

(2) X 射线装置电源开关(左侧)→ON,X 射线装置控制面板 HV→ON,指示灯闪烁.

(3) 饱和电离电流 I_C 与发射电流 I 的关系.设置 X 射线管高压 $U=30$ kV;电容板电压 $U_C=260$ V.在 0~1 mA 之间每隔 0.1 mA 调大 X 射线管发射电流 I,记录放大器的输出电压 U_E,绘制电离剂量率随 X 射线管发射电流的变化曲线.

(4) 饱和电离电流 I_C 与管高压 U 的关系.设置 X 射线管发射电流 $I=1.0$ mA;电容板电压 $U_C=260$ V.在 5~30 kV 之间每隔 5 kV 慢慢调大 X 射线管发射电压 U,记录放大器的输出电压 U_E,绘制电离剂量率随 X 射线管高压的变化曲线.

【数据分析】

对于给定的靶材,特征 X 射线强度 J 与管高压 U、管电流 I_c 关系的经验公式为

$$J \propto I_c(U-U_k)^n, \tag{8-23}$$

式中,U_k 为激发电压,对于 Cu 靶,激发电压为 8.9 kV;n 为与 X 射线管电压有关的常数.提高管高压和管电流可以提高特征 X 射线的强度,但同时也提高了连续 X 射线谱的强度.对实验数据进行最小二乘法拟合,得到特征 X 射线强度 J 与管高压 U、管电流 I_c 关系.

参考文献

[1] 徐鹰,干正卿,马秀芳,等.谈实验设计如何提高学生的兴趣[J].物理实验,2002,22(7):25-29.
[2] 陆江,马洪良,王春涛.X 射线的电离剂量率测量实验[J].物理实验,2004,24(7):16.
[3] 刘奥惠,刘平安.X 射线衍射分析原理与应用[M].北京:化学工业出版社,2003.
[4] 林木欣.近代物理实验教程[M].北京:科学出版社,2001.

实验九　激光拉曼光谱

【背景知识】

1928年印度科学家拉曼发现,当光穿过透明介质被分子散射的光发生频率变化.同年稍后,该现象在苏联和法国也被观察到.在透明介质的散射光谱中,频率与入射光频率 ν_0 相同的成分称为瑞利散射(rayleigh scattering);频率对称分布在 ν_0 两侧的谱线或谱带 $\nu_0 \pm \Delta\nu$ 即为拉曼光谱,其中频率较小的成分 $\nu_0 - \Delta\nu$ 又称为斯托克斯线;频率较大的成分 $\nu_0 + \Delta\nu$ 又称为反斯托克斯线.靠近瑞利散射线两侧的谱线称为小拉曼光谱;远离瑞利放射线两侧出现的谱线称为大拉曼光谱.瑞利散射线的强度只有入射光强度的 10^{-3},拉曼光谱强度大约只有瑞利放射线的 10^{-3}.小拉曼光谱与分子的转动能级有关,大拉曼光谱与分子振动-转动能级有关.

拉曼光谱的理论解释如下:入射光子与分子发生非弹性散射,分子吸收频率为 ν_0 的光子,发射 $\nu_0 - \Delta\nu$ 的光子,同时分子从低能态跃迁到高能态(斯托克斯线);分子吸收频率为 ν_0 的光子,发射 $\nu_0 + \Delta\nu$ 的光子,同时分子从高能态跃迁到低能态(反斯托克斯线).分子能级的跃迁仅涉及转动能级,发射的是小拉曼光谱;涉及振动-转动能级,发射的是大拉曼光谱.与分子红外光谱不同,极性分子和非极性分子都能产生拉曼光谱.激光器的问世,提供了优质高强度单色光,有力推动了拉曼散射(raman scattering)的研究及其应用.拉曼光谱的应用范围遍及化学、物理学、生物学和医学等各个领域,对于纯定性分析、高度定量分析和测定分子结构都有很大价值.

【实验原理】

拉曼光谱是基于一种光的散射现象.当频率为 ν_0 的光进入介质时,除被介质吸收、反射和透射外,还有一部分偏离主要的传播方向,这种现象称为光散射.散射光按频率分成三类:① 频率仍为 ν_0(波数变化 $|\Delta\nu| < 10^{-5}$ cm^{-1}),称为瑞利散射;② 频率改变较大($|\Delta\nu| > 1$ cm^{-1}),称为拉曼散射;③ 频率改变很小(10^{-2} cm^{-1} < $|\Delta\nu|$ < 1 cm^{-1}),称为布里渊散射(Brillouin scattering).

这三类散射光的强度差别很大,其中瑞利散射最强,一般为入射光强的 10^{-3} 数量级;拉曼散射最弱,最强的拉曼线也只有瑞利散射强度的 10^{-3} 数量级,为入射光强的 10^{-6} 数量级.20世纪60年代激光的出现,提供了优异的光源,才使光散射研究得到了迅猛的发展.特别是拉曼光谱方法反映物质的原子、分子和电子的空间配置和运动状态,不仅在物理学、化学方面占据很重要的地位,而且在材料科学、生物学、医学、矿物学以及石油化工、纤维纺织工业、玻璃陶瓷工业等领域,已成为不可缺少的实验研究方法,正在逐步成为工业产品质量控制的工具.

拉曼散射光频率 ν 相对于入射光频率 ν_0 的偏移,即拉曼光谱的频移 $\Delta\nu$,是拉曼光谱的一个重要特征量.拉曼散射的频移量多数在 $10^2 \sim 10^3$ cm^{-1} 之间.这是因为拉曼散射是由分子振动能态间的跃迁造成的,用能级概念很容易说明产生拉曼频移的定性图像. E_i、E_f 分别表示两个振动能级.如果 E_i 为振动基态,由于入射光子 $h\nu_0$ 与分子的作用,使分子从低振动能级跃迁到较高的中间能态,再从中间能态回到较低的振动能态,光子不但改变了方向,而且能量也发生变化.根据能量守恒原理得到

$$h\nu_s = h\nu_0 - (E_f - E_i) = h(\nu_0 - \nu_k), \quad (9-1)$$

式中,

$$\nu_k = (E_f - E_i)/h, \quad \nu_s = \nu_0 - \nu_k. \quad (9-2)$$

如果分子起始时已经处于激发态 E_f,同理有

$$h\nu_{as} = h\nu_0 + (E_f - E_i) = h(\nu_0 + \nu_k), \quad (9-3)$$

式中,

$$\nu_{as} = \nu_0 + \nu_k \quad (9-4)$$

在拉曼光谱中,把 ν_s 和 ν_{as} 分别称为斯托克斯线(stokes line)和反斯托克斯(anti-stokes line)线.拉曼光谱图中以 ν_0 为坐标原点,以 $\Delta\nu = \nu_s - \nu_0$ 为横坐标,以斯托克斯线的频移为正,则拉曼线的位置与 ν_0 无关,而斯托克斯线与反斯托克斯线的位置对于坐标原点是对称的.通常拉曼频移用波数(cm^{-1})为单位,表示入射光和散射光之间的波数差,ν 是以赫兹(Hz)为单位的辐射频率,λ 是以纳米(nm)为单位的波长,波数 $\nu = \dfrac{1}{\lambda}$. 图 9-1 为 CCl_4 分子的瑞利散射和拉曼散射的能量转移图,图 9-2 为 CCl_4 分子的瑞利散射和拉曼散射光谱图.

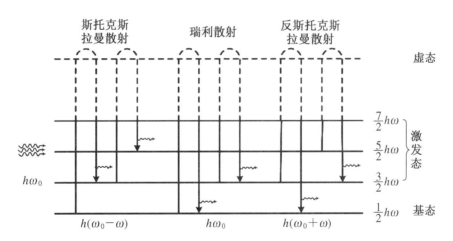

图 9-1 CCl_4 分子的瑞利散射和拉曼散射的能量转移图

1. 拉曼散射的经典模型

频率为 ν_0 的光波入射到分子上,可以感应产生电偶级矩.在一级近似下,感应电偶级矩 $\boldsymbol{P}$ 的大小应正比于分子所在入射光波的电场强度 $\boldsymbol{E}$,即

$$\boldsymbol{P} = \alpha \cdot \boldsymbol{E}, \quad (9-5)$$

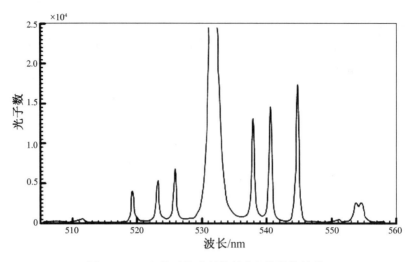

图 9-2 CCl₄ 分子的瑞利散射谱和拉曼散射谱

式中，$E=E_0\cos(\omega_0 t)$；α 是一个 3×3 的极化率张量. 一般地，P 和 E 的方向不一定相同，其关系式为

$$\begin{cases} P_x = \alpha_{xx}E_x + \alpha_{xy}E_y + \alpha_{xz}E_z, \\ P_y = \alpha_{yx}E_x + \alpha_{yy}E_y + \alpha_{yz}E_z, \\ P_Z = \alpha_{zx}E_x + \alpha_{zy}E_y + \alpha_{zz}E_z, \end{cases} \tag{9-6}$$

式中，α_{ij} 称为极化率张量的分量，与分子的对称性有关，是分子简正坐标的函数. 如果组成分子的原子偏离它的平衡位置，极化率将随之发生变化. 如果组成分子的所有原子在平衡位置附近振动，分子的极化率张量也将随之振荡变化. 将极化率分量 α_{ij} 对原子偏离平衡位置的简正坐标作泰勒展开，在简谐近似下

$$\alpha_{ij} = (\alpha_{ij})_0 + \sum_k \left(\frac{\partial \alpha_{ij}}{\partial Q_k}\right)_0 Q_k, \tag{9-7}$$

式中，下标 0 指分子处于平衡位型时的取值，记 $(\alpha'_{ij})_k = \left(\dfrac{\partial \alpha_{ij}}{\partial Q_k}\right)$，并把这个新张量 α' 称为导出极化率张量. 当分子振动的振幅不太大时，有

$$Q_k = Q_{k0}\cos(\omega_k t), \tag{9-8}$$

式中，ω_k 是分子第 k 种简正振动的振动频率；Q_{k0} 是振幅. 将式(9-6)、式(9-7)、式(9-8)代入式(9-5)，可得

$$\begin{aligned} P = & (\alpha_{ij})_0 E_0 \cos(\omega_0 t) + \frac{1}{2} E_0 \sum_k (\alpha'_{ij})_{k0} Q_{k0} \cos[(\omega_0+\omega_k)t] \\ & + \frac{1}{2} E_0 \sum_k (\alpha'_{ij})_{k0} Q_{k0} \cos[(\omega_0-\omega_k)t]. \end{aligned} \tag{9-9}$$

根据偶极辐射理论，式(9-9)中第一项对应于瑞利散射，第二项和第三项分别对应于频率为

$\omega_0-\omega_k$ 和 $\omega_0+\omega_k$ 的散射光.这就是分子第 k 种振动对应的一级拉曼散射,频率为 $\omega_0-\omega_k$ 的辐射为斯托克斯线,$\omega_0+\omega_k$ 为反斯托克斯线.

利用偶极振子辐射的平均能流密度公式,计算分子辐射出来的在立体角 $d\Omega$ 内的光功率与 $d\Omega$ 之比,就得到对应于频率 $\omega_0\mp\omega_k$ 拉曼散射光的强度.如需进一步研究光散射的量子理论,可参考有关专著.

2. 拉曼散射的偏振

从上述讨论中可以了解到,对于空间取向固定的一个分子,感应偶极矩的取向也是确定的,因此,散射光偏振方向与入射光偏振方向的关系可由极化率张量微商的具体形式决定.这具体形式反映了分子的对称性和相应的分子振动的特点,因此研究拉曼散射的偏振态是重要的.为了标志拉曼散射实验的空间配置和偏振情况,国际上通用如下符号:$G_1(G_2G_3)G_4$,其中 G_1 表示入射光传播方向;G_4 表示散射光的观察方向;G_2 和 G_3 分别表示入射光和散射光的偏振方向.

【实验装置】

拉曼光谱仪一般由光源、外光路、分光系统、光电接受系统和信息处理及显示系统组成,如图 9-3 所示.由于拉曼散射强度比激发光强度低 $10^{-6}\sim10^{-8}$ 数量级,因此增强样品处的入射光功率和抑制一切非拉曼散射光强是设计和组建拉曼光谱的主要问题.

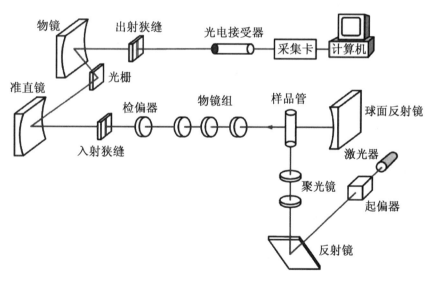

图 9-3 小型激光拉曼谱仪光路图

1. 光源

气体激光器单色好、功率强,可提供不同波长的激发线,能满足一般拉曼光谱实验的需要.实验中激光器为半导体激光器,波长为 532 nm.

2. 外光路

外光路部分即样品照明和散射光采集系统,包括聚光、集光、样品架、滤光及偏振部件.

(1) 聚光.用焦距合适的会聚透镜使样品处于会聚激光束的腰部,以提高样品上光的辐照功率.

(2) 集光. 拉曼散射光是以 4π 球面度立体角向空间均匀散射的. 为了最有效地收集散射光, 收集透镜的物方孔径角应尽可能大. 而像方孔径角必须同单色仪的孔径角一致, 以保证充分利用收集到的散射光.

3. 分光系统

分光系统是拉曼谱仪的关键, 仪器的分辨率、杂散光和精度都取决于它. 现代拉曼谱仪多采用光栅单色仪作分光系统. 由于拉曼散射比瑞利散射的强度低 $10^2 \sim 10^4$ 量级, 所以拉曼谱仪的杂散光抑制本领是十分重要的参数, 称为频谱纯度. 频谱纯度的定义为 $(I_{\nu_0-\Delta\nu})/I_{\nu_0}$, 即以波数为 ν_0 的单色光入射, 光谱在 $\nu-\Delta\nu$ 处接收到的光强与在 ν_0 处接收到的光强之比. 典型的单色仪频谱纯度为 10^{-5}（在 $\nu_0 \sim 100 \text{ cm}^{-1}$ 处）.

4. 光电接收系统

拉曼散射是一种极微弱的光, 其强度小于入射光强的 10^{-6} 数量级, 比光电倍增管本身的热噪声水平还要低. 通常的直流检测方法已不能把这种淹没在噪声中的信号提取出来.

为了取得拉曼散射信息, 采用单光子计数器方法. 利用弱光下光电倍增管输出电流信号自然离散的特征, 采用脉冲宽度甄别和数字计数技术将淹没在背景噪声中的微弱光信号提取出来.

【实验内容】

仔细阅读小型激光拉曼谱仪使用说明书, 了解实验操作步骤.

1. 检测仪器的分辨率、波长扫描精度和重复性

(1) 开拉曼谱仪控制电源, 开启计算机, 运行小型拉曼谱仪程序.

(2) 检查泵浦光(半导体激光器, 波长 532 nm)从液体样品池中心通过.

(3) 工作范围设置为 510～560 nm; 间隔为 0.1 nm.

(4) 入射狭缝和出射狭缝宽度为 0.200 mm 左右.

(5) 高压设置为"8"; 域值设置为"22"; 其他设置为"默认值".

(6) 扫描荧光谱, 寻峰, 选定一条谱线较弱拉曼谱线定波长扫描时间谱, 细心调节反射镜和荧光汇聚镜, 使荧光强度最强.

(7) 工作范围设置为 510～560 nm; 间隔设置为 0.1 nm; 扫描拉曼谱, 得到拉曼峰波数.

2. 测定 CCl_4 分子的振动拉曼光谱

CCl_4 分子由 1 个 C 原子和 4 个 Cl 原子组成, 4 个 Cl 原子位于正四面体的顶点, C 原子在中心, 具有 Td 点群的对称性. 由 N 个原子构成的分子有 $3N-6$ 个内部振动自由度, 因而 CCl_4 分子可以有 9 个内部振动自由度, 或者说有 9 个独立的振动方式. 根据分子对称性的分类, 这 9 个振动方式可归纳为四类.

第一类, 只有一种振动方式. 4 个 Cl 原子沿与 C 原子联线方向作伸缩振动.

第二类, 有两种振动方式. 相邻两对 Cl 原子在与 C 原子联线方向上, 或在该联线垂直方向上, 同时作反方向运动所形成的振动.

第三类, 包含三种振动方式. 4 个 Cl 原子朝一个方向运动, C 原子朝与它们相反方向运动.

第四类, 包含三种振动方式. 相邻的一对 Cl 原子作伸张运动, 另一对作压缩运动.

同一类振动不同振动方式的能量是相同的, 如果某类振动中包含有多种振动方式, 我们

就称该类振动是 n 重兼并的.多重兼并的振动具有相同的能量,所以在拉曼光谱中对应同一条谱线.由此,我们可推知 CCl_4 分子振动拉曼谱应有 4 条基频谱线.

在各谱峰尖处标出其波数差值,结合 CCl_4 分子拉曼主要尖峰理论值,得到该拉曼光谱仪的修正值,并正确修正光谱仪.

3. 拉曼尖峰与酒精浓度关系

通过测试纯酒精、纯水和不同浓度酒精的拉曼光谱,得到主要拉曼尖峰与酒精浓度的关系曲线,测试不同度数白酒的拉曼光谱,分析其实际的酒精度.

4. 四氯化碳和酒精溶液混合比测量

研究以不同质量(配制)的四氯化碳(CCl_4)和酒精混合液拉曼光谱的特征,并讨论其应用意义.

参考文献

[1] 陈培榕,邓勃.现代仪器分析实验与技术[M].北京:清华大学出版社,1999.
[2] 戴道宣,戴乐山.近代物理实验[M].2 版.北京:高等教育出版社,2006.

单元四 光　　学

　　光学是研究光的传播以及它和物质相互作用问题的学科.本单元包含信息光学实验、磁致旋光实验、声光效应实验以及光学测量实验.

　　盖伯(D. Gabor)在1948年提出了全息技术.全息技术是利用光的干涉和衍射原理,在感光干板上记录物体各点发出的光的全部信息(振幅和相位).盖伯因发明全息技术获得1971年度的诺贝尔物理学奖.

　　1873年,德国人阿贝在研究如何提高显微镜的分辨本领时,提出了阿贝成像原理,为空间滤波和信息处理奠定了基础.图像的光学信息处理是傅里叶光学的重要应用之一.但在实际应用中需要强单色光,因此直到1960年激光诞生后,空间滤波和光学信息处理才得以迅速发展.1948年全息技术的发明,1955年光学传递函数的建立以及1960年激光的诞生是光学信息处理的基础.

　　1845年,法拉第发现,当平面偏振光通过沿光传输方向磁化的介质时,偏振面将产生旋转,这一磁致旋光效应,通常称为法拉第效应.法拉第效应第一次显示了光和电磁现象的联系,促进了对光本性的研究.

　　薄膜厚度的光学测量主要利用光在薄膜表面的反射、干涉等光学现象来确定薄膜的厚度.椭圆偏振光法是目前测量透明薄膜厚度和折射率时常用的方法,具有测量精度高、非接触性的优点.这种方法早在1930年就已提出,但由于数学处理复杂,只在计算机出现后才得以发展起来.

实验十 激光全息摄影

【背景知识】

在1948年,盖伯为了提高显微镜的分辨本领,提出了一种无透镜的两步光学成像方法,称之为"波前重建".这种技术现在称为全息术.由于当时条件的限制,特别是缺少合适的相干光源,研究工作进展缓慢.20世纪60年代以后,激光的出现提供了高度相干的强光源,使全息摄影研究工作得到了迅速发展,并且在三维全息艺术摄影、物体干涉计量检测、光信息存储与处理、图像识别、光学元件制作,以及全息防伪商标制作中,得到了广泛的应用.如今,全息摄影技术已在现代成像理论中占有重要的位置.本次实验对我们学习全息成像原理和掌握全息摄影的实验操作而言是一次很好的实践.

【实验目的】

(1) 了解全息摄影原理与应用.
(2) 学习掌握全息照片的拍摄,完成照片的拍摄.
(3) 熟练掌握防震平台光学元件操作方法.

【实验原理】

全息摄影与普通摄影在原理和方法上有本质的差别.普通的光学摄影是以几何光学的折射定律为基础,利用透镜把物体成像在平面上,记录物体各点的光强分布.三维物体上的点与二维平面图像上的点相对应,会丢失很多信息,即使传统的"立体照相"或"立体电影"也都是利用双目视差的错觉产生立体图像,而不是物体的真正三维图像.

全息摄影是以光的干涉和衍射——物理光学的规律为基础,借助于参考光波和被摄物体光波在感光干板上记录物体干涉振幅和相位的全部信息.在记录介质感光干板上得到的不是物体的像,而是只有在高倍显微镜下才能观察得到的细密干涉条纹,称为全息图.条纹的明暗程度和图样反映了物体的振幅与相位分布,好像是一块复杂的衍射光栅,只有经过适当的光波照明才能重现原来物体的光波(立体图像).下面就光全息图的记录和再现作些理论上的讨论.

1. 全息图的拍摄记录

用单色的激光光源照明物体(见图10-1),物体因漫反射而发出物光波(如果物体是透明的,也可以用激光束从背面照射它,得到透射的物光波),波场每一点的振幅和相位都是空间坐标的函数,用

$$O = O(x, y, z) e^{i\Phi_0(x, y, z)} \tag{10-1}$$

表示物光波每一点的复振幅.物光波的全部信息包括相位和振幅两方面,但是所有的记录介

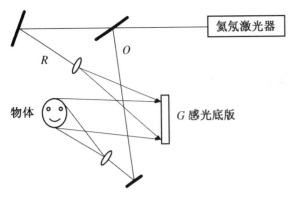

图 10-1　全息图的拍摄光路图

质都只对光强有响应,所以必须将相位的信息转换成强度变化才能记录下来.通常的转换方法是干涉法.因此,为了记录物光波在照明底版上每一点振幅与相位的全部信息,我们用同一激光源的另一部分光直接照射到底版上,这个光波称为参考光.它的振幅和相位也是空间坐标的函数,其复振幅表示为

$$R = R(x, y, z)\mathrm{e}^{\mathrm{i}\Phi_R(x, y, z)}. \tag{10-2}$$

参考光通常是球面波或平面波,这样在记录底版上总光场是二者的叠加,复振幅为

$$E = O + R. \tag{10-3}$$

底版上各点的光强分布为

$$\begin{aligned} I &= (O+R)(O^* + R^*) = OO^* + RR^* + OR^* + O^*R \\ &= I_O + I_R + OR^* + O^*R, \end{aligned} \tag{10-4}$$

式中,O^* 与 R^* 分别为 O 与 R 的共轭量;$I_O = OO^*$,$I_R = RR^*$ 分别为物光波与参考光波独立照射到底版上时的光强.这两项在底版上不同位置的变化比较缓慢,在全息照相中不起主要作用.而 $(OR^* + O^*R)$ 为干涉项,可用振幅和相位写成

$$\begin{aligned} OR^* + O^*R &= |O||R|\mathrm{e}^{\mathrm{i}(\Phi_O - \Phi_R)} + |O||R|\mathrm{e}^{-\mathrm{i}(\Phi_O - \Phi_R)} \\ &= 2|O||R|\cos(\Phi_O + \Phi_R). \end{aligned} \tag{10-5}$$

可见干涉项产生的是明暗以 $(\Phi_O + \Phi_R)$ 为变量、按余弦规律变化的干涉条纹,并被感光底版记录下来.由于这些干涉条纹在底版上各点的强度决定于物光波(以及参考光波)在各点的振幅与相位,因此底版上就保留了物光波的振幅与相位分布的信息.值得注意的是,底版上每一点的光强是参考光与到达该点的整个物光波干涉的结果,物体上各点发出的光只要到达底版上的这一点,都对这一点的光强有贡献,因此底版上各点的光强和物点之间并不一一对应,而是在底版上的每一点都包含着整个物体的信息.

2. 全息图的再现

记录物光波全息图的底版经曝光、冲洗以后,形成透光率各处不相同(由曝光时间及光强分布决定)的全息片.一般说来,光透过这样的底版时振幅和相位都要发生变化.令底版上各点的振幅透过率 t 为

$$t = \frac{透过光的复振幅}{入射光的复振幅}. \tag{10-6}$$

t 一般为复数.对于平面吸收型全息片,t 为实数.如果曝光及冲洗条件合适,可使 t 与曝光时的光强 I 之间为线型关系,即

$$t = t_0 - \kappa I, \tag{10-7}$$

式中，t_0 为未曝光部分的透过率；κ 为比例常数．对同一底版，t_0 和 κ 都是常量．

波前的重建是用再照光照射已经制作好的全息片，通常再现光与制作全息片的参考光束 R 相同，因此若透射的光波用 W 表示，则有

$$W = tR = t_0 R - \kappa IR. \tag{10-8}$$

由于 t_0 是实数，根据式(10-4)，把 I 代入式(10-8)可得

$$\begin{aligned}W &= t_0 R - \kappa(I_O + I_R + OR^* + O^*R)R \\ &= [t_0 - \kappa(I_O + I_R)]R - \kappa I_R O - \kappa RRO^*,\end{aligned} \tag{10-9}$$

式中，W 代表再照光经过全息片上复杂光栅衍射的结果．这种光栅对光的衍射和普通刻画出来的黑白光栅不同．后者透光部分与不透光部分的折射率是突变的，光经过它衍射后出现许多级别不同的衍射光栅．

根据式(10-5)和式(10-7)，全息片上的复杂光栅的透射率是按余弦规律变化的，光经过它衍射以后，除了零级衍射光以外，只能有正一级和负一级的衍射光束．式(10-9)等号右边的每一项代表一个衍射波，则 I_R 为常量或接近常量；如果制作全息片时物体和照相底版之间有相当的距离，则底版上各处的 I_O 也近似为常量．这样式(10-9)等号右边的第一项与参考光波 R 成正比，或者说直接透过的再照光相当于零级衍射波．

第二项则与制作全息片时底版所在处原来的物光波成正比，是按一定比例重建的物光波，相当于一级衍射波．这个重建的物光波离开全息片以后按照惠更斯-菲涅耳原理继续传播时，其行为与原物在原位置发出的光波相同（仅仅是振幅按一定比例改变，相位改变 $180°$），因此在全息片后面的观察者对着这个衍射光波方向观察时，可以看到原来物体的三维立体像，这个像是虚像．

如图 10-2 所示，图中只画生成虚像的衍射光束．这时好像是通过一个窗口观察原来的物体一样，而且改变观察方向可以看到物体各部分之间或不同物体之间透视光学的变化（视差效应）．如果只利用全息相的一小部分（相当于观察窗口较小），仍然可以看到整个物体的像，只不过是由于"窗口"太小，观察方向受到限制，视差效应不那么显著（此时，像的质量也受影响）．

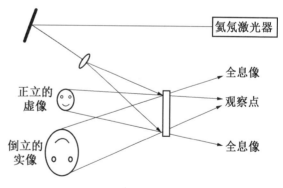

图 10-2　全息图的再现图

第三项与物光波的共轭光波 O^* 有关，它是因衍射而产生的另一个一级衍射波，称为孪生波．在一定的条件下，它是一束会聚光，形成一个有畸变的且在观察者看来物体的前后关系与实物相反的实像．

如果制作全息片时，参考光波与物光波成一定的角度 那么波前重建时，透过的再照光和重建的物光波以及孪生波沿各自不同的方向传播，观察时并不相互影响，这样制作的全息图称为离轴全息图(off-axis holography)．在激光出现以前，早期的全息照相由于受到光源相干性不高的限制，制作时参考光束与物光束在同一方向（这种方法称为共轴全息），因而再现

时,3个光波也重叠在同一方向上,影响对重建的物光束的观察.

如果用参考光波 R 的共轭光波 R^*(共轭光波是指传播方向和原来方向完全相反的光波,如果原来光波是从某一点发出的球面波,其共轭光波就是传播方向相反且会聚于该点的球面波;如果参考光波是平面波,其共轭光波是传播方向相反的平面波)照射全息片,此时透过全息片的光波仿照式(10-9)可写为

$$W' = [t_0 - \kappa(I_O + I_R)]R^* - \kappa R^* R^* O - \kappa I_R O^*. \qquad (10-10)$$

式(10-10)等号右边第三项与原来物光波 O 的共轭光波 O^* 成正比.由于 O^* 是会聚于原来物点所在位置的光束,因此这一项所代表的衍射光束在原来物体所在的位置形成了一个无畸变的实像,如图 10-2 所示,图中只画出形成实像的衍射光束.从图中可以看到,与制作全息片的图 10-1 相比,这时观察者好像是跑到原来物体的背后去观察,而且能透过原来处于后面的部分看到前面的部分.

以上讨论的是严格以制作全息片所用的参考光或它的共轭光束作为再照光的情形,可以分别得到无畸变的虚像或实像.但是,如果再照光不完全是原来的参考光束,例如,再现时如果全息片相对于参考光的取向,或者相对于参考光的距离发生改变,则像的位置、大小、虚实将会发生变化,且还可能存在畸变等现象.关于再现像发生的变化不再作详细的介绍,可参阅有关的资料.

此外,在上面的讨论中,利用式(10-9)分析透过全息片的衍射光束时,是把全息片当作二维的衍射光栅来处理的,再照光经衍射后,除了直接透过的零级光束外,还存在正负一级衍射光束.由于感光版上的乳胶有一定的厚度,实际上形成的是三维立体光栅.下面将指出,由于三维光栅的衍射受到布拉格条件的限制,只有物光束和参考光束的夹角较小时才能同时出现正、负一级衍射.

3. 全息图的特点

一物体用单色光源照明,可以将其被照亮部分看作由许多亮点构成,这些亮点处于三维空间不同位置.如果相干背景光和物体每一亮点所发出的光之间的光程在相干长度范围之内,则在照相底片上,相干背景光和每一亮点所发出的球面波产生干涉,这样的干涉图十分复杂.当用单色光照明照相底片——全息图,它将重现物体每一亮点的虚像,它们处于三维空间中,占有原来物体的同样的位置.所以透过全息图,我们看到物体的三维像,也就是一个真正的立体像.

全息照片和普通照片还有一个奇特不同之处,即如果将全息照片分成碎片,其中任一小片仍能再现物体的立体像,但不如原整张全息照片的再现像清晰.原因是在全息照片的每一点上,相干背景光和物体所有的亮点所发出的光产生干涉,因此全息照片每一点都记录了整个物体的信息,即使只有一小片,仍能再现物体的立体像,但是清晰度不及整张全息照片像清晰,因为整张全息照片记录了物体的全部信息细节.

【实验仪器与光路布局】

1. 实验仪器装置

(1) 拍摄光源:632.8 nm 氦氖激光器与电源.

(2) 全息光学防震平台和元件:1.2 m×1 m 防震平台、平面反射镜 R、分光镜 G、扩束镜

L、快门.

(3) 感光底片架：装全息感光底片用.

(4) 被拍摄的陶瓷物体.

(5) 全息底片的冲洗用具.

2. 实验光路

所有的光学元件已放置在光学防震平台上.可参考图 10-3 的实验光路,在光学平台上自行设计,安排实验拍摄光路.

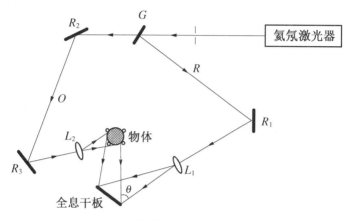

图 10-3　离轴全息图(单物光)

【光路布局注意事项】

(1) 光学防震平台：由铸铁平台和多层避震材料构成.全息图的拍摄要在高稳定的条件下,使底片能够记录物光和相干光的干涉条纹.每毫米内记录可达上千条,必须使外来震动对拍摄曝光的影响减少至最低,以提高拍摄的成功率.

(2) 分光镜：透过率不同的介质膜片.它的作用是使一束光分成两束：一束透射光,一束反射光.两束光的强度可按一定透过率比例分配.

(3) 扩束镜：显微镜物镜一般焦距很短,激光束经过扩束镜以后扩束成发散面光源.

(4) 平面反射镜：全部反射光线,改变光的传播方向.

(5) 底片架：用于放置拍摄的全息感光底片,本实验选择天津全息Ⅱ型干板.

(6) 拍摄物体：一般选择反射率高的白色陶瓷物品,作为拍摄物体.

(7) 快门：控制激光曝光时间的装置.

【拍摄成功全息照片的条件】

(1) 光程相等,即物光和参考光在光路中所走过的路程要相等,满足干涉条件.

(2) 曝光拍摄时,应保持全息平台系统的稳定.全息照相所记录的是参考光束与物光束之间的干涉条纹.这些干涉条纹十分细密,极小的扰动都会使干涉条纹模糊,甚至干涉条纹完全不能记录下来.例如,当 $\lambda = 632.8$ nm,$\theta = 45°$ 时,$d = 0.83$ μm.在制作反射全息时,$\theta \approx 180°$,干涉条纹的间隔约为 0.3 μm.为了成功地记录干涉条纹,曝光期间元件之间的相对位移应小于条纹间距的几分之一.为使系统稳定,光源和光路中各个光学元件、被摄物体和感光干板底座都由磁性表座固定在一个全息减震平台上,使外界引起的地面微小震动不至于影响干涉条纹的记录.此外,空气的流动、声波和温度的变化也会引起元件的移动或使空气密度不均匀而导致光程变化,因此曝光期间应保持室内安静.光源强度越高,所需曝光时间就越短,也就越容易满足稳定要求.具体所需的曝光时间取决于各种因素,其中包括被物体的反射率或透射率、相对距离和几何位置以及感光版的灵敏度等.

(3) 高分辨率的感光底版.根据上面的估算,干涉条纹的间距为 10^{-3} mm 数量级或者更小,每毫米将有上千条干涉条纹.普通感光版由于银化合物的颗粒较粗,每毫米只能记录几十至几百条,不能用来记录全息照相中极其细密的干涉条纹.全息照相必须用特制的高分辨率感光底版,分辨率一般可达 3 000 条/mm.感光底版的特性是,感光底版经过曝光、冲洗处理以后,其振幅透过率 t 和曝光量 E(曝光量 E 定义为光强 I 与曝光时间 T 的乘积,即 $E=IT$)之间仅在一个优先的范围内才存在着线性关系.为了使全息片上各点的 t 值都落在 t-E 曲线的直线部分,除了曝光时间和显影条件的选择以外,在底版上所处的物光与参考光应有合适的光强比例,控制在光强度比为 1∶3~1∶5 为宜.

【实验内容】

(1) 布置和调整实验光路图(见图 10-3).
(2) 光学元件正确的选用,激光束传播与反射角度的调整应与光路图相符合.
(3) 光学元件同轴即光束等高度的调整,将分光镜、反射镜、扩束镜、底片架和拍摄物体调至同一高度上,并且使激光束通过光学元件的中心.
(4) 物光和参考光到底片上光程应相等(可用尺量与调整).
(5) 物光与参考光在拍摄底片上的强度应调整在 1∶1~1∶4 左右.
(6) 底片上 O 光和 R 光的光强分布要均匀,物光和参考光在底片上的夹角 θ 可设定在 25~45° 之间.
(7) 物光与参考光的夹角 θ 跟底片上干涉条纹间距 d 及入射光波长 λ 有以下关系:

$$d = \frac{\lambda}{2\sin\left(\frac{\theta}{2}\right)}. \qquad (10-11)$$

(8) 全息拍摄光路完成后,经指导老师检查,领取全息拍摄底片,准备拍摄.
(9) 曝光拍摄,曝光时间由实验条件定.
(10) 用木夹子将底片夹好,进行底片冲洗,冲洗程序如下:① 放入显影液罐中显影 2 min 左右(在安全灯下注意观察底片由透明逐渐变成灰暗为止),取出后用自来水冲洗 30 s;② 放入定影液中定影 2 min,取出后冲水 2 min,然后自然干燥或用吹风机吹干.
(11) 全息图再现观察.安排好如图 10-4 所示的再现光路,用激光束扩束还原调整光路,如拍摄成功可再现物体的立体像,观察全息底片并进行实验分析:① 观察全息图实像和虚像的特征;② 用一小部分全息底片进行观察;③ 不用 L 扩束镜,用激光直接照射到全息底片上,观察全息底片的衍射结果和实像.

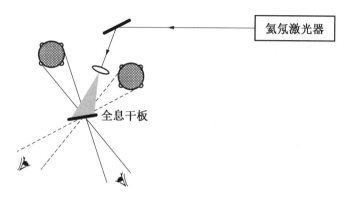

图 10-4 再现光路图

（12）实验报告与数据处理：① 设计表格，纪录实验光路参数；② 纪录实验拍摄过程与底片冲洗过程条件；③ 依据再现观测现象，分析全息图的特点；④ 如拍摄不理想，总结实验操作问题与不足之处；⑤ 选择做思考题.

（13）实验完毕，整理和安放好光学元件.

思考题

1. 实验中 R 光和 O 光在底片的夹角 θ 选在 25～45°之间，为什么？
2. 请描述记录在底片上的离轴全息图的干涉图样.
3. 在拍摄曝光过程中平台受到了震动，拍摄的底片是否会模糊不清晰？
4. 如果拍摄的底片被打碎了，为什么其中的碎片还能看到物体像的全部？

参考文献

［1］吴思诚,王祖铨.近代物理实验[M].北京：北京大学出版社,1995.
［2］王绿苹.全息光学和信息处理实验[M].重庆：重庆大学出版社,1990.
［3］顾德门 J W.傅里叶光学导论[M].北京：科学出版社,1979.
［4］于美文.近代信息光学[M].北京：科学出版社,1990.

附录

表 10-1 本实验所需元件（仅供参考）

序号	名　　称	技　术　指　标	数量
1	激光器（含电源）	632.8 nm/25 mW	1
2	二维分束镜（含镜片）	Φ40　1∶4	1
3	二维反射镜	Φ60 加强铝	3

续 表

序号	名　称	技 术 指 标	数量
4	二维扩束镜	40X	3
5	载物台		1
6	干板架		1
7	白屏		2
8	毛玻璃屏		1
9	曝光快门		1
10	显影附件		1

实验十一 阿贝成像原理和空间滤波

【背景知识】

1873 年,阿贝提出了相干光照明下显微镜的成像原理,称为阿贝成像原理.该原理将物体看成不同空间频率信息的集合,相干成像分两步完成,是波动光学的观点.

阿贝-波特空间滤波实验在傅里叶光学早期发展史上做出了重要的贡献.这些实验简单,形象令人信服,对相干光成像机理以及频谱分析的综合原理做出深刻的解释,同时这种用简单的模板作滤波的方法一直延续至今,在图像处理技术中仍然有广泛的应用价值.

【实验目的】

(1) 通过实验,加深对傅里叶光学中空间频率、空间频谱和空间滤波等概念的理解.
(2) 熟悉阿贝成像原理,了解透镜孔径对成像分辨率的影响.
(3) 对物体图像进行空间滤波.

【实验原理】

1. 光学傅里叶变换

理论上可以证明,如果在焦距为 F 的会聚透镜 L 的前焦面上放一振幅透过率为 $g(x,y)$ 的图像作为物,并以波长为 λ 的单色平面波垂直照明图像,则在透镜后焦面 (x',y') 上的复振幅分布就是 $g(x,y)$ 的傅里叶变换 $G(f_x,f_y)$,其中 f_x、f_y 与坐标 (x',y') 的关系为

$$f_x = \frac{x'}{\lambda F}, \quad f_y = \frac{y'}{\lambda F}. \tag{11-1}$$

因此,(x',y') 面称为频谱面(或傅氏面),如图 11-1 所示.由此可见,复杂的二维傅里叶变换可以用一透镜来实现,称为光学傅里叶变换.频谱面上的光强分布则为 $|G(f_x,f_y)|^2$,称为功率谱,也就是物的夫琅和费衍射图.

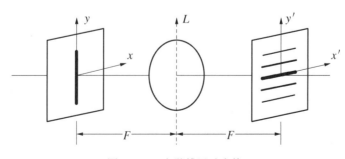

图 11-1 光学傅里叶变换

2. 阿贝成像原理

阿贝在 1873 年提出了相干光照明下显微镜的成像原理.在相干光照明下,显微镜的成像可分为两个步骤:第一步是通过物的衍射光在物镜的后焦面上形成一个衍射图;第二步则为物镜后焦面上的衍射图复合为(中间)像,这个像可以通过目镜观察到,如图 11-2 所示.成像的这两步骤本质上就是两次傅里叶变换:第一步把物面光场的空间分布 $g(x,y)$ 变为频谱面上空间频率分布 $G(f_x,f_y)$;第二步则是再作一次变换又将 $G(f_x,f_y)$ 还原到空间分布 $g(x,y)$.

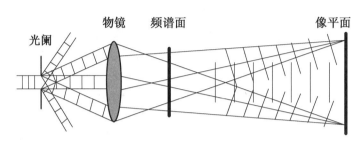

图 11-2 显微镜的成像原理图

图 11-2 显示了成像的这两个步骤.为了方便起见,我们假设物是一个一维光栅,单色平行光照在光栅上,经衍射分解成为不同方向的很多束平行光(每一束平行光相应于一定的空间频率),经过物镜分别聚焦在后焦面上形成点阵.然后代表不同空间频率的光束又重新在像平面上复合而成像.

如果这两次傅里叶变换完全是理想的,即信息没有任何损失,则像和物应完全相似(可能有放大或缩小).但一般说来像和物不可能完全相似.这是由于透镜的孔径是有限的,总有一部分衍射角度较大的高次成分(高频信息),不能进入到物镜而被丢弃了.因此像的信息总是比物的信息要少一些.高频信息主要反映了物的细节,如果高频信息受到了孔径的限制而不能到达像平面,则无论显微镜有多大的放大倍数,也不可能在像平面上显示出这些高频信息所反映的细节,这是显微镜分辨率受到限制的根本原因.特别当物的结构非常精细(如很密的光栅)或物镜孔径非常小时,有可能只有零级衍射(空间频率为零)能通过,则在像平面上就完全不能形成像.

3. 空间滤波

根据上面讨论可知,成像过程本质上是两次傅里叶变换,即从空间函数 $g(x,y)$ 变为频谱函数 $G(f_x,f_y)$,再变回到空间函数 $g(x,y)$(忽略放大率).显然,如果我们在频谱面(即透镜的后焦面)上放一些模板(吸收板或相移板),以减弱某些空间频率成分或改变某些频率成分的相位,则必然使像面上的图像发生相应的变化.这样的图像处理称为空间滤波,频谱面上这种模板称为滤波器.最简单的滤波器就是一些特殊形状的光阑.它使频谱面上一个或一部分频率分量通过,而挡住了其他频率分量,从而改变了像面上图像的频率成分.例如圆孔光阑可以作为一个低通滤波器,而圆屏就可以作为高通滤波器.

按频谱分析理论,谱面上的每一点均具有以下 4 点明确的物理意义.

(1) 谱面上任一光点对应着物面上的一个空间频率成分.

(2) 光点离谱面中心的距离,标志着物面上该频率成分的高低,离中心远的点代表物面上的高频成分,反映物的细节部分.靠近中心的点,代表物面的低频成分,反映物的粗轮廓.中心亮点是 0 级衍射即零频,反映在像面上呈现均匀背景.

(3) 光点的方向,指出物平面上该频率成分的方向,例如横向的谱点表示物面有纵向栅缝.

(4) 光点的强弱则显示物面上该频率成分的幅度大小.

由以上定性分析可以看出,阿贝二次成像理论的第一次衍射是透镜对物作空间傅里叶变换.它把物的各种空间频率和相应振幅一一展现在它的焦平面上.一般情况下,物体透过率的分布不是简单的空间周期函数,而是具有复杂的空间频谱,故透镜焦平面上的衍射图样也是极复杂的.第二次衍射是指空间频谱的衍射波在像平面上的相干叠加.如果在第二次衍射中,物体的全部空间频谱都参与相干叠加成像,则像面与物面完全相似.如果在展现物的空间频谱的透镜焦平面上插入某种光学器件(称之为空间滤波器),使某些空间频率成分被滤掉或被改变,则像平面上的像就会被改变.这就是空间滤波和光学信息处理的基本思想.

在实际光学成像系统中,像和物不可能完全一样.这是由于透镜的孔径是有限的,总有一些衍射角比较大的高次光线(高频信息)不能进入物镜而被丢掉.所以像的信息总是比物的少些.由于高频信息主要反映物的细节,因此,无论显微镜有多大的放大倍数,也不可能在像面上分辨出这些细节.这是限制显微镜分辨本领的根本原因.当物镜孔径极其小时,有可能只有零级衍射通过物镜,这时像面上有亮的均匀背景而无像分布.

【实验仪器和光路布局】

空间滤波光路如图 11-3 所示.物面处放置透射的一维光栅或正交光栅(网格)、光字屏如图 11-4 所示,谱面处放置各种滤波器(形状不同的光阑、狭缝等).按图 11-3 调节光路,并注意有关器件的共轴等高.激光束经扩束镜(或针孔滤波器)、准直镜扩束准直后,形成大截面的平行光照在物面上.移动傅里叶透镜在像面上得到一个放大的实像,此时物的频谱面在傅里叶透镜的后焦面上.

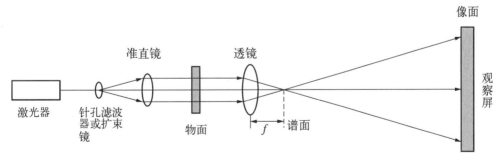

图 11-3 空间滤波光路示意图

4. 空间滤波和光信息处理

光信息处理是通过空间滤波器来实现的.所谓空间滤波器是指在图 11-3 中透镜的后焦平面上放置某种光学元件来改造或选取所需要的信息,以实现光信息处理的光学器件.

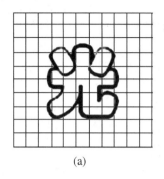 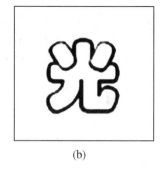

(a)　　　　　　　　　　　　　　(b)

图 11-4　待滤波物示意图

图 11-5 给出了几种常用的空间滤波器.低通滤波目的是滤去高频成分,保留低频成分.由于低频成分集中在谱面的光轴(中心)附近,高频成分落在远离中心的地方,经低通滤波后图像的精细结构将消失,黑白突变处也变得模糊.高通滤波目的是滤去低频成分而让高频成分通过,其结果正好与低通滤波相反,使物的细节及边缘清晰.带通滤波是根据需要,有选择地滤掉某些频率成分.方向滤波是只让某一方向,例如纵向的频率成分通过,以突出像面上其他方向的线条.

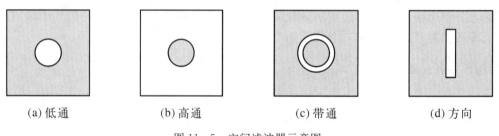

(a) 低通　　　　　(b) 高通　　　　　(c) 带通　　　　　(d) 方向

图 11-5　空间滤波器示意图

假如用一块二维矩形光栅作为物,二维矩形光栅的空间结构分布如图 11-6(a)所示.将其放在图 11-3 的物面处,由于它的振幅透射率是二维周期函数,因此它的空间频谱也应该是二维的,用 f_x、f_y 表示,其中 $f_x = \dfrac{x'}{\lambda F}$,是光栅的基频.当用平行光照射二维矩形光栅时,在图 11-3 中透镜的焦平面上将显示出二维光栅的频谱,如图 11-6(b)所示.假如用一块有狭缝的屏作空间滤波器,将狭缝沿 Y 轴竖直放置在图 11-3 中的谱面上,它将挡掉图 11-6(b)中所有的 f_x,仅保留 f_y,如图 11-6(c)所示,此时在像平面上的像将如图 11-6(d)所示.若用类似于图 11-6(d)所示的一维光栅代替二维光栅放在图 11-3 的物面处,则在图 11-3 的谱面和观察屏面上也得到上述同样的像,即图 11-6(c)中的这条狭缝把二维光栅的像处理成一维光栅的像了.若将狭缝水平放置,它将滤掉图 11-6(b)中所有的 f_y,透镜的焦平面上保留的频谱和像平面上成的像将如图 11-6(e)所示.如果让狭缝 45°倾斜地放置在谱面上,那么透镜的焦平面上保留的频谱和像平面上成的像将如图 11-6(f)所示.这表明用一条狭缝作滤波器,当其取向不同时,可将二维光栅的物处理成上述各种方位的一维光栅的像,如图 11-6(g)所示.

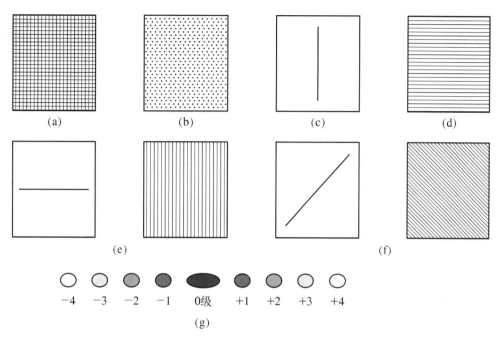

图 11-6 空间滤波器及空间滤波效果示意图

以上是采用滤波器进行光信息处理的最简单的实例,这类滤波器从物体的全部空间信息中选出所需要的部分,从而实现对物体信息的处理,获得由物体的部分空间信息所构成的像.

【实验内容】

1. 编排光路(见图 11-7)

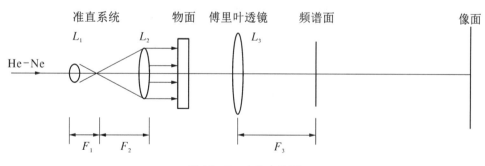

图 11-7 实验光路图

2. 低通滤波、高通滤波

(1) 将带正交光栅的透明"光"字作为物,通过透镜 L_3 成像在像平面上,像屏上将出现带网格的光字,如图 11-4(a)所示.

(2) 用像屏观察 L_3 后焦面上物的空间频谱.由于光栅为一周期性函数,其频谱是有规律排列的分立点阵,而字不是周期性函数,它的频谱是连续的,一般不容易看清楚.由于"光"字笔画较粗,空间低频成分较多,因此谱面的光轴附近只有"光"字信息而没有网格信息.

(3) 将直径合适的圆孔光阑放在 L_3 后焦面的光轴上,即只让零级光通过,则像面上图像发生变化,如图 11-4(b)所示,"光"字基本清楚,但网格消失.换其他直径的圆孔光阑,观察、分析滤波后的现象.

3. 方向滤波

在物面上换上正交光栅,则频谱面上出现的衍射图为二维的点阵列,像面上出现正交光栅像(网格).

(1) 在谱面中间加一狭缝光阑,使狭缝沿竖直方向,让中间一列衍射光点通过,则像面上原来的正交光栅像变为一维光栅像,光栅条纹沿水平方向,正好与狭缝方向垂直.

(2) 转动狭缝,使之沿水平方向,则光栅像随之变为竖直方向.

(3) 当狭缝与水平方向成 45°角时,像面上呈现的光栅条纹沿着垂直于狭缝的倾斜方向,其空间频率为原光栅像的 $\sqrt{2}$ 倍.

思考题

1. 根据本实验结果,你如何理解显微镜、望远镜的分辨本领?为什么说一定孔径物镜只能具有有限的分辨本领?如增大放大倍数能否提高仪器的分辨本领?

2. 本实验部分均以激光作为光源,有什么优越性?如以钠光或白炽灯代替激光会产生什么困难,应采取什么措施?

3. 试用卷积定理解释高、低通滤波器实验的实验现象.

4. 我们曾用低通滤波器滤去了图 11-4 中的网格而保留了"光"字,试设计一个滤波器能滤去字迹而保留网格.

参考文献

[1] 吴思诚,王祖铨.近代物理实验[M].北京:北京大学出版社,1995.
[2] 王绿苹.全息光学和信息处理实验[M].重庆:重庆大学出版社,1990.
[3] 顾德门 J W.傅里叶光学导论[M].北京:科学出版社,1979.
[4] 于美文.近代信息光学[M].北京:科学出版社,1990.

附录

表 11-1 本实验所需元件(仅供参考)

序号	名　　称	技　术　指　标	数量	单位
1	激光器(含电源)	632.8 nm/4 mW	1	套
2	二维扩束镜(含镜片)	40X	1	套
3	准直透镜(带框)	Φ40	1	套

续 表

序号	名 称	技术指标	数量	单位
4	平晶	Φ40	1	套
5	傅里叶透镜(带框)	Φ75	1	套
6	"光"字屏		1	套
7	一维光栅(带框)	100 线/mm	1	套
8	干板架		2	个
9	正交光栅(含框)	正交 25 线/mm	2	套
10	白屏		1	个

实验十二　超　声　光　栅

【背景知识】

每秒钟振动的次数被称为波的频率,我们人类耳朵能听到的声波频率为 20 Hz～20 kHz.当声波的振动频率大于 20 kHz,我们便听不见了,因此把频率高于 20 kHz 的声波称为超声波.自 19 世纪末到 20 世纪初,在物理学上发现了压电效应与反压电效应之后,人们解决了利用电子学技术产生超声波的办法,从此迅速揭开了发展与推广超声技术的历史篇章.1922 年,德国出现了首例超声波治疗的发明专利.

超声波是一种波动形式,它可以作为探测与负载信息的载体或媒介(如 B 超等用作诊断);超声波同时又是一种能量形式,当其强度超过一定值时,它就可以通过与传播超声波的媒质的相互作用,去影响、改变甚至破坏后者的状态、性质及结构.超声波的特点包括：① 在传播时,方向性强,能量易于集中；② 能在各种不同媒质中传播,且可传播足够远的距离；③ 超声与传声媒质的相互作用适中,易于携带有关传声媒质状态的信息.

当超声波传过介质时,在其内产生周期性弹性形变,从而使介质的折射率产生周期性变化,相当于一个移动的相位光栅,称为声光效应.若同时有光传过介质,光将被相位光栅所衍射,称为声光衍射.利用声光衍射效应制成的器件,称为声光器件.声光器件能快速有效地控制激光束的强度、方向和频率,还可把电信号实时转换为光信号.此外,声光衍射还是探测材料声学性质的主要手段.

【实验目的】

(1) 了解超声波光栅产生的原理.
(2) 测定超声在液体(非电解质溶液,如水)中的声速.
(3) 测量汞灯紫光、绿光、黄光波长.

【实验原理】

超声波作为一种纵波在液体中传播时,其声压使液体分子产生周期性的变化,促使液体的折射率也相应地作周期性的变化,形成疏密波.此时,如有平行单色光沿垂直于超声波传播方向通过疏密相同的液体时,就会被衍射.这一作用,类似光栅,所以称为超声波光栅.

光通过处在超声波作用下的透明介质时发生衍射的现象称为超声致光衍射,亦称声光效应.1922 年,布里渊(Brillon)曾预言液体中的高频声波能使可见光产生衍射现象.1935 年,拉曼(Raman)和奈斯(Nath)发现,在一定条件下声光效应的衍射强度分布类似光栅衍射.

超声波传播时,如前进波被一个平面反射,会反向传播.在一定条件下前进波与反射波叠加而形成超声纵向振动驻波.由于驻波的振幅可以达到单一行波的 2 倍,加剧了波源和反射面之间液体的疏密变化程度.某时刻,纵驻波的任一波节两边的质点都涌向这个节点,使该节点附近成为质点密集区,而相邻的波节处为质点稀疏处.半个周期后,这个节点附近的质点有向两边散开变为稀疏区,相邻波节处变为密集区.在这些驻波中,稀疏作用使液体折射率减小,而压缩作用使液体折射率增大.在距离等于波长的两点,液体的密度相同,折射率也相等,如图 12-1 所示.

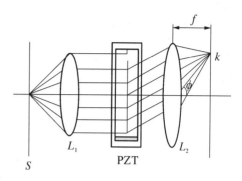

图 12-1 超声光栅仪衍射光路

单色平行光 λ 沿着垂直于超声波传播方向通过上述液体时,因折射率的周期变化使光波的波阵面产生了相应的相位差,经透镜聚焦出现衍射条纹.这种现象与平行光通过透射光栅的情形相似.因为超声波的波长很短,只要盛装液体的液体槽的宽度能够维持平面波,槽中的液体就相当于一个衍射光栅.

设正方向行进的超声波方程为

$$x_1 = A\cos\left[\omega\left(t - \frac{r}{V}\right)\right], \tag{12-1}$$

反射波的波动方程为

$$x_2 = A\cos\left[\omega\left(t + \frac{r}{V}\right)\right], \tag{12-2}$$

式中,r 为相邻两波节或波腹之间的距离.这两列波的振动方向和频率相同,相位差恒定的相干波的叠加为

$$\begin{aligned}x = x_1 + x_2 &= A\cos\left[\omega\left(t - \frac{r}{V}\right)\right] + A\cos\left[\omega\left(t + \frac{r}{V}\right)\right] \\ &= A\cos\left[2\pi\left(\nu t - \frac{r}{\Lambda}\right)\right] + A\cos\left[2\pi\omega\left(\nu t + \frac{r}{\Lambda}\right)\right] \\ &= \left(2A\cos\frac{2\pi r}{\Lambda}\right) \cdot \cos(2\pi\nu t).\end{aligned} \tag{12-3}$$

由式(12-3)可知,液槽中驻波的振幅为单一行波的 2 倍,且是 r 的周期函数,振幅为最小值(波节)的条件为

$$\cos\frac{2\pi r}{\Lambda} = 0, \quad r = (2k+1)\frac{\Lambda}{4}, \quad k = 0, \pm 1, \pm 2, \cdots; \tag{12-4}$$

振幅为最大值(波腹)的条件为

$$\cos\frac{2\pi r}{\Lambda} = \pm 1, \quad r = 2k\frac{\Lambda}{4}, \quad k = 0, \pm 1, \pm 2, \cdots; \tag{12-5}$$

相邻两波节或波腹之间的距离为

$$\Delta r = r_{k+1} - r_k = \frac{\Lambda}{2}, \tag{12-6}$$

式中，ν、Λ 分别是超声波的频率和波长，V 是超声波在介质中的速度。当液槽中 r 的位置满足 $\dfrac{\Lambda}{4}$ 奇数倍时，则这些质点始终不动，在某时刻某一节点两边的质点都涌向这个节点，成为质点的密集区。而相邻的节点两边的质点又向左右散开，成为该节点附近的稀疏区。密集区与稀疏区相邻距为超声波的 $\dfrac{\Lambda}{2}$。经过 $\dfrac{T}{2}$ 时间后，密集区（或稀疏区）节点扰动为稀疏区（或密集区），扰动了超声波的半个波长。

声波在液槽中传播，液体的密度变化与驻波的规律一致，其变化周期为超声波的周期，即

$$\Delta\rho = \rho_A \left(2A\cos\frac{2\pi r}{\Lambda}\right) \cdot \cos(2\pi\nu t), \qquad (12-7)$$

式中，$\Delta\rho$ 为液体的密度变化量；ρ_A 为液体密度最大变化量。因为液体的折射率与该液体的密度有关，所以随着液体密度周期性的变化，其折射率也呈周期性变化。因而载有超声波的液体其折射率与驻波规律一致，为正弦（或余弦）周期函数，即

$$\Delta n = n_A \left(2A\cos\frac{2\pi \cdot r}{\Lambda}\right) \cdot \cos(2\pi\nu t), \qquad (12-8)$$

式中，Δn 为液体折射率变化量；n_A 为液体折射率的最大变化量。

载有超声波的液体的折射率是以驻波规律变化的，光通过液体时在超声波的行进方向上光速也产生正弦或余弦规律的变化，其规律为

$$\Delta V_{光速} = c \cdot n_A \left(2A\cos\frac{2\pi \cdot r}{\Lambda}\right) \cdot \cos(2\pi\nu t), \qquad (12-9)$$

式中，c 为真空中（折射率为 1）的光速。由此可知，当一束平行光垂直于超声波的行进方向进入液体时，平面波阵面变得折皱，其出射光的波阵面成为以正弦或余弦规律变化的曲面，在超声波行进方向上各点的相位也是按正弦或余弦规律变化的。可见，载有超声波的液体实际上是一种正弦型的相位光栅，光栅常数 d 等于超声波的波长 Λ，其衍射条纹与光栅常数以及入射平行光波长 λ 的关系由惠更斯-菲涅尔原则确定，即

$$\Lambda \sin\phi_k = k\lambda, \qquad (12-10)$$

式中，k 为衍射级次；ϕ_k 为零级与 k 级间夹角。在调好的分光计上，由单色光源和平行光管中的会聚透镜（L_1）与可调狭缝 S 组成平行光系统，如图 12-1 所示。让光束垂直通过装有锆钛酸铅陶瓷片（或称 PZT 晶片）的液槽，在玻璃槽的另一侧，用自准直望远镜中的物镜（L_2）和测微目镜组成测微望远系统进行观测。若振荡器使 PZT 晶片发生超声振动，形成稳定的驻波，从测微目镜即可观察到衍射光谱。从图 12-1 中可以看出，当 ϕ_k 很小时，有

$$\sin\phi_k = \frac{l_k}{f}, \qquad (12-11)$$

式中，l_k 为衍射光谱零级至 k 级的距离；f 为透镜的焦距。

由式(12-10)和式(12-11)可知,

$$\Lambda = \frac{k\lambda}{\sin \phi_k} = \frac{k\lambda f}{l_k}, \quad k=0, 1, 2, \cdots \qquad (12-12)$$

超声波在液体中的传播速度为

$$V = \Lambda \cdot \nu = \frac{k\lambda f \nu}{l_k}, \qquad (12-13)$$

式中,ν 是振荡器和锆钛酸铅陶瓷片的共振频率.

【实验装置】

超声光栅实验仪由数字显示高频功率信号源和内装压电陶瓷片的液槽组成(见图12-2),包括光源(汞/钠灯)、带狭缝平行光管、分光计载物台(液体槽及压电陶瓷片放在载物台上)、分光计望远镜和测微目镜.超声发生系统由高频信号发生器、功率放大器、压电陶瓷片和液槽组成.分光计望远镜中透镜为成像透镜,高频信号发生器产生交变电压,经功率放大加至压电元件,利用晶体片的逆压电效应产生超声波,即压电陶瓷片在外电场的频率等于压电元件的固有频率时出现共振,这时压电元件的振幅最大.这种振动在液槽中定向传播为机械纵波,在液槽中波的传递方向上视液体为连续的弹性介质,超声波在液槽中传播的波阵面为平面,调节液槽中反射板使其与波阵面平行,这样前进波与反射波叠加就形成驻波.

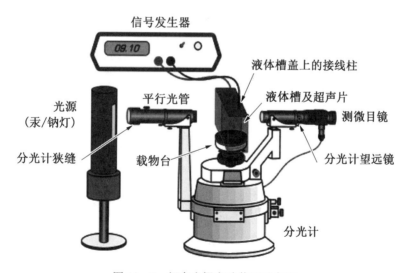

图 12-2 超声光栅实验装置示意图

【实验内容】

1. 水中超声声速

(1) 用钠灯作光源.

(2) 将待测液体(如蒸馏水、乙醇或其他液体)注入液体槽内,液面高度以液体槽侧面的液体高度刻线为准.

(3) 将此液体槽(可称其为超声池)放置于分光计的载物台上.放置时,使超声池两侧表面基本垂直于望远镜和平行光管的光轴.

(4) 两支高频连接线的一端各插入液体槽盖板上的接线柱,另一端接入超声光栅仪电源箱的高频输出端,然后将液体槽盖板盖在液体槽上.

(5) 开启超声信号源电源,从阿贝目镜观察衍射条纹.细微调节旋钮,使电振荡频率与锆钛酸铅陶瓷片固有频率共振.此时,衍射光谱的级次会显著增多且更为明亮.

(6) 如此前分光计已调整到位,左右转动超声池(可转动分光计载物台或游标盘,细微转动时,可通过调节分光计螺钉实现),使射于超声池的平行光束完全垂直于超声束,同时观察场内的衍射光谱左右级次亮度及对称性,直到从目镜中观察到稳定而清晰的左右各6级左右的衍射条纹为止.

(7) 按上述步骤仔细调节,可观察到左右各6级以上的衍射光谱.

(8) 取下阿贝目镜,换上测微目镜,调焦目镜,使清晰观察到衍射条纹.利用测微目镜逐级测量其位置读数(如从 $-6, -5, \cdots, 0, \cdots, +5, +6$),再用逐差法求出条纹间距的平均值 Δl_k.

(9) 声速计算公式为

$$V_c = \lambda \cdot \nu \cdot f / \Delta l_k, \tag{12-14}$$

式中,λ 为光波波长;ν 为共振时频率计的读数;f 为望远镜物镜焦距(仪器数据);Δl_k 为同一种颜色的衍射条纹间距.

2. 测量低压汞灯对应红光、绿光和紫光波长

(1) 采用低压汞灯作光源.

(2) 利用测微目镜逐级测量紫光、绿光、黄光位置读数(如从 $-6, -5, \cdots, 0, \cdots, +4, +5$).

(3) 计算红光、绿光和紫光波长.

思考题

1. 用逐差法处理数据的优点是什么?
2. 分析误差产生的主要原因.
3. 低压汞灯作为光源时,在较高衍射级中有粉红色衍射线,请解释.

实验十三　椭圆偏振仪测量薄膜厚度

【背景知识】

椭圆偏振测量是一种通过分析偏振光在待测薄膜样品表面反射前后偏振状态的改变,来获得薄膜材料的光学性质和厚度的一种光学方法.椭偏法测量的基本思路是,起偏器产生的线偏振光经取向一定的 $\frac{1}{4}\lambda$ 波片后成为特殊的椭圆偏振光,把它投射到待测样品表面时,只要起偏器取适当的透光方向,被待测样品表面反射出来的就是线偏振光.根据偏振光在反射前后的偏振状态变化(包括振幅和相位的变化),便可以确定样品表面的许多光学特性.

由于椭圆偏振测量术测量精度高,具有非破坏性和非扰动性,因而被广泛应用于物理学、化学、材料学、摄影学、生物学以及生物工程等领域.

本实验所用的反射式椭偏仪为通常的 PCSA 结构,即偏振光学系统的顺序为起偏器(polarizer)→补偿器(compensator)→样品(sample)→检偏器(analyzer),然后对其输出进行光电探测.

【实验原理】

1. 反射的偏振光学理论

假定 $n_1 < n_2$、$\varphi_1 < \varphi_B$(布儒斯特角),则 E_{rs} 有 π 的相位跃变,光在两种均匀、各向同性介质分界面上的反射如图 13-1 所示.单色平面波以入射角 φ_1,自折射率为 n_1 的介质 1 射到两种介质的分界面上.介质 2 的折射率为 n_2,折射角为 φ_2.用 (E_{ip}, E_{is})、(E_{rp}, E_{rs})、(E_{tp}, E_{ts}) 分别表示入射、反射、透射光电矢量的复振幅,p 表示平行入射面即纸面的偏振分量,s 表示垂直入射面即垂直纸面的偏振分量.每个分量均可表示为模和幅角的形式,即

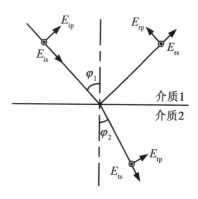

图 13-1　光在界面上的反射

$$E_{ip} = |E_{ip}| \exp(i\beta_{ip}), \ E_{is} = |E_{is}| \exp(i\beta_{is}); \tag{13-1}$$

$$E_{rp} = |E_{rp}| \exp(i\beta_{rp}), \ E_{rs} = |E_{rs}| \exp(i\beta_{rs}); \tag{13-2}$$

$$E_{tp} = |E_{tp}| \exp(i\beta_{tp}), \ E_{ts} = |E_{ts}| \exp(i\beta_{ts}). \tag{13-3}$$

定义下列各自 p、s 分量的反射和透射系数为

$$r_p = E_{rp}/E_{ip}, \ r_s = E_{rs}/E_{is}; \tag{13-4}$$

$$t_p = E_{tp}/E_{ip}, \ t_s = E_{ts}/E_{is}. \tag{13-5}$$

根据光波在界面上反射和折射的菲涅耳公式,即

$$r_p = \frac{n_2 \cos\varphi_1 - n_1 \cos\varphi_2}{n_2 \cos\varphi_1 + n_1 \cos\varphi_2}; \tag{13-6}$$

$$r_s = \frac{n_1 \cos\varphi_1 - n_2 \cos\varphi_2}{n_1 \cos\varphi_1 + n_2 \cos\varphi_2}; \tag{13-7}$$

$$t_p = \frac{2n_1 \cos\varphi_1}{n_2 \cos\varphi_1 + n_1 \cos\varphi_2}; \tag{13-8}$$

$$t_s = \frac{2n_1 \cos\varphi_1}{n_1 \cos\varphi_1 + n_2 \cos\varphi_2}, \tag{13-9}$$

以及利用折射定律,即

$$n_1 \sin\varphi_1 = n_2 \sin\varphi_2, \tag{13-10}$$

可以把式(13-6)~式(13-9)分别写成另一种形式.

$$r_p = \frac{\text{tg}(\varphi_1 - \varphi_2)}{\text{tg}(\varphi_1 + \varphi_2)}; \tag{13-11}$$

$$r_s = -\frac{\sin(\varphi_1 - \varphi_2)}{\sin(\varphi_1 + \varphi_2)}; \tag{13-12}$$

$$t_p = \frac{2\cos\varphi_1 \sin\varphi_2}{\sin(\varphi_1 + \varphi_2)\cos(\varphi_1 - \varphi_2)}; \tag{13-13}$$

$$t_s = \frac{2\cos\varphi_1 \sin\varphi_2}{\sin(\varphi_1 + \varphi_2)}. \tag{13-14}$$

由于折射率可能为复数,为了分别考察反射对于光波的振幅和位相的影响,我们把 r_p、r_s 写成复数形式,即

$$r_p = |r_p| \exp(i\delta_p), \tag{13-15}$$

$$r_s = |r_s| \exp(i\delta_s), \tag{13-16}$$

式中,$|r_p|$ 表示反射光 p 分量和入射光 p 分量的振幅比;δ_p 表示反射前后 p 分量的相位变化;s 分量也有类似的含义,有

$$E_{rp} = r_p E_{ip}, \tag{13-17}$$

$$E_{rs} = r_s E_{is}. \tag{13-18}$$

定义反射系数比 G 为

$$G = \frac{r_p}{r_s} \tag{13-19}$$

则有

$$\frac{E_{rp}}{E_{rs}} = G \frac{E_{ip}}{E_{is}} \qquad (13-20)$$

或者由式(13-1)~式(13-3),得

$$\frac{|E_{rp}|}{|E_{rs}|} \exp[i(\beta_{rp}-\beta_{rs})] = G \frac{|E_{ip}|}{|E_{is}|} \exp[i(\beta_{ip}-\beta_{is})]. \qquad (13-21)$$

因为入射光的偏振状态取决于 E_{ip} 和 E_{is} 的振幅比 $|E_{ip}|/|E_{is}|$ 和相位差 $(\beta_{ip}-\beta_{is})$,同样反射光的偏振状态也取决于 $|E_{rp}|/|E_{rs}|$ 和相位差 $(\beta_{rp}-\beta_{rs})$,由式(13-21)可知,入射光和反射光的偏振状态通过反射系数比 G 彼此关联.通常我们把 G 写成

$$G = \text{tg}\,\psi \cdot e^{i\Delta}. \qquad (13-22)$$

由式(13-15)、式(13-16)和式(13-19)可知

$$\text{tg}\,\psi = \frac{|r_p|}{|r_s|}, \qquad (13-23)$$

$$\Delta = \delta_p - \delta_s, \qquad (13-24)$$

式中,ψ、Δ 称为椭偏参数,因为它们具有角度的量纲,所以也称为椭偏角.用 ψ、Δ 来表示 G,一方面因为 ψ、Δ 具有明确的物理意义,即 ψ 的正切给出了反射前后 p、s 两分量的振幅衰减比,Δ 给出了两分量的相移之差,故 ψ、Δ 反映了反射前后光的偏振状态的变化;另一方面 ψ、Δ 又可以从实验上测量得到.

结合式(13-6)、式(13-7)、式(13-10)和式(13-19),得到

$$n_2 = n_1 \sin\varphi_1 \sqrt{1 + \left(\frac{1-G}{1+G}\right)^2 \text{tg}^2\varphi_1}. \qquad (13-25)$$

由式(13-25)可以看出,如果 n_1 已知,那么在一个固定的入射角 φ_1 下测定反射系数比 G,则可以确定介质2的复折射率 n_2.作为一个例子,考察光在金属表面反射的情形.由于金属对于光具有吸收性,因此金属的折射率是复数,可以写成

$$n_2 = N - iNK. \qquad (13-26)$$

为了求 N 和 K,引入参量 a 和 b,使

$$\sqrt{n_2^2 - n_1^2 \sin^2\varphi_1} = a - ib \qquad (13-27)$$

由式(13-22)和式(13-25)有

$$\begin{cases} N = \sqrt{\dfrac{\sqrt{A^2+B^2}+A}{2}}, \\ K = \dfrac{\sqrt{A^2+B^2}-A}{B}, \end{cases} \qquad (13-28)$$

式中,
$$A = a^2 - b^2 + n_1^2 \sin^2 \varphi_1; \tag{13-29}$$

$$B = 2ab. \tag{13-30}$$

由式(13-25)和式(13-22)还有

$$\sqrt{n_2^2 - n_1^2 \sin^2 \varphi_1} = n_1 \sin \varphi_1 \operatorname{tg} \varphi_1 \left(\frac{1-G}{1+G} \right)$$
$$= \frac{n_1 \sin \varphi_1 \operatorname{tg} \varphi_1 \cos(2\psi)}{1 + \sin(2\psi) \cos \Delta} - i \frac{n_1 \sin \varphi_1 \operatorname{tg} \varphi_1 \sin(2\psi) \sin \Delta}{1 + \sin(2\psi) \cos \Delta}. \tag{13-31}$$

比较式(13-26)和式(13-31),则有

$$a = \frac{n_1 \sin \varphi_1 \operatorname{tg} \varphi_1 \cos(2\psi)}{1 + \sin(2\psi) \cos \Delta}, \tag{13-32}$$

$$b = \frac{n_1 \sin \varphi_1 \operatorname{tg} \varphi_1 \sin(2\psi) \sin \Delta}{1 + \sin(2\psi) \cos \Delta}. \tag{13-33}$$

这样,式(13-28)~式(13-30)和式(13-32)、式(13-33)给出了(N, K)、(ψ, Δ)的完整关系式.可见若n_1的数值已知,那么只要在一个确定的入射角φ_1下测量椭偏参数ψ和Δ,即可利用式(13-26)、式(13-28)~式(13-30)和式(13-32)、式(13-33)求出金属的复折射率n_2.当n_2^2的实部$N^2(1-K^2)$比$n_1^2 \sin^2 \varphi_1$大得多时,可以取如下近似关系:

$$\sqrt{n_2^2 - n_1^2 \sin^2 \varphi_1} \approx n_2. \tag{13-34}$$

于是有$N \approx a$,$NK \approx b$.利用式(13-32)和式(13-33)可以得到求金属复折射率的近似公式,即

$$N = \frac{n_1 \sin \varphi_1 \operatorname{tg} \varphi_1 \cos(2\psi)}{1 + \sin(2\psi) \cos \Delta}, \tag{13-35}$$

$$K = \operatorname{tg}(2\psi) \sin \Delta. \tag{13-36}$$

2. 椭圆偏振光测量单层薄膜光学系统(n_1、n_2、n_3 系统)

当光线以入射角φ_1从介质1射到薄膜上时(见图13-2),薄膜上、下表面(即界面1、2)对光进行多次反射和折射,在介质1得到的总反射波振幅是多次反射波相干叠加的结果.反射系数比G依然是一个把反射前后光的偏振状态联系起来的物理量,仍用$\operatorname{tg}\psi$和Δ分别表示G的模和幅角,则有

$$G = \operatorname{tg} \psi \, e^{i\Delta} = \frac{R_p}{R_s} = \frac{r_{1p} + r_{2p} e^{-i2\delta}}{1 + r_{1p} r_{2p} e^{-i2\delta}} \cdot \frac{1 + r_{1s} r_{2s} e^{-i2\delta}}{r_{1s} + r_{2s} e^{-i2\delta}}, \tag{13-37}$$

式中,r_{1p}、r_{1s}和r_{2p}、r_{2s}分别为p或s分量在界面1和界面2上的一次反射的反射系数;2δ为任意相邻两束反射光之间的相位差,即

$$2\delta = \frac{4\pi d n_2 \cos \varphi_2}{\lambda}, \tag{13-38}$$

$$n_1 \sin \varphi_1 = n_2 \sin \varphi_2 = n_3 \sin \varphi_3. \tag{13-39}$$

反射系数比 G 最终是 n_1、n_2、n_3、d、λ 和 φ_1 的函数,即

$$G = f(n_1, n_2, n_3, d, \lambda, \varphi_1). \tag{13-40}$$

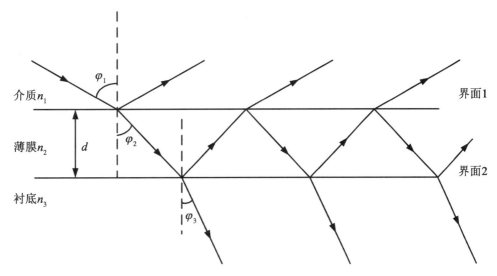

图 13-2 光在单层膜上的反射与折射

对于某一给定的薄膜-衬底光学体系,如果波长和入射角 φ_1 确定,G 便为定值,或者说 ψ 和 Δ 有确定的值.若能从实验上测出 ψ 和 Δ,就有可能求出 n_1、n_2、n_3 和 d 中的两个未知量.例如,已知介质 1 和衬底 3 对所使用的波长 λ 的折射率为 n_1 和 n_3,可以由 ψ、Δ 的测量值确定一个透明薄膜的实折射率 n_2 及其厚度 d 的值;如当 n_1,n_3 以及薄膜厚度已知时,可以求出薄膜复折射率的实部和虚部.对于未知量的数目大于 2 的情况,例如,欲求对光有吸收的薄膜厚度及其折射率,或者更一般的情况,即 n_2、n_3 的实部、虚部以及薄膜厚度均为未知时,可以选取适当数目的不同入射角来测量 ψ 和 Δ.

当 n_1 和 n_2 均为实数时,两相邻反射波之间的位相差为

$$2\delta = \frac{4\pi d n_2 \cos \varphi_2}{\lambda} = \frac{2\pi d}{d_0}, \tag{13-41}$$

式中,d_0 称为厚度周期,

$$d_0 = \frac{\lambda}{2\sqrt{(n_2^2 - n_1^2 \sin^2 \varphi_1)}}. \tag{13-42}$$

由式(13-42)可以看出,薄膜厚度 d 每增加一个 d_0,所对应的位相差 2δ 改变 2π,这样就使厚度相差 d_0 整数倍的薄膜具有相同的 (ψ, Δ) 值,即厚度为 $d^{(1)}$ 的薄膜与厚度为 $d^{(m)} = d^{(1)} + (m-1)d_0$ 的薄膜具有相同的 (ψ, Δ) 值,其中 $m = 1, 2, 3, \cdots$ 表示薄膜所在的周期

数.待测薄膜的厚度究竟在第几个周期内,需要参照其他测量方法来判断,不过鉴于椭偏法的优点正是在于能够测量极小的厚度,所以一般要做椭偏测量的样品,其厚度大体均在 $0 \sim d_0$ 之间取值,即相当于 $m=1$ 的情况.

3. 椭偏参数 ψ 和 Δ 的确定

如前所述,用椭偏法测量反射系数比归结为两个椭偏角 ψ 和 Δ 的测量,它们满足下面的关系式:

$$\mathrm{tg}\,\psi \mathrm{e}^{\mathrm{i}\Delta} = \frac{\dfrac{|E_{\mathrm{rp}}|}{|E_{\mathrm{rs}}|}\exp[\mathrm{i}(\beta_{\mathrm{rp}}-\beta_{\mathrm{rs}})]}{\dfrac{|E_{\mathrm{ip}}|}{|E_{\mathrm{is}}|}\exp[\mathrm{i}(\beta_{\mathrm{ip}}-\beta_{\mathrm{is}})]}. \tag{13-43}$$

为了测量 ψ 和 Δ,需要测量 4 个量,即入射光中两分量的振幅比和相位差以及反射光中两分量的振幅比和相位差.如果设法使入射光成为等幅椭偏光$\left(\text{即} \dfrac{|E_{\mathrm{ip}}|}{|E_{\mathrm{is}}|}=1\right)$,问题可以大大简化,式(13-43)可写成

$$\begin{cases} \mathrm{tg}\,\psi = \dfrac{|E_{\mathrm{rp}}|}{|E_{\mathrm{rs}}|}, \\ \Delta + \beta_{\mathrm{ip}} - \beta_{\mathrm{is}} = \beta_{\mathrm{rp}} - \beta_{\mathrm{rs}}. \end{cases} \tag{13-44}$$

由此,对于确定的 ψ 和 Δ(膜系一定),如果入射光电矢量两分量之间的位相差 $(\beta_{\mathrm{ip}}-\beta_{\mathrm{is}})$ 可以连续调节的话,那么就有可能使反射光成为线偏振光,即 $\beta_{\mathrm{rp}}-\beta_{\mathrm{rs}}=0$ 或 π. 这样只需要测定 $\dfrac{|E_{\mathrm{rp}}|}{|E_{\mathrm{rs}}|}$ 以及 $(\beta_{\mathrm{ip}}-\beta_{\mathrm{is}})$ 就可以得到 (ψ,Δ) 的数值了.

(1) 等幅椭偏光的获得.

对于入射光和反射光分别设立两个直角坐标系 xoy 和 $x'oy'$,其中 x 轴和 x' 轴均在入射面内并且分别垂直于入射光和反射光的传播方向,y 和 y' 轴均垂直于入射面(见图13-3).入射到待测样品上的椭圆偏振光由单色光束经起偏器和 1/4 波片得到.反射的线偏振光由检偏器和光电探测器来检测.在入射光路中有两个可以调节的角度:一个是 1/4 波片的快轴 f 与 x 轴的夹角 α,当 α 取值为 $\pm\pi/4$ 时,入射到样品上的椭圆偏振光成为等幅椭圆偏振光;另一个是起偏器的透光方向 t 与 x 轴的夹角 P. 如图 13-4 所示,改变 P 的数值便可使入射等幅椭偏光两分量的相位差 $(\beta_{\mathrm{ip}}-\beta_{\mathrm{is}})$ 成为连续可调.

在图 13-4 中,E_0 表示单色光经起偏器后形成的线偏振光的电矢量,它与 x 轴的夹角为 P. 当 E_0 入射到快轴与入射面的夹角 $\alpha=\pi/4$ 的 1/4 波片上时,将在快轴(f)和慢轴(s)上分解为 E_f 和 E_s. 通过 1/4 波片以后 E_f 的位相比 E_s 超前 $\pi/2$,即

$$\begin{cases} E_f = E_0 \mathrm{e}^{\mathrm{i}\frac{\pi}{2}}\cos\left(P-\dfrac{\pi}{4}\right), \\ E_s = E_0 \sin\left(P-\dfrac{\pi}{4}\right). \end{cases} \tag{13-45}$$

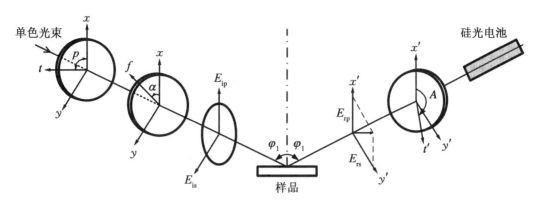

图 13-3 反射式 PCSA 椭偏仪光路

将 E_f 和 E_s 在 x、y 方向上的分量合成,可得

$$E_x = E_f\cos\frac{\pi}{4} - E_s\sin\frac{\pi}{4} = \frac{\sqrt{2}}{2}E_0 e^{i\frac{\pi}{2}} e^{i(P-\frac{\pi}{4})},$$
(13-46)

$$E_y = E_f\sin\frac{\pi}{4} + E_s\cos\frac{\pi}{4} = \frac{\sqrt{2}}{2}E_0 e^{i\frac{\pi}{2}} e^{-i(P-\frac{\pi}{4})}.$$
(13-47)

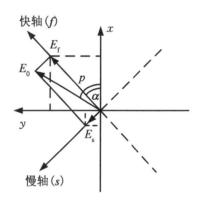

图 13-4 等幅椭偏光的获得

由于 x 轴在入射面内,而 y 轴与入射面垂直,将 x、y 与偏振光的两个本征方向重合,则 E_x 就是 E_{ip},E_y 就是 E_{is}. 因此,有

$$\begin{cases} E_{ip} = \dfrac{\sqrt{2}}{2}E_0 e^{i(\frac{\pi}{4}+P)}, \\ E_{is} = \dfrac{\sqrt{2}}{2}E_0 e^{i(\frac{3\pi}{4}-P)}. \end{cases}$$
(13-48)

可见,当 $\alpha = \pi/4$ 时,入射光的两个分量(E_{ip},E_{is})的振幅 $|E_{ip}|$、$|E_{is}|$ 均为 $\sqrt{2}E_0/2$,它们之间的位相差为 $2P-\pi/2$. 这样,改变 P 的数值便得到入射相位差连续可调的等幅椭圆偏振光. 这一结果可写成

$$\begin{cases} \dfrac{|E_{ip}|}{|E_{is}|} = 1, \\ \beta_{ip} - \beta_{is} = 2P - \dfrac{\pi}{2}. \end{cases}$$
(13-49)

同样可以证明,当 $\alpha = -\pi/4$ 时,也可以获得等幅椭圆偏振光,振幅仍为 $\sqrt{2}E_0/2$,相位差变为 $\pi/2 - 2P$.

(2) 反射光的检测.

对于相位差连续可调的等幅入射光,由式(13-44)可得

$$\begin{cases} \text{tg}\,\psi = \dfrac{|E_{rp}|}{|E_{rs}|}, \\ \Delta + 2P - \dfrac{\pi}{2} = \beta_{rp} - \beta_{rs}. \end{cases} \quad (13-50)$$

已知改变起偏角 P 的数值,式(13-50)可以使 $\beta_{rp} - \beta_{rs}$ 等于 π 或等于 0.即使反射光成为线偏振光,当检偏器的透光方向 t' 与出射线偏振光垂直时,便构成消光状态.把 t' 与零位(x 方向)的夹角记为 A,称为检偏角.下面就反射线偏振光的两种不同的情况展开讨论.

第一种情况:$\beta_{rp} - \beta_{rs} = \pi$.

此时,反射光的偏振方向在第 Ⅱ、Ⅳ 象限,因此 A 的数值在第 Ⅰ、Ⅲ 象限.通常仪器中 A 取第 Ⅰ、Ⅱ 象限的数值(即 $0 \sim \pi$).我们把取值在第 Ⅰ 象限的 A 记作 A_1,并把与它相应的起偏角记为 P_1;把取值在第 Ⅱ 象限的 A 记作 A_2,与它相应的 P 记作 P_2.

由图 13-5(a)不难看出,

$$\text{tg}\,\psi = \dfrac{|E_{rp}|}{|E_{rs}|} = \text{tg}\,A_1, \quad (13-51)$$

从而有 $\psi = A_1$.由于这时 $\beta_{rp} - \beta_{rs} = \pi$,根据式(13-50)可得

$$\Delta = \dfrac{3\pi}{2} - 2P_1. \quad (13-52)$$

第二种情况:$\beta_{rp} - \beta_{rs} = 0$.

此时,反射光的偏振方向在第 Ⅰ、Ⅲ 象限,因此 A 的数值在第 Ⅱ、Ⅳ 象限.按照上面的约定,把取值在第 Ⅱ 象限的 A 记作 A_2,则由图 13-5(b)和式(13-50)有

$$\psi = \pi - A_2, \quad (13-53)$$

$$\Delta = \dfrac{\pi}{2} - 2P_2. \quad (13-54)$$

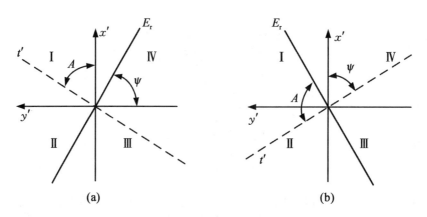

图 13-5 反射线偏振光的检测

我们把上面两种情况所得结果归结如下:

$$0 < A_1 < \frac{\pi}{2}, \quad \psi = A_1, \quad \Delta = \frac{3\pi}{2} - 2P_1, \tag{13-55}$$

$$\frac{\pi}{2} < A_2 < \pi, \quad \psi = \pi - A_2, \quad \Delta = \frac{\pi}{2} - 2P_2. \tag{13-56}$$

这两个关系式正是我们所要导出的 ψ、Δ 测量公式.

显然,对于确定的体系和确定的测量条件(入射角 φ_1 和入射光的波长 λ),ψ、Δ 的值应该是确定的. 当 A 和 P 的取值范围限制在 $0 \sim \pi$ 之间时,式(13-55)中的 (A_1, P_1) 与式(13-56)中的 (A_2, P_2) 有如下的转换关系:

$$\begin{cases} A_1 = \pi - A_2, \\ P_1 = \begin{cases} P_2 + \dfrac{\pi}{2}, & P_1 > P_2, \\ P_2 - \dfrac{\pi}{2}, & P_1 < P_2. \end{cases} \end{cases} \tag{13-57}$$

【实验仪器和实验操作】

1. SGC-1A 型椭圆偏振测量仪

一束自然光经起偏器变成线偏振光,再经 1/4 波片,使它变成椭圆偏振光入射在待测的膜面上. 反射时,光的偏振状态将发生变化,通过检测这种变化,便可以推算出待测膜面的某些光学参数. 本仪器分为光源、接收器、主机三大部分.

(1) 光源采用波长为 632.8 nm 氦氖激光光源,其特点是光强较大、光谱较纯、相干性好.

(2) 接收器采用硅光电池,把光讯号变为电讯号,经直流放大器输出至指示表表示.

(3) 主机部分除以上两项外,还有起偏器、1/4 波片、入射管、样品台、反射管、检偏器.

在测量之前应先检查各种电源(激光器、角度显示、接收系统)的工作状态,固定某一入射角(一般为大角度掠射,比如 70°). 样品应保持洁净,单纯测量介质折射率时应使用适当的方法清洁其表面后(去除氧化及附着的杂质)再行测量.

2. 实验操作和测量方法

接通激光电源和硅光电池电源,在样品台上放好被测样品;将手轮转至"目视"位置,从观测窗观看光束;调节平台高度调节钮,使观测窗中的光点最亮最圆. 调节好样品台后,转动起偏器、检偏器刻度盘手轮,目测光强变化. 当光强最小时,将观测窗盖严,然后将转镜手轮转到光电接收位置,观察放大器指示表. 反复交叠转动起偏器、检偏器手轮,使表的示值最小(对应消光),从起偏刻度盘及游标盘上读出起偏器方位角 P,从检偏刻度盘及游标盘上读出检偏方位角 A. 同上再测出另一组消光位置的方位角度读数.

将两组 (P, A) 换算,求平均值,方法如下.

(1) 区分 (P_1, A_1) 和 (P_2, A_2):当 $0 \leqslant A \leqslant \dfrac{\pi}{2}$,$A$ 定义为 A_1,对应消光 A_1 的起偏器角度为 P_1,另一组为 A_2、P_2.

(2) 把 (P_2, A_2) 换算成 (P_2', A_2'),具体公式为

$$\begin{cases} A'_2 = \pi - A_2, \\ P'_2 = \begin{cases} P_2 + \dfrac{\pi}{2}, & 0 < P_2 < \dfrac{\pi}{2}, \\ P_2 - \dfrac{\pi}{2}, & \dfrac{\pi}{2} < P_2 < \pi. \end{cases} \end{cases} \qquad (13-58)$$

(3) 求 (P_1, A_1) 与 (P'_2, A'_2) 的平均值,即

$$\overline{P} = (P_1 + P'_2)/2, \quad \overline{A} = (A_1 + A'_2)/2. \qquad (13-59)$$

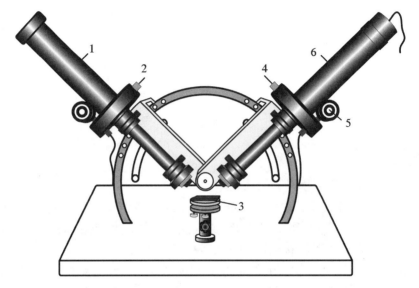

图 13-6 SGC-1A 型椭圆偏振测量仪

1—氦氖激光器;2—起偏器;3—样品台;4—检偏器;5—观察窗;6—硅光电池

判断周期.当光源波长为 632.8 nm 时,SiO_2 膜的一个周期约为多少? 在膜厚大于一个周期时,本仪器无法判断周期.建议选用下述一些方法:① 与色板比较;② 用干涉显微镜看膜层台阶处干涉条纹的移动;③ 根据形成膜层的条件(生长时间、溅射时间、蒸发时间等)判定.

使用 (P, A)-(d, n) 关系表或图,由 P 和 A 求出 d 和 n.求折射率问题,本方法原则上可以定出 n.但在某些膜厚范围内,(P, A) 位置随 n 值的变化比较迟钝,因此从个别样品定出的 n 值随具体生长条件的变化较小,建议可采用 $n = 1.46$.

3. 注意事项

(1) 不允许用强激光或其他光照射硅光电池,必须先用目视法充分消光后,才能进行测量.

(2) 1/4 波片一般情况下不允许转动,以免造成测量误差.

(3) 仪器应放在光线较暗、湿度低的室内使用.

(4) 目前用 (Δ, φ)-(n, d) 列线图的方法也比较多.该图与 (P, A)-(d, n) 曲线图的关系为

$$\varphi = A, \qquad (13-60)$$

$$\Delta = \begin{cases} \dfrac{3}{2}\pi - 2P, & 0 \leqslant P \leqslant \dfrac{3}{4}\pi, \\ \dfrac{7}{2}\pi - 2P, & P > \dfrac{3}{4}\pi. \end{cases} \qquad (13-61)$$

4. 软件的使用方法

(1) 在参数设置栏中将已存在的各项默认值调整为当前测试样品所用参数的正确值.

(2) 根据两次测得的结果,用上述方法算出 P(Δ 会自动算出)、φ,填入表中右侧相应位置,并设置(起偏角与检偏角的偏差值范围在 1.0～10 之间).单击查表按键,即可在其上方的表格中显示出与真值偏差在 ε(此处的 ε 为厚度的均方差)范围内的厚度值表.选取表内 ε 最小值对应的厚度值 d 作为测得的厚度.

(3) 也可以在第 1 步的值填写完成后直接单击建表按键,在右侧的表格中即会显示此条件下所有厚度对应的起偏角、检偏角的计算值.

【实验内容】

1. 椭圆偏振测量仪光路调整及消光步骤

对于 n_1、n_2、n_3 的简单模型,比如 n_1、n_2 是实的(透明),只测 n_2 或 $\text{Re}[n_2]$ 及其厚度 d,一般由一组 (P, A) 值即能用于查表或计算.此时入射角固定,可以采取如下步骤进行.

(1) 放上样品后调整载物台的高低及底平面倾角,使第一反射光点进入接收臂,并使之接收光强最大.

(2) 旋转起偏器 P(调角旋钮)使输出光强为极小,然后旋转检偏器 A(调角旋钮)进一步减小输出光强.

(3) 重复(2),直到光强不再减小为止,记录 P 和 A.

2. 测二氧化硅氧化锆薄膜的厚度

步骤同"椭圆偏振测量仪光路调整及消光步骤".

思考题

1. 椭圆偏振测厚仪设计的基本思想是什么？各主要光学部件的作用是什么？
2. 用椭圆偏振仪测薄膜厚度及其折射率时,对薄膜样品有何要求？
3. 1/4 波片的作用是什么？
4. 试分析椭圆偏振测量中可能的误差来源和它们对测量结果的影响.

参考文献

[1] 阿查姆 R M A,巴夏拉 N M.椭圆偏振测量术和偏振光[M].北京:科学出版社,1986.
[2] 廖延彪.偏振光学[M].北京:科学出版社,2003.
[3] 吴思诚,王祖铨.近代物理实验[M].北京:高等教育出版社,2005.

实验十四　法拉第效应

1845 年 8 月,英国科学家法拉第(M. Faraday)发现原来没有旋光性的重玻璃在强磁场作用下会产生旋光性,使偏振光的偏振面发生偏转.磁致旋光效应后来称为法拉第效应(faraday effect).法拉第效应有许多应用,特别是在激光技术中制造光调制器、光隔离器和光频环行器,在半导体物理中测量有效质量、迁移率等方面.

【实验目的】

(1) 了解法拉第效应的原理.
(2) 观察线偏振光在磁场中偏振面旋转的现象,确定维尔德(Verdet)常数.
(3) 测量偏振面旋转角度、光波波长和磁场强度间的关系.

【实验仪器】

12 V/100 W 卤素灯、法拉第效应实验仪、光电器件及平衡指示仪.

【实验原理】

介质因外加磁场而改变其光学性质的现象称之为磁光效应,其中光通过处于磁场中的物质时偏振面发生旋转的效应较为重要.我们称这种偏振面的磁致旋光效应为法拉第效应.它与克尔效应一起揭示了光的电磁本质,是光的电磁理论的实验基础.法拉第在寻找磁与光现象的联系时,首先发现了线偏振光在通过处于磁场当中的各向同性介质时,其偏振面发生旋转的现象.当磁场不是非常强时,偏振面的旋转角度 $\Delta\varphi$ 与介质的厚度 h 及磁感应强度在光的传播方向上的分量 B 成正比,即

$$\Delta\varphi = V \cdot B \cdot h, \tag{14-1}$$

式中,比例系数 V 为维尔德(Verdet)常数,它取决于光的波长和色散关系.一般物质的维尔德常数比较小,表 14-1 给出了几种材料的维尔德常数 V.

表 14-1　几种材料的维尔德常数

物　质	波长 λ/nm	维尔德常数 $V/[(')\cdot T^{-1}\cdot cm^{-1}]$
水	589.3	1.31×10^2
CS_2	589.3	4.17×10^2
轻火石玻璃	589.3	3.17×10^2

续 表

物　　质	波长 λ /nm	维尔德常数 V/[(')·T^{-1}·cm^{-1}]
重火石玻璃	589.3	$8\sim10\times10^2$
铈磷酸玻璃	500.0	3.26×10^3
YIG	830.0	2.04×10^6
(YTb)IG	1 270	3.78×10^3

法拉第效应与自然旋光不同.在法拉第效应中对于给定的物质,光矢量的旋转方向只由磁场的方向决定,而与光的传播方向无关,即当光线经样品物质往返一周时,旋光角将倍增.

线偏振光可看作两个相反偏振量 σ^+ 和 σ^- 的圆偏振光的相干叠加.从原子物理知识可知,磁场将使原子中的振荡电荷产生旋进运动,旋进的频率等于拉莫尔频率,即 $\omega_L=\dfrac{e}{m}\cdot B$,其中 e 和 m 分别为振荡粒子的电荷和质量,B 为磁场强度.线偏振光的 σ^+ 和 σ^- 分量有不同的旋进频率,分别为 $\omega-\omega_L$ 和 $\omega+\omega_L$,相应的折射率 n_+ 和 n_-、相速度 v_+ 和 v_- 都不同,而在光学行为中是等效的.偏振面旋转角由光通过的材料长度 h 决定,即

$$\Delta\varphi=\frac{\omega(n_+-n_-)}{2c}\cdot h, \tag{14-2}$$

式中,c 为光速;ω 为入射光的频率.

由量子理论知道,介质中原子的轨道电子磁矩为

$$\boldsymbol{\mu}=-\frac{e}{2m}\boldsymbol{L}, \tag{14-3}$$

式中,e 为电子电荷;m 为电子质量;$\boldsymbol{L}$ 为轨道角动量.在磁场 $\boldsymbol{B}$ 中,一个电子磁矩具有势能 E_P,

$$E_P=-\boldsymbol{\mu}\cdot\boldsymbol{B}=\frac{eB}{2m}\cdot L_z, \tag{14-4}$$

式中,L_z 为电子的轨道角动量沿磁场方向的分量.

当平面偏振光在磁场 B 作用下通过样品介质时,光子与束缚电子发生相互作用.光子使束缚电子由基态激发到高能态,处于激发态的电子吸收了光量子的角动量 $\Delta L_z=\pm\hbar(\hbar=h/2\pi)$.因此,电子的势能增加了 ΔE_P,

$$\Delta E_P=\frac{eB}{2m}\Delta L_z=\frac{eB}{2m}(\hbar)=\pm\frac{eB}{2m}\hbar, \tag{14-5}$$

式中,正号对应于左旋圆偏振光量子;负号对应于右旋圆偏振光量子.在电子的势能增加 ΔE_P 的同时,光子的能量减少了 $\Delta E=\Delta E_P$.

由量子理论知道,光子具有的能量为 $\hbar\omega$,样品介质对光子的折射率 $n=n(\omega)$.当光子的

能量减少了 $\Delta E = \Delta E_P$ 时,$n = n\left(\omega - \dfrac{\Delta E_P}{\hbar}\right)$,函数形式未发生改变. 将 n 在 $n(\omega)$ 附近展开,有

$$n = n\left(\omega - \frac{\Delta E_P}{\hbar}\right) \approx n(\omega) \pm \frac{\Delta E_P}{\hbar} \frac{\mathrm{d}n}{\mathrm{d}\omega}. \tag{14-6}$$

将式(14-5)代入式(14-6),有

$$n \approx n(\omega) \pm \frac{eB}{2m} \frac{\mathrm{d}n}{\mathrm{d}\omega}, \tag{14-7}$$

式中,正号为介质对左旋光的折射率;负号为介质对右旋光的折射率. 将式(14-7)代入式(14-2),并用波长表示($\omega = 2\pi c/\lambda$),则有

$$\Delta\varphi = -\frac{eBh}{2mc} \cdot \lambda \frac{\mathrm{d}n}{\mathrm{d}\lambda}. \tag{14-8}$$

式(14-8)表明,法拉第旋光角的大小 $\Delta\varphi$ 与样品介质厚度 h、磁场强度 B 成正比,并且和入射光的波长 λ 及介质的色散 $\dfrac{\mathrm{d}n}{\mathrm{d}\lambda}$ 有关.

若用高斯单位制,则有

$$\Delta\varphi = -\frac{eBh}{2mc^2} \cdot \lambda \frac{\mathrm{d}n}{\mathrm{d}\lambda}. \tag{14-9}$$

将式(14-9)代入式(14-1),有

$$V = \frac{e}{2mc^2} \cdot \lambda \cdot \frac{\mathrm{d}n}{\mathrm{d}\lambda}. \tag{14-10}$$

【实验内容】

1. 测量磁场 B 与线圈电流 I 的关系 $B = f(I)$

移去火石玻璃(柱),按操作说明书,用 O-1 000 MT/3 000 MT 有源组件将切向场探测器(霍尔元件)连接到可交换标度计量仪. 用定标磁场校准切向场探测器,再将切向场探测器放在极片之间,记录磁场强度 B(B 是励磁电流 I 的函数).

2. 测量磁场强度 B 与偏振面旋转角度 $\Delta\varphi$ 之间的正比关系

在遮光板架上插入波长为 450 nm 的滤波片,再将火石玻璃放在极片之间,通过控制励磁电流 I,得到需要的磁场强度 B. 将检偏器调到 0°,旋转起偏器找到光强极小值. 不改变励磁电流 I 大小,使磁场反向,旋转起偏器找到光强极小值. 而后撤去磁场,从光路中移去滤波片,转动起偏器至光强极大处,读出十字叉丝线的位置.

改变励磁电流 I 的值,重复测量.

3. 随光波波长 λ 的变化

改变波长,测量偏振面旋转角度 $\Delta\varphi$ 与波长的关系.

思考题

1. 法拉第旋光效应与蔗糖溶液的自然旋光性有何不同?
2. 维尔德(Verdet)常数与哪些物理量有关?
3. 如果有些样品同时具有自然旋光性或双折射性等,怎样消除它们对实验结果的影响?

参考文献

[1] 明海,张国平,谢建平.光电子技术[M].合肥:中国科学技术大学出版社,1998.
[2] 杨福家.原子物理学[M].3版.北京:高等教育出版社,2000.

单元五 磁共振技术

磁共振指的是自旋磁共振(spin magnetic resonance)现象.它是指磁矩不为 0 的原子或原子核在稳恒磁场作用下对电磁辐射能共振吸收现象,其意义较广,包含有核磁共振(nuclear magnetic resonance,NMR)、电子顺磁共振(electron paramagnetic resonance,EPR),后者又称电子自旋共振(electron spin resonance,ESR).用于医学检查的主要是磁共振成像(magnetic resonance imaging,MRI).磁共振是在固体微观量子理论和无线电微波电子学技术发展的基础上被发现的.1945 年,首先在顺磁性 Mn 盐的水溶液中观测到顺磁共振.1946 年,又分别用吸收和感应的方法发现了石蜡和水中质子的核磁共振;用波导谐振腔方法发现了 Fe、Co 和 Ni 薄片的铁磁共振.1950 年,在室温附近观测到固体 Cr_2O_3 的反铁磁共振.1953 年,在半导硅和锗中观测到电子和空穴的回旋共振.1953 年和 1955 年,先后从理论上预言和实验上观测到亚铁磁共振.1957 年,发现了磁有序系统中高次模式的静磁型共振.1958 年,发现了自旋波共振.1956 年,开始研究两种磁共振耦合的磁双共振现象.这些磁共振被发现后,便在物理、化学、生物等基础学科和微波技术、量子电子学等新技术中得到广泛的应用.

本单元主要包括核磁共振、光磁共振和微波铁磁共振 3 个典型的磁共振实验.

实验十五 核 磁 共 振

【背景知识】

20世纪30年代,物理学家伊西多·拉比发现在磁场中的原子核会沿磁场方向呈正向或反向有序平行排列,而施加无线电波之后,原子核的自旋方向发生翻转.这是人类关于原子核与磁场以及外加射频场相互作用的最早认识.由于这项研究,拉比于1944年获得了诺贝尔物理学奖.

1946年,美国哈佛大学的珀塞尔和斯坦福大学的布洛赫发现,将具有奇数个核子(包括质子和中子)的原子核置于磁场中,再施加以特定频率的射频场,就会发生原子核吸收射频场能量的现象,这就是人们最初对核磁共振现象的认识.为此,他们两人获得了1952年度诺贝尔物理学奖.

人们在发现核磁共振现象之后很快就开发了其实际应用.早期核磁共振主要用于对核结构和性质的研究,如测量核磁矩、电四极距及核自旋等.化学家利用分子结构对氢原子周围磁场产生的影响,发展出了核磁共振谱,用于解析分子结构.随着时间的推移,核磁共振谱技术不断发展,从最初的一维氢谱发展到碳谱、二维核磁共振谱等高级谱图,核磁共振技术解析分子结构的能力也越来越强.进入20世纪90年代以后,人们甚至发展出了依靠核磁共振信息确定蛋白质分子三级结构的技术,使得溶液相蛋白质分子结构的精确测定成为可能.后来核磁共振广泛应用于分子组成和结构分析、生物组织与活体组织分析、病理分析、医疗诊断、产品无损监测等方面.

20世纪70年代,脉冲傅里叶变换核磁共振仪出现了,它使^{13}C谱的应用也日益增多.用核磁共振法进行材料成分和结构分析有精度高、对样品限制少、不破坏样品等优点.

目前,核磁共振技术已广泛地应用到许多科学领域,成为分析测试领域不可缺少的技术手段.20世纪80年代发展起来的核磁共振成像技术在医学领域已发挥了很大的作用.核磁共振的实验方法可采用两种不同的射频技术:一是稳态法(即连续波法),用连续的弱射频场作用于原子核系统,观测核磁共振波谱;二是瞬态法(即脉冲波法),用脉冲的强射频场作用于原子核系统,观测核磁矩弛豫过程的自由感应现象.本实验是关于核磁共振的稳态吸收.

【实验原理】

核磁共振现象来源于原子核的自旋角动量在外加磁场作用下的运动.根据量子力学原理,原子核与电子一样,也具有自旋角动量,其自旋角动量的具体数值由原子核的自旋量子数决定.实验结果显示,不同类型的原子核自旋量子数不同:质量数和质子数均为偶数的原子核,自旋量子数为0;质量数和质子数场为奇数的原子核,自旋量子数为半整数;质量数为偶数、质子数为奇数的原子核,自旋量子数为整数.迄今为止,只有自旋量子数等于 1/2 的原子核,其核磁共振信号才能够被人们利用.经常为人们所利用的原子核包括: ^{1}H、^{11}B、^{13}C、^{17}O、^{19}F、^{31}P.

由于原子核携带电荷,当原子核自旋时,会由自旋产生一个磁矩.这一磁矩的方向与原子核的自旋方向相同,大小与原子核的自旋角动量成正比.将原子核置于外加磁场中,若原子核磁矩与外加磁场方向不同,则原子核磁矩会绕外磁场方向旋转.这一现象类似陀螺在旋转过程中转动轴的摆动,称为进动.进动具有能量也具有一定的频率.原子核进动的频率由外加磁场的强度和原子核本身的性质决定.也就是说,对于某一特定原子,在一定强度的外加磁场中,其原子核自旋进动的频率是固定不变的.原子核发生进动的能量与磁场、原子核磁矩以及磁矩与磁场的夹角相关.根据量子力学原理,原子核磁矩与外加磁场之间的夹角并不是连续分布的,而是由原子核的磁量子数决定的,原子核磁矩的方向只能在这些磁量子数之间跳跃,而不能平滑地变化,这样就形成了一系列的能级.当原子核在外加磁场中接受其他来源的能量输入后,就会发生能级跃迁,也就是原子核磁矩与外加磁场的夹角会发生变化.这种能级跃迁是获取核磁共振信号的基础.为了让原子核自旋的进动发生能级跃迁,需要为原子核提供跃迁所需要的能量,这一能量通常是通过外加射频场来提供的.根据物理学原理,当外加射频场的频率与原子核自旋进动的频率相同时,射频场的能量才能够有效地被原子核吸收,为能级跃迁提供助力.因此某种特定的原子核,在给定的外加磁场中,只吸收某一特定频率射频场提供的能量,这样就形成了一个核磁共振信号.

在量子力学中,原子核自旋角动量 $\boldsymbol{P}$ 是量子化的,其大小为

$$P = \sqrt{I(I+1)}\,\hbar, \tag{15-1}$$

式中,$\hbar = \dfrac{h}{2\pi}$,其中 h 为普朗克常数;I 为核的自旋量子数,I 可取 0、整数 $(1, 2, 3, \cdots)$ 或半整数 $\left(\dfrac{1}{2}, \dfrac{3}{2}, \dfrac{5}{2}, \cdots\right)$.

把原子核放入外磁场 $\boldsymbol{B}$ 中,$\boldsymbol{B}$ 的方向设为坐标轴 z,原子核的自旋角动量 $\boldsymbol{P}$ 在 $\boldsymbol{B}$ 方向的投影值为:

$$P_z = m\hbar, \tag{15-2}$$

式中,m 称为磁量子数,m 可取 $I, I-1, \cdots, -(I-1), -I$.

核磁矩 $\boldsymbol{\mu}$ 与核自旋角动量 $\boldsymbol{P}$ 的关系为

$$\boldsymbol{\mu} = g_N \dfrac{e}{2m_P} \boldsymbol{P}, \tag{15-3}$$

式中,m_P 为质子的质量;e 为质子的电荷;g_N 称为朗德因子,是一个无量纲的量,它决定于核的内部结构与特性,其中大多数核的 g_N 为正值,少数核的 g_N 为负值,$|g_N|$ 的值在 0.1~6 之间.

核磁矩 $\boldsymbol{\mu}$ 在 $\boldsymbol{B}$ 方向上的投影值为

$$\mu_z = g_N \dfrac{e}{2m_P} P_z = g_N \dfrac{e}{2m_P} m\hbar = g_N \left(\dfrac{e\hbar}{2m_P}\right) m. \tag{15-4}$$

令 $\mu_N = \dfrac{e\hbar}{2m_p}$,其中 μ_N 称作核磁子($\mu_N = 5.050\,786\,6\times 10^{-27}$ J/T),则式(15-4)可改写为

$$\mu_z = g_N \mu_N m. \tag{15-5}$$

核磁矩 $\boldsymbol{\mu}$ 与核自旋角动量 $\boldsymbol{P}$ 的比值 γ 叫作磁旋比或回磁比,即

$$\gamma = g_N \dfrac{e}{2m_p} = \dfrac{g_N \mu_N}{\hbar}. \tag{15-6}$$

可见,不同的核其 γ 是不同的,其大小和符号决定于 g_N,也决定于核的内部结构与特性.

核磁矩 $\boldsymbol{\mu}$ 在恒定磁场 $\boldsymbol{B}_0$ 中具有势能,即

$$E = -\boldsymbol{\mu}\cdot\boldsymbol{B}_0 = -\mu_z B_0 = -g_N \mu_N m B_0. \tag{15-7}$$

任何两个能级之间的能量差为

$$E(m_1) - E(m_2) = -g_N \mu_N B_0 (m_1 - m_2). \tag{15-8}$$

式(15-8)表示:当原子核处于一恒定磁场中时,原来的一个核能级附加上相互作用能,将会有 $(2I+1)$ 个能量值.由于相互作用能的大小远小于原来核能级的相邻能级间的能量差,通常就把这种情况称为一个核能级在一恒定外磁场中分裂为 $(2I+1)$ 个子能级.根据量子力学的选择定则,只有 $\Delta m = \pm 1$ 的两个能级之间才能发生跃迁.两跃迁能级之间的能量差为

$$\Delta E = g_N \mu_N B_0. \tag{15-9}$$

可见,相邻两能级的能量差 ΔE 和外磁场 $\boldsymbol{B}_0$ 的大小成正比.若实验时外磁场为 $\boldsymbol{B}_0$,用频率为 ν_0 的射频场 $\boldsymbol{B}_1$ 照射原子核.若射频场的能量恰好等于这时核两子能级的能量差,即

$$h\nu_0 = g_N \mu_N B_0, \tag{15-10}$$

则处于低子能级的原子核就可以吸收射频场的能量,跃迁至高子能级.这就是核磁共振吸收现象.式(15-10)还可用射频场 $\boldsymbol{B}_1$ 的角频率 ω_0 表示,即

$$\hbar\omega_0 = g_N \mu_N B_0 = \hbar\gamma B_0,\quad \omega_0 = \gamma B_0. \tag{15-11}$$

核磁共振实验的样品中包含大量的原子核.在热平衡状态下,原子核在各能级上的分布服从玻耳兹曼分布规律.相邻子能级上的原子核数目之比为

$$\dfrac{N_2}{N_1} = \exp\left(-\dfrac{E_2 - E_1}{KT}\right) = \exp\left(-\dfrac{\Delta E}{KT}\right), \tag{15-12}$$

式中,T 是绝对温度;K 是玻耳兹曼常量;N_2、N_1 分别是上、下子能级原子核数目.例如,对于 ^1_1H 核,假定磁场为 1 T,室温为 300 K,由式(15-12)可求得

$$\dfrac{N_2}{N_1} \approx 0.999\,993, \tag{15-13}$$

即两相邻子能级的原子核数目之差为低能级原子核数目的 10^{-6} 倍,所观察到的核磁共振信号是由这个核数目的差值所提供的.可见,射频场引起原子核子能级共振跃迁时,子能级上

的原子核数目分布容易趋于相等而饱和.

随着共振吸收的进行,低子能级上的原子核将吸收射频场的能量跃迁至高子能级.这样,高子能级上的原子核数目越来越多,低子能级上的原子核数目越来越少,两子能级上核的数目趋于相等.一旦这种情况发生,共振信号将减少甚至消失.这种现象就称为饱和现象.

共振信号还与核自旋系统的弛豫过程有关.处于高子能级的原子核以非辐射跃迁的方式回到低子能级的现象称作弛豫过程.弛豫过程的存在可以使原子核数目按能级的分布又自动恢复到玻耳兹曼平衡的分布.这样就能出现连续不断的共振吸收现象,从而观察到稳定的核磁共振吸收信号.弛豫过程有两种方式:自旋-晶格弛豫和自旋-自旋弛豫.自旋-晶格弛豫是指原子核体系把能量传递给周围的晶格,变成晶格热运动的能量的过程,所需时间由 T_1 表示;自旋-自旋弛豫是发生在原子核体系内部,原子核与同类靠近的核交换能量的过程,所需时间由 T_2 表示. T_1 和 T_2 都与物质的结构、物质内部的相互作用有关.物质的结构和相互作用的变化,都可能引起弛豫时间的变化.

【实验装置介绍】

本实验装置如图 15-1 所示.它包括磁铁及磁场调制系统、核磁共振探头、磁共振仪、频率计、示波器和特斯拉计等.

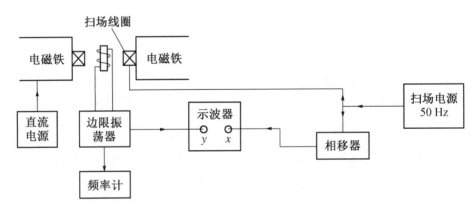

图 15-1 核磁共振吸收实验装置框图

1. 电磁铁及磁场调制系统

电磁铁产生恒定磁场 $\boldsymbol{B}_0$. 实验要求磁铁应产生尽量强的、稳定的和均匀的磁场.本实验中的磁场是由稳流电源激励电磁铁产生,磁场可以从零到几千高斯的范围内连续可调.装置中的稳流电源保证了磁场强度的高度稳定.

实验使用示波器观察核磁共振信号.为了能在示波器上连续观测到核磁共振吸收信号,必须使核磁共振信号周期性地出现.这可以通过两种方法实现:一是扫频法,即磁场 B_0 固定,射频场频率 ω 发生周期性的连续变化,当 $\omega=\omega_0=\gamma B_0$ 时,出现共振信号;二是扫场法,即射频场的频率 ω 固定,磁场 B_0 发生周期性的连续变化,出现共振信号.这两种方法是等效的.

本实验采用扫场法,在稳恒磁场方向上叠加一个弱的低频交变磁场 B_m,如图 15-2 所示.此时样品所在处所加的实际磁场为 B_0+B_m. 由于调制磁场的幅值不大,磁场的方向仍保持不变,只是磁场的大小随调制磁场产生周期性的变化.由式(15-11)可知,射频场共振频率

$\omega_0' = \gamma(B_0 + B_m)$，只要将射频场的角频率 ω 调到 ω_0' 的变化范围内，同时调制磁场扫过共振区域，便能用示波器观察到共振吸收信号. 在调制磁场的一个周期内，共振条件被满足两次，所以在示波器出现的共振吸收信号如图 15-3(a) 所示. 调节射频场的频率或改变稳恒磁场 B_0 的大小，都能使共振吸收信号的相对位置发生变化，吸收信号将左右移动. 这些共振吸收信号间隔相等(见图 15-3(b))，表示在这个频率下的共振磁场的大小等于 B_0. 由于调制磁场使用 50 Hz 的交流电，因此样品所处的磁场的变化频率也是 50 Hz. 这对于某些样品，如水样品，扫场通过共振区的时间并不比弛豫时间大很多，所以共振信号会有尾波(见图 15-4).

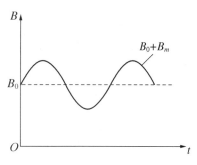

图 15-2 磁场 $B_0 + B_m$

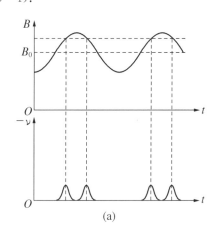

(a)

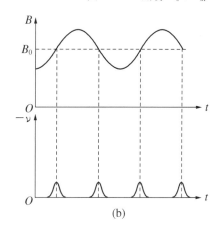

(b)

图 15-3 扫场法检测共振吸收信号

图 15-4 带尾波的共振信号

2. 核磁共振探头系统

核磁共振探头系统兼有提供射频场 $\boldsymbol{B}_1$ 和检测 $\boldsymbol{B}_1$ 中能量变化的双重功能，其系统方框图如图 15-5 所示. 边限振荡器产生射频振荡，由于边限振荡器是处于振荡与不振荡的边缘，当样品吸收微小的能量时，振荡器的振幅有较大的能量变化. 当满足共振条件，样品吸收射频场的能量，使振荡器的振荡幅度变小. 射频振荡受到共振吸收的调制，被调制的射频信号经检波和滤波后便得到核磁共振吸收信号. 另外，射频信号可通过高频放大电路，由频率计测定其频率.

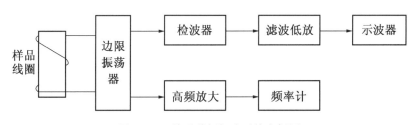

图 15-5 核磁共振探头系统方框图

【实验内容】

1. 观察氢核 ^1_1H 的核磁共振吸收现象

（1）将已制备好的包含氟化氢溶液样品的线圈放到稳恒磁场中,线圈放置的位置必须保证使线圈产生的射频磁场方向与稳恒磁场方向垂直.通过调节射频场的频率,产生较强而稳定的 ^1_1H 的核磁共振吸收信号.测出此时共振频率,计算稳恒磁场 B_0.

（2）调出较强而稳定的 ^1_1H 的核磁共振吸收信号后,改变射频场 B_1 的强度或移动样品在磁极间的位置,观察核磁共振吸收信号的变化.

2. 观察氟核 $^{19}_9\text{F}$ 的核磁共振吸收现象

通过调节射频场的频率,观察 $^{19}_9\text{F}$ 的核磁共振现象,并测定其回磁比 γ_F、朗德因子 g 和核磁矩 μ_F.

思考题

1. 观察核磁共振现象时要提供几种磁场?各起什么作用?各有什么要求?
2. 产生核磁共振的条件是什么?

参考文献

[1] 谭伟石.近代物理实验[M].南京:南京大学出版社,2013.
[2] 戴道宣,戴乐山.近代物理实验[M].2版.北京:高等教育出版社,2006.

实验十六　光磁共振实验

【实验目的】

（1）掌握光抽运磁共振光检测的思想方法和实验技巧，研究原子超精细结构塞曼子能级间的磁共振.

（2）铷同位素 ^{87}Rb 和 ^{85}Rb 的郎德因子 g_F 测定.

（3）地磁场测定.

【实验原理】

20 世纪 50 年代初期，法国科学家卡斯特莱(Kastler)提出采用光抽运技术(光泵)，即用圆偏振光来激发原子，打破原子在能级间的热平衡，造成能级上粒子集聚差数，使得在低浓度下有较高的共振强度.这时再以相应频率的射频场激励原子磁共振，并采用光探测法，使探测信号灵敏度有很大提高.这个方法的出现不仅使微观粒子结构的研究前进了一步，而且在激光、量子标频和精测弱磁场等方面也有重要突破.1966 年，卡斯特莱由于发现和发展了研究原子中赫兹共振的光学方法(既光泵磁共振)而获诺贝尔物理学奖.

1. 铷原子的超精细结构及塞曼分裂

铷是一价碱金属原子，天然铷中含有两种同位素：^{87}Rb 和 ^{85}Rb.根据 LS 耦合产生精细结构，它们的基态是 $5^2S_{1/2}$，最低激发态是 $5^2P_{1/2}$ 和 $5^2P_{3/2}$ 的双重态.对 ^{87}Rb，$5^2P_{1/2}-5^2S_{1/2}$ 跃迁为 D_1 线($\lambda_1=794.8$ nm)；$5^2P_{3/2}-5^2S_{1/2}$ 为 D_2 线($\lambda_2=720.0$ nm).

铷原子具有核自旋 I，相应的核自旋角动量为 $\boldsymbol{P}_I$，核磁矩为 μ_I.在弱磁场中要考虑核自旋角动量的耦合，即 $\boldsymbol{P}_I$ 和 $\boldsymbol{P}_J$ 耦合成的总角动量 $\boldsymbol{P}_F$，其中 F 为总量子数，$F=I+J,\cdots$，$|I-J|$. 对 ^{87}Rb，$I=3/2$，因此，^{87}Rb 的基态有两个值，即 $F=2$ 和 $F=1$.对 ^{85}Rb，$I=5/2$，因此，^{85}Rb 的基态有两个值，即 $F=3$ 和 $F=2$.由量子数 F 标定的能级称为超精细结构能级.原子总角动量 $\boldsymbol{P}_F$ 与总磁矩 μ_F 之间的关系为

$$\mu_F=-g_F\frac{e}{2m}P_F, \tag{16-1}$$

$$g_F=g_J\frac{F(F+1)+J(J+1)-I(I+1)}{2F(F+1)}, \tag{16-2}$$

式中，$g_J=1+\dfrac{J(J+1)-L(L+1)+S(S+1)}{2J(J+1)}$. 在磁场 H 中，原子的超精细能级产生塞曼分裂.对某一个 F 值，磁量子数 $M_F=F,\cdots,-F$，即分裂为 $2F+1$ 个能量间距相等 ($\Delta E=g_F\mu_B H$，μ_B 为玻尔磁子)的塞曼子能级(见图 16-1).

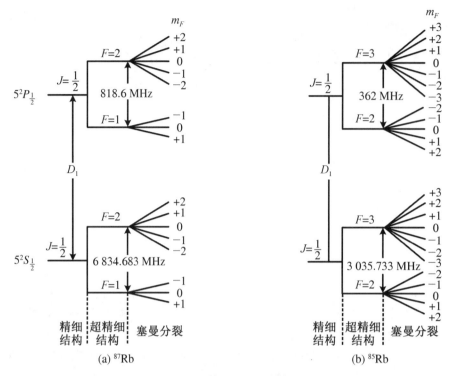

图 16-1 铷原子 D_1 线能级图

在热平衡条件下,原子在各能级的布居数遵循玻尔兹曼分布($N=N_0\mathrm{e}^{-\frac{E}{kT}}$),由于基态各塞曼子能级的能量差极小,故可认为原子均衡地布居在基态各子能级上.

2. 圆偏振光对铷原子的激发与光抽运效应

对塞曼效应原子能级跃迁,M_F 通常的选择规则是 $\Delta M_F=0,\pm 1$. 根据角动量守恒原理,如果具有角动量的偏振光与原子相互作用,原子吸收光子能量的同时,也吸收了它的角动量.对于左旋圆偏振的 σ^+ 光子与原子的相互作用,因它具有一个角动量 $+\hbar$,原子吸收了它就增加了一个角动量 $+\hbar$ 值,则只有 $\Delta M_F=+1$ 的跃迁 ^{87}Rb 的 $5^2S_{1/2}$ 和 $5^2P_{1/2}$ 态的 M_F 最大值都是 $+2$.当入射光为 σ^+ 时,由于只能产生 $\Delta M_F=+1$ 的跃迁,基态中 $M_F=+2$ 子能级的粒子跃迁概率为 0,而粒子返回的过程由于是自发跃迁,按选择定则 $\Delta M_F=0,\pm 1$ 布居,从而使得 $M_F=+2$ 粒子数增加(见图 16-2).这样经过若干循环后,基态 $M_F=+2$ 子能级上粒子布居数大大增加,即 $M_F\ne+2$ 的较低子能级上的大量粒子被"抽运"到 $M_F=+2$ 上,造成粒子数反转,这就是光抽运效应(亦称光泵).光抽运造成粒子非平衡分布,Rb 原子对光的吸收减弱,直至饱和不吸收.同时,每一 M_F 表示粒子在磁场中的一种取向,光抽运的结果使得所有原子由各个方向的均匀取向变成只有 $M_F=+2$ 的取向,即样品获得净磁化,这叫作"偏极化".外加恒磁场下的光抽运就是要造成偏极化.σ^- 光有同样作用,不过它是将大量粒子抽运到 $M_F=-2$ 子能级上.当为 π 光时,由于 $\Delta M_F=0$,则无光抽运效应,此时 Rb 原子对光有强吸收.

3. 弛豫过程

原子系统由非热平衡的偏极化状态趋向于热平衡分布状态的过程称为弛豫过程,它主

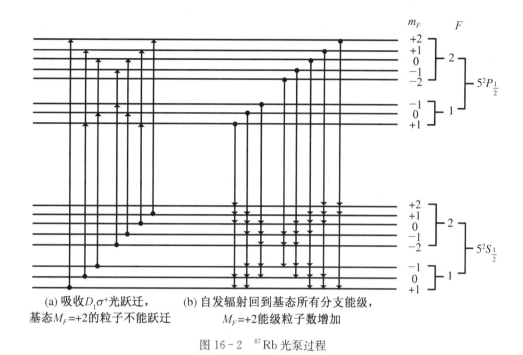

(a) 吸收 $D_1\sigma^+$ 光跃迁，基态 $M_F=+2$ 的粒子不能跃迁

(b) 自发辐射回到基态所有分支能级，$M_F=+2$ 能级粒子数增加

图 16-2　^{87}Rb 光泵过程

要是由于铷原子与容器壁碰撞，以及原子之间的碰撞使系统返回到热平衡的玻尔兹曼分布．系统的偏极化程度取决于光抽运和弛豫过程相互竞争的结果．为使偏极化程度高，可加大光强提高抽运效率，选择合适的温度来合理控制原子密度，充适量的惰性气体（抗磁气体）来减少弛豫过程的影响．

4．射频诱导跃迁——光磁共振

光抽运造成偏极化，光吸收停止．这时，若加一频率为 ν_1 的右旋圆偏振射频场 H_1，并使 $h\nu_1$ 等于相邻塞曼子能级差，即

$$h\nu_1 = g_F \mu_B H, \tag{16-3}$$

则塞曼子能级之间将产生磁共振，使得被抽运到 $M_F=+2$ 能级的粒子产生感应诱导跃迁，从 $M_F=+2$ 依次跳到 $M_F=+1$、0、-1、-2 等子能级，结果使粒子趋于原来的均衡分布而破坏偏极化．但是由于光抽运的存在，光抽运过程也随之出现．这样，感应跃迁与光抽运这两个相反的过程将达到一个新的动态平衡．产生磁共振时除能量守恒外还需角动量守恒．频率为 ν_1 的射频场 H_1 是加在垂直于恒定水平磁场方向的线偏振场，此线偏振场可分解为一右旋和一左旋圆偏振场．为满足角动量守恒，只是与原子磁矩作拉摩尔旋进同向的那个圆偏振场起作用．例如，当用 σ^+ 光照射时，起作用的是角动量为 $-\hbar$ 的右旋圆偏振射频场．

5．光探测

射到样品上的 $D_1\sigma^+$ 光一方面起到光抽运的作用，另一方面透过样品的光兼做探测光，即一束光起到了抽运和探测两个作用．

由于磁共振使 Rb 对 $D_1\sigma^+$ 光吸收发生变化，吸收强时到达探测器的光弱，因此通过测

$D_1\sigma^+$ 透射光强的变化即可得到磁共振信号,从而实现磁共振的光探测.磁共振的跃迁信号是很微弱的,特别是对密度非常低的气体样品的信号就更加微弱.由于探测功率正比于频率,直接观测是很困难的.利用磁共振触发光抽运使探测光强发生变化,便是巧妙地将一个低频(射频,约 1 MHz)量子的变化转换成一个高频(光频,约 10^8 MHz)量子的变化.这就使观测信号的功率及灵敏度提高了约 8 个数量级.

【实验仪器】

主要包括光泵磁共振实验仪、射频信号发生器、数字频率计、双踪示波器、直流数字电压表.全部实验仪器与装置如图 16-3 所示,具体说明如下:光泵磁共振实验仪由主体单元和辅助源两部分组成.主体单元是该实验的核心部分,由三部分组成,即 $D_1\sigma^+$ 抽运光源、吸收室区和光电探测器.

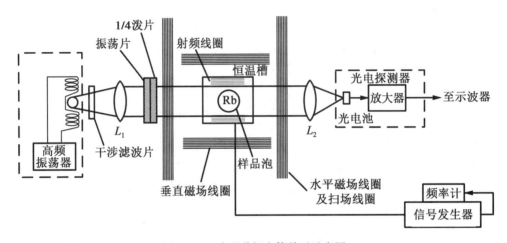

图 16-3 光磁共振主体单元示意图

$D_1\sigma^+$ 抽运光源由铷光谱灯、干涉滤色片、偏振片、1/4 波片和透镜组成.铷光谱灯是一种高频无极气体放电泡,处于高频振荡回路的电感线圈中,受高频电磁场的激励而发光.干涉滤色片能很好地滤去 D_2 光(它不利于 D_1 光的光抽运)而只让 D_1 光通过.偏振片和 1/4 波片将该光输出左旋圆偏振的 $D_1\sigma^+$ 光(或右旋圆偏振的 $D_1\sigma^-$ 光).

吸收室区的中心是充以天然铷和惰性缓冲气体的玻璃吸收泡.该泡两侧对称放置一对与水平场正交的射频线圈,为铷原子系统的磁共振提供射频场.射频场源由射频信号发生器提供,其信号频率由数字频率计显示.吸收泡和射频线圈都置于恒温槽内(称它们为吸收池),槽内温度在 40～70℃ 范围内连续可调.吸收池放在两对相互垂直的亥姆霍兹线圈的中心.较小的一对线圈产生的磁场用于抵消地磁场的垂直分量;较大的一对线圈有两个绕组:一组为水平直流磁场线圈,为铷原子提供超精细能级产生塞曼分裂的直流磁场 H_0;另一组为扫场线圈,它在水平直流磁场上叠加一个调制磁场,其扫场波形由双踪示波器的一踪显示.

光电探测器是硅光电池,它接收透过吸收泡的 $D_1\sigma^+$ 光,转换成电信号,放大滤波后送到双踪示波器另一踪显示.铷光谱灯、恒温槽、各线圈绕组以及光电探测器的电源均由辅助源提供,其中水平线圈和垂直线圈的电压由直流数字电压表读出.

【实验内容】

1. 仪器调整

(1) 按下预热键,加热样品吸收泡约 50 ℃并控温,同时也加热铷灯约 90 ℃并控温,约需 45 min 温度稳定.按下工作键,此时铷灯应发出玫瑰紫色光.

(2) 将光源、透镜、吸收池、光电探测器等的位置调到准直,调节前后透镜的位置使到达光电池的光量最大.

(3) 调整双踪示波器,使一个通道观察扫场电压波形,另一个通道观察光电探测器的信号.

2. 观测光抽运信号

(1) 先用指南针判断扫场、水平场、垂直场相对于地磁场的方向.当判断某一场时应将另两个场置零;判断水平场和垂直场时,应记下数字电压表对应电压的符号.

(2) 不开射频振荡器,扫场选择"方波",调节扫场的大小和方向,使扫场方向与地磁场的水平分量方向相反.特别是地磁场的垂直分量对光抽运信号有很大影响,因此要使垂直恒定磁场的方向与其相反并抵消.同时旋转 1/4 波片,可获得最佳光抽运信号(见图 16 - 4).扫场是一交流调制场.当它过零并反向时,分裂的塞曼子能级将发生简并及再分裂.当能级简并时,铷原子的碰撞使之失去偏极化.当能级再分裂后,各塞曼子能级上的粒子布居数又近于相等,因此光抽运信号将再次出现.扫场的作用就是要反复出现光抽运信号.当地磁场的垂直分量被垂直场抵消时,将出现最佳光抽运信号,故此也就测出地磁场垂直分量的大小.

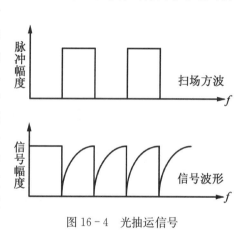

图 16 - 4 光抽运信号

3. 测量基态的 g_F 值

由磁共振表达式得

$$g_F = \frac{h\nu}{\mu_B H}, \tag{16-4}$$

式中,ν 可由频率计给出,知 H 便可求出 g_F.此处 H 是使原子塞曼分裂的总磁场,它除了包括可以测知的水平场外,还包括地磁水平分量和扫场直流分量.实验采用将水平场换向的方法来消除地磁水平分量和扫场直流分量.先将水平场和扫场与地磁场水平方向调相同,扫场为三角波,水平电压调到一定值.调节射频信号频率,发生磁共振时将观察到如图 16 - 5(a)所示的波形,此时频率为 ν_1(对应总场为 H_1).再改变水平场方向,仍用上述方法得到频率 ν_2(对应总场为 H_2),如图 16 - 5(b)所示.这样就排除了地磁场水平分量和扫场直流分量的影响.而水平场对应的频率为 $\nu=(\nu_1+\nu_2)/2$,水平磁场的数值可由水平电压和水平亥姆霍兹线圈的参数来确定.由于 ^{87}Rb 与 ^{85}Rb 的 g_F 值不同,根据对 ^{87}Rb 的 $\nu/H = 7\,000$ MHz/T,对 ^{85}Rb 的 $\nu/H = 4\,700$ MHz/T 可知:当水平场不变时,频率高的为 ^{87}Rb 共振信号,频率低的为 ^{85}Rb 共振信号;当射频不变时,水平磁场大的为^{85}Rb共振信号,水平磁场小的为^{87}Rb共振信号.还要注意的是,因为三角波扫场的波峰和波谷处的磁场强度不同,故对每一个位素将分别在波峰和波谷处观察到不同频率的磁共振信号.上述实验是按固定水平磁场的方法(调场法)进行的.

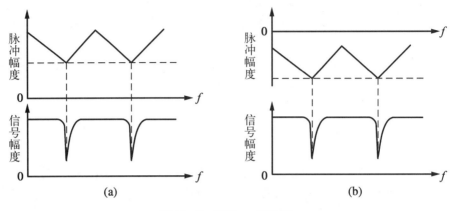

图 16-5 测量 g_F 原理图

4. 测量地磁场

同测 g_F 方法类似,先使扫场、水平场与地磁场水平分量方向相同,测得 ν_1;然后同时改变扫场和水平场的方向,测得 ν_2. 这样得到地磁场水平分量对应的频率为 $\nu=(\nu_1-\nu_2)/2$,即排除了扫场和水平场的影响,得到 $H_{\text{地水平}}$. $H_{\text{地垂直}}$ 已在实现最佳光抽运信号时测知,由此可得地磁场的大小和方向为

$$H_{\text{地}}=\sqrt{H_{\text{地水平}}^2+H_{\text{地垂直}}^2}, \quad (16-5)$$

$$\text{tg}\,\theta=\frac{H_{\text{地垂直}}}{H_{\text{地水平}}}. \quad (16-6)$$

【实验操作提示】

1. 观察光抽运信号,调节垂直场、水平场、扫描场及扫描幅度等参数

(1) 将"垂直场""水平场""扫场幅度"旋钮调至最小,接通主电源开关和池温开关.约 45 min 后,池温指示灯绿点亮(左边指示灯),实验装置进入工作状态.

(2) 水平场方向判断及设置.调节"水平场"旋钮,水平磁场线圈电流大小约 0.1 A,指南针置于吸收池上方,判断水平磁场与地磁场的方向关系,改变水平场的方向,使水平场方向与地磁场水平方向相反,然后拿开指南针,并将水平场线圈电流调至最小.

(3) 扫场方向判断及设置.扫场方式为方波,调大扫场幅度,再将指南针置于吸收池上方,判断扫场方向与地磁场的方向关系.改变扫场的方向,设置扫场方向与地磁场水平方向相反,然后拿开指南针.

(4) 扫场幅度调节.预置垂直场电流 0.07 A,用来抵消地磁场垂直分量,然后调节扫场幅度,使示波器中光抽运信号幅度等高.

2. 观察光磁共振信号,测量 g_F 和地磁场 H_e

信号发生器正弦波信号输入到辅助源.辅助源扫场方式为三角波.垂直场的大小和方向保持不变,设置水平场方向和扫场方向为地磁场水平方向.

(1) 测量 g_F.在水平场电流分别为 0.24 A、0.22 A、0.20 A 时,调节信号发生器的频率,观察共振信号,记录对应的频率 ν_1.然后改变水平场方向,使水平场方向与地磁场水平方向和扫场方向相反,同样得到共振频率 ν_2(见表 16-2).

(2) 测量地磁场 H_e.在水平场电流分别为 0.24 A、0.22 A、0.20 A 时,调节信号发生器的频率,观察共振信号,记录对应的频率 ν_1.然后同时改变水平场方向和扫场方向,使其与地磁场水平方向相反,得到共振频率 ν_3(见表 16-3).

【数据处理】

表 16-1 厂家给出的线圈参数

	水 平 场	垂 直 场	扫 描 场
线圈每边匝数 N	250	100	250
线圈有效半径 r/m	0.240 3	0.153 0	0.242 0

表 16-2 测量 g_F 数据记录

水平场电流/A	同向频率 ν_1/kHz		反向频率 ν_2/kHz		H/($\times 10^{-7}$ T)	g_F		g_F 平均值	
	^{87}Rb	^{85}Rb	^{87}Rb	^{85}Rb		^{87}Rb	^{85}Rb	^{87}Rb	^{85}Rb
0.240									
0.220									
0.200									

注意:测量 g_F 时扫场方向与地磁场方向相同,实验中反向只改变水平场反向.

$$H_{水平场} = \frac{16\pi N_{水平场} \cdot I_{水平场}}{\sqrt{125} \cdot r_{水平场}} \times 10^{-7} \text{ T}. \tag{16-7}$$

$$g_F = \frac{h(\nu_1 + \nu_2)}{2\mu_B \cdot H_{水平场}}, \tag{16-8}$$

式中,$\mu_B = 5.788 \times 10^{-5}$ eV/T;$h = 4.136 \times 10^{-15}$ eV·s.

令 $a = \dfrac{g_F(^{87}\text{Rb})}{g_F(^{85}\text{Rb})}$,$a_{理论} = 1.5$,则

$$A = \frac{|a_{理论} - a|}{a_{理论}} \times 100\% \tag{16-9}$$

表 16-3 地磁场测量数据
（地磁场测量时扫场方向和水平场方向同时反向）

水平场电流/A	同向频率 ν_1 /kHz		反向频率 ν_3 /kHz		$H_{平行}(\times 10^{-7}$ T$)$		$H_{平行}$ 平均值
	^{87}Rb	^{85}Rb	^{87}Rb	^{85}Rb	^{87}Rb	^{85}Rb	
0.240							
0.220							
0.200							

地磁场平行分量为

$$H_{平行}=\frac{h(\nu_1-\nu_3)}{2g_F\mu_B}. \tag{16-10}$$

地磁场垂直分量为

$$H_{垂直}=\frac{32\pi N_{垂直场}\cdot I_{垂直场}}{\sqrt{125}\cdot r_{垂直场}}\times 10^{-7}\text{ T}. \tag{16-11}$$

地磁场计算为

$$H_e=\sqrt{H_{平行}^2+H_{垂直}^2}. \tag{16-12}$$

思考题

1. 画 ^{87}Rb 和 ^{85}Rb D_1 线能级图，包括 L-S 耦合形成的精细结构能级；I-J 耦合形成的超精细结构能级；在外磁场 H 中，由于原子的总磁矩 μ_F 与磁场 H 的相互作用形成的塞曼能级.

2. 图 16-1 中的 ^{87}Rb 的基态 $F=1$ 与 $F=2$ 的塞曼子能级排列相反，^{85}Rb 的基态 $F=2$ 与 $F=3$ 的塞曼子能级排列相反，是何原因？

3. 测量 g_F 值时，将水平场换向得到的频率为 $\nu=\dfrac{\nu_1+\nu_2}{2}$，为什么不是 $\nu=\dfrac{\nu_1-\nu_2}{2}$？必须满足的条件是什么？测量地磁场水平分量时，得到的频率是 $\nu=\dfrac{\nu_1-\nu_2}{2}$，为什么？相应的条件又是什么？

4. 在实验过程中如何判断水平磁场和扫场的方向？

5. 实验时如何区分铷的两种同位素的磁共振信号？

6. 在寻找和观察光抽运信号时，一开始可能找不到光抽运信号，试分析可能的原因.

7. 两个共振信号为什么合并？

8. 光抽运过程为什么要采用单一的左旋圆偏振光或者右旋圆偏振光？为什么不用自然

光、线偏振光或者椭圆偏振光？

  9. 扫场在实验中有什么作用？

参考文献

[1] 葛惟昆,王合英.近代物理实验[M].北京：清华大学出版社,2020.
[2] 谭伟石.近代物理实验[M].南京：南京大学出版社,2013.

实验十七 微波铁磁共振实验

微波磁共振是微波与物质相互作用所发生的物理现象,磁共振方法已被广泛用来研究物质的特性、结构和弛豫过程.铁磁共振是指铁磁体材料在受到相互垂直的稳恒磁场和交变磁场的共同作用时发生的共振现象,具有磁共振的一般特性,而且效应显著.铁磁共振实验可用于观测铁磁共振曲线,测量铁磁材料的共振线宽、g 因子和弛豫时间,因此该技术在微波铁氧体器件的制造、设计等方面有着重要的应用价值.

【实验目的】

(1) 熟悉微波信号源的组成和使用方法,掌握有关谐振腔的工作特性的基本知识.

(2) 了解用谐振腔法观测铁磁共振的测量原理和实验条件.通过观测铁磁共振和测定有关物理量,认识磁共振的一般特性.

【实验原理】

1. 磁共振现象

在铁磁物质内存在着许多自发磁化的小区域,叫作磁畴.铁氧体的磁矩 M 在外加恒磁场 B 的作用下绕 B 进动,进动频率 $\omega_0 = \gamma B$,其中 γ 为回磁比.由于铁氧体内部存在阻尼作用,M 的进动角会逐渐减小,结果 M 逐渐趋于平衡方向(B 的方向).当外加微波磁场的角频率 ω 与 M 的进动频率相等时,M 吸收微波能量,用以克服阻尼并维持进动,发生共振吸收现象.此时,铁磁体的张量磁导率可表示为

$$\boldsymbol{\mu} = \begin{bmatrix} \mu & -ik & 0 \\ ik & \mu & 0 \\ 0 & 0 & \mu_z \end{bmatrix}. \quad (17-1)$$

它的元素是复数,其中

$$\mu = \mu' - i\mu'', \quad k = k' - ik'',$$
$$\mu_z = \mu_z' - i\mu_z''. \quad (17-2)$$

各元素的实部表示材料的频散特性,虚部表示损耗特性.

微波角频率 ω 固定不变时,磁导率张量对角元 μ 的虚部 μ'' 随恒磁场 B 的变化曲线如图 17-1 所示.

$$\omega = \gamma B = \frac{g\mu_B}{\hbar}B = \frac{ge}{2m}B, \quad (17-3)$$

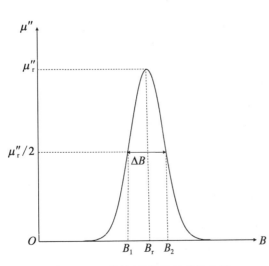

图 17-1 μ'' 随恒磁场 B 的变化曲线

式中,g 为朗德因子;e 为电子电量;m 是电子质量.

μ'' 的最大值 μ''_r 对应的磁场 B_r 称为共振磁场,$\mu''=\mu''_r/2$ 所对应两点的磁场间隔 $|B_2-B_1|$ 称为铁磁共振线宽 ΔB(见图 17-2).ΔB 是描述微波铁氧体材料性能的一个重要参量,它的大小标志着磁损耗的大小.测量 ΔB 对于研究铁磁共振的机理和提高微波器件的性能是十分重要的.

从量子力学观点来看,当电磁场的量子 $\hbar\omega$ 刚好等于系统 M 的两个相邻塞曼能级间的能量差时,就发生共振现象,即

$$\hbar\omega=|\Delta E|=Bg\mu_B|\Delta m|. \qquad (17-4)$$

吸收过程发生在选择定则 $\Delta m=-1$ 的能级跃迁,这时式(17-4)与经典结果一致.

当磁场改变时,M 趋于平衡态的过程称为弛豫过程.弛豫所需的特征时间(M 在趋于平衡态过程中与平衡态的偏差量减少到初始值的 $1/e$ 时所经历的时间)称为弛豫时间.M 在外加磁场方向的分量趋于平衡值所需的特征时间称为纵向弛豫时间 τ_1,M 在垂直外加磁场的分量趋于平衡值所需的特征时间称为横向弛豫时间 τ_2.在一般情况下,$\tau_1\approx\tau_2$,$\tau_2=2/\gamma\Delta B$.为了方便,把 τ_1 和 τ_2 统称为弛豫时间 τ,则有

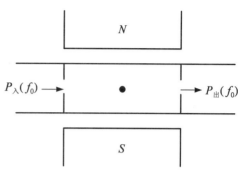

图 17-2 传输式谐振腔测 ΔB

$$\tau=\frac{2}{\gamma\Delta B}. \qquad (17-5)$$

量子力学给出了弛豫过程的微观机制,M 的进动能量通过磁矩间的相互作用转化为磁矩的其他运动方式的能量,或者通过磁矩与晶格的耦合转化为晶格的振动能量.前者称为自旋-自旋弛豫,后者称为自旋-晶格弛豫.自旋-自旋弛豫时间和自旋-晶格弛豫时间分别对应于经典的横向和纵向弛豫时间.弛豫时间代表塞曼能级的平均寿命,弛豫时间 τ 与 ΔB 之间的关系式可以由量子力学的测不准原理推出.测量弛豫时间对于研究分子运动及其相互作用是很有意义的.

2. 测量铁磁共振线宽的原理

测量铁氧体的微波性质(如铁磁共振线宽和介电常数)一般采用谐振腔法.当把铁氧体小样品放到谐振腔中时,会引起谐振腔的谐振频率和品质因数的变化.如果样品很小,可以看成一个微扰,即放进样品后所引起的谐振频率的相对变化很小;或放进样品后,除样品所在地方的电磁场发生变化外,腔内其他地方的电磁场保持不变(实际上变化很小,可忽略).

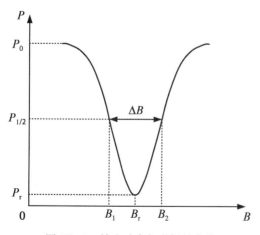

图 17-3 输出功率与磁场的曲线

利用谐振腔的微扰公式,可得出在谐振腔始终保持谐振状态时,并且微波输入功率保持恒定不变的条件下,谐振的输出功率 P 与磁场 B 的关系曲线,如图 17-3 所示.图 17-3 中,P_0 为远离铁磁共振区域时谐振腔的输出功率,P_r 为共振时的输出功率($\mu''=\mu''_r$ 时,$P=P_r$),$P_{1/2}$

为半共振点(相当于 $\mu''=\mu_r''/2$ 处的输出功率).在铁磁共振区域,由于样品的铁磁共振损耗,输出功率降低.

$$P_{1/2}=\frac{4P_0}{(\sqrt{P_0/P_r}+1)^2}. \tag{17-6}$$

算出 $P_{1/2}$ 的值,就可以从 P-B 曲线定出 ΔB.

应该指出的是:在进行铁磁共振线宽测量时,必须注意到样品的 μ' 会使谐振腔的谐振频率发生偏移(频散效应).要得到准确的共振曲线形状和线宽,必须在测量时消除频散,使装有样品的谐振腔的谐振频率始终与输入谐振腔的微波频率相同(调谐).因此在逐点测绘铁磁共振曲线时,相应于每一个外加的恒磁场,都需要稍为改变谐振腔的谐振频率(例如通过微调插入谐振腔的小螺钉)使它与微波频率调谐.这样用式(17-6)定出来的 ΔB 才是正确的.

如果在测量时谐振腔不逐点调谐,而样品的频散效应又不能忽略(特别是在狭 ΔB 的情况),在正确考虑了频散的影响后,也可以用修正公式从测量的 P-B 曲线上定出 ΔB,其中

$$P_{1/2}=\frac{2P_0P_r}{P_0+P_r}. \tag{17-7}$$

这就是考虑频散修正后得到的定出 ΔB 的公式.

在实验中,我们采用的方法如下:在远离铁磁共振区域保证微波频率与谐振腔谐振,测量 P-B 曲线时不逐点调谐,利用式(17-7)计算出 $P_{1/2}$,再从 P-B 曲线上定出 ΔB.

【实验装置】

用传输式谐振腔观测铁磁共振的实验线路,如图 17-4 所示.

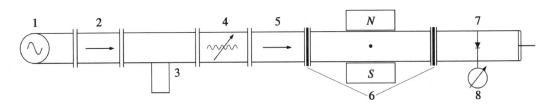

图 17-4 观测铁磁共振的实验装置

1—微波信号源;2—隔离器;3—频率计;4—衰减器;5—隔离器;6—耦合片;7—检波器;8—检流计

信号源选用可工作于 $8.6\sim9.6\,\mathrm{GHz}$ 的速调管信号源,或选用可工作于 $8.6\sim9.6\,\mathrm{GHz}$ 的微波信号源.

传输式谐振腔采用 TE_{10p} 型矩形谐振腔(一般取 $p=$偶数,例如 $p=8$),空腔的有载品质因数近似为 $2\,000\sim3\,000$.样品是多晶铁氧体小球或单晶 YIG 小球,直径约 $1\,\mathrm{mm}$.

晶体检波器满足平方律检波,这时检波电流表示相对功率($i\propto P$).

检流计用来测量传输式谐振腔的输出功率.

电磁铁提供 $0\sim5\times10^5\,\mathrm{A/m}$ 的磁场,磁极头直径一般不小于 $3\,\mathrm{cm}$ 即可.

【实验内容】

1. 观测传输式腔的谐振曲线、有载品质因数

求出传输式腔的谐振频率和有载品质因数.

2. 观测铁磁共振

(1) 将铁氧体样品放入谐振腔,采用扫场法,通过示波器观测样品的铁磁共振吸收.

(2) 逐点测绘 P-B 曲线.在坐标纸上画出 P-B 曲线,并在图上标出 B_r 和 ΔB,计算回磁比 γ、g 因子和弛豫时间 τ.

思考题

1. 磁共振的一般特性是什么?

2. 如何判断透射式谐振腔是否谐振?测量铁磁共振曲线时,逐点调谐与非逐点调谐有何区别?

参考文献

[1] 葛惟昆,王合英.近代物理实验[M].北京:清华大学出版社,2020.

[2] 谭伟石.近代物理实验[M].南京:南京大学出版社,2013.

[3] 吴思诚,王祖铨.近代物理实验[M].2版.北京:北京大学出版社,1995.

单元六 微波与微弱信号测量技术

6.1 微波技术基础知识

微波通常是指波长范围为 1 mm ~ 1 m 的电磁波,相应的频率范围为 300 GHz ~ 300 MHz,其波段又可分为米波、分米波、厘米波、毫米波.

由于微波具有波长短、频率高、直线传播和量子特性等特点,因此在微波范围内,对于电路的研究必须从三度空间场的理论着手,用电场和磁场的概念描述电路所在空间场的分布规律,以场强 E 和 H 作为基本物理量,以驻波、波长、功率作为基本参量.同时,在分布参数的电路中,电压和电流失去测量意义.

微波技术是一门独特的科学技术,它被广泛地应用于雷达、卫星通信、量子电子学、微波热疗、微波炉等领域,已成为日常生活和科技发展不可缺少的一门现代技术.

1. 微波信号源

(1) 反射式速调管振荡器.

反射式速调管的结构和原理如图 6.1-1 所示,主要由阴极、栅极和反射极三部分组成.阴极发射电子形成电子束.栅极相对阴极处在正电位,用来加速电子.反射极与栅极为负电位,二者之间的空间称为反射空间,电磁振荡就是在栅极的谐振腔中产生的.调节栅网间距 d,可以改变其谐振腔频率 f_0.微波功率则由耦合环经同轴线探针输出到波导传输线.

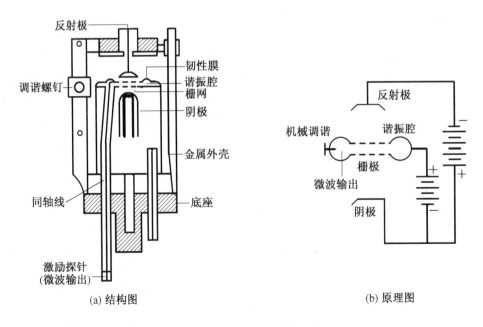

图 6.1-1 反射速调管结构和原理

从阴极发射出来的电子经 V_0 加速后,以初速度 $v_0 = \sqrt{\dfrac{2eV_0}{m}}$ 进入谐振腔,在腔中激起感应电流脉冲.电流脉冲与谐振腔固有频率相同的分量使谐振腔产生电磁振荡,在两个栅网之间建立了一个微弱的微波场.这时穿过栅网的电子将受到微波电场的作用,使得穿过栅网的电子速度受到微波电场的调制(速调名称由此而得),其速度为

$$v = \sqrt{\dfrac{2e[V_0 + e_m \sin(\omega t)]}{m}} \approx v_0\left[1 + \dfrac{e_m}{2V_0}\sin(\omega t)\right], \quad e_m \ll V_0. \tag{6.1-1}$$

经过速度调制的电子进入反射空间后,受到反射极电场的作用返回谐振腔.速度大的电子在反射空间里飞跃较长时间后才返回栅网;速度小的电子返回的时间和距离都较短.选择适当的反射极电压,可使速度不等的电子同时返回栅极,在两栅网间形成一团团的电子流,这种现象称为电子群聚(见图 6.1-2).求得群聚中心电子流的渡越时间为

$$\tau = \dfrac{4D\sqrt{mV_0/2e}}{V_0 + |V_R|}, \tag{6.1-2}$$

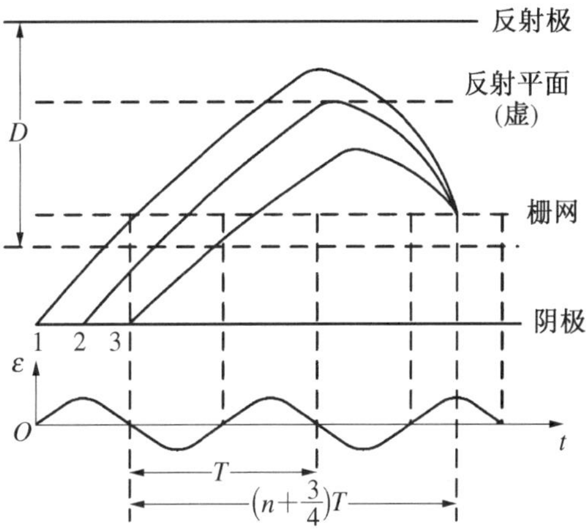

图 6.1-2 电子群聚过程

式中,D 为反射极与上栅极之间的距离;m 和 e 分别为电子的质量和电量;V_0 为谐振腔电压;V_R 为反射极电压.由式(6.1-2)可知,如适当调整 V_0 和 V_R 可得

$$\tau = \left(n + \dfrac{3}{4}\right)T, \quad n = 1, 2, 3, \cdots \tag{6.1-3}$$

此时返回栅极的电子流受微波电场的最大减速度影响而把能量转交给微波场,从而使谐振腔获得最大能量,引起电磁振荡.振荡频率 f_0 满足

$$\dfrac{4D\sqrt{mV_0/2e}}{V_0 + |V_R|}f_0 = n + \dfrac{3}{4}, \quad n = 1, 2, 3, \cdots \tag{6.1-4}$$

式(6.1-4)表明,只有 V_0 和 V_R 为某些值时才能引发振荡.而且对于一定的 n 和 V_0,改变 V_R 也会引起振荡频率 f_0 的改变(称为电子调谐).由式(6.1-3)可见,微波振荡周期是小于电子渡越时间的 $(T < \tau)$,电子在反射空间的渡越时间得到了充分的利用.反射速调管之所以产生振荡,正是利用了这一特点.因此,式(6.1-3)称为振荡的相位条件,满足相位条件,只说明振荡有可能产生.要使振荡产生,还需要满足幅值条件,即使电流大于某一最小电流(称为起始电流 i_0),即 $i > i_0$.当相位和幅值两条件都满足时,微波振荡就会发生.

在实验中,若反射式速调管的其他各极电压固定,将反射极电压渐渐增大,可观察到如图 6.1-3 所示的反射式速调管的特性曲线,其特点如下.

① 反射式速调管只有在某些特定的电压下才能振荡.每一个有振荡输出功率的区域,称

为反射速调管的振荡模.

② 对于每一个振荡模,当反射极电压 V_R 变化时,速调管的功率 P 和振荡频率 f_0 都随之变化.在振荡模中心的反射极电压上,输出功率最大,且输出功率 P 和振荡频率 f_0 随反射极电压的变化也比较缓慢.

③ 输出功率最大的振荡模叫作最佳振荡模.为使速调管具有最大输出功率和稳定的工作频率,通常使速调管工作在最佳振荡模的中心反射极电压上.

④ 各个振荡模中心频率相同,通常称之为反射速调管的工作频率.

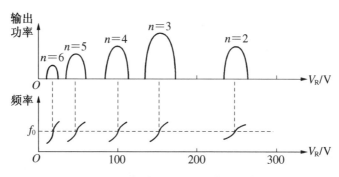

图 6.1-3　反射式速调管的功率和频率特性

反射速调管的振荡频率在一定范围内有两种调节方法:一种是通过旋转调谐螺钉改变谐振腔的大小来实现频率的变化,叫作机械调谐;另一种是通过改变反射极电压来实现频率的变化,叫作电子调谐.

反射式速调管一般有如下三种工作状态(见图 6.1-4).

① 连续振荡状态.在反射极不加任何调制电压时,反射式速调管处于某一振荡点反射极电压(通常调至对应最佳振荡模的最大功率输出处)时的工作状态.

② 用方波调幅时,为了获得纯粹的幅度调制,调制电压应为严格的方波,且要选择合适的反射极电压的直流工作点,使得调制电压波形的半周期处在两个振荡模的不振荡区域内,而另一个半周期速调管处在振荡模的功率最大点.

③ 在用锯齿波调制时,反射极电压的直流工作点应选择在某一振荡模的功率最大点,当锯齿波的幅度比振荡模的宽度小得多时,可得到近似线性的调频信号输出,且附加的调幅很小.

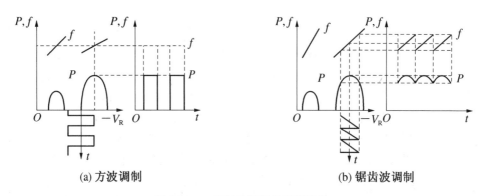

(a) 方波调制　　　　　　　　　(b) 锯齿波调制

图 6.1-4　反射速调管的调制特性

(2) 体效应管振荡器.

体效应管中的微波电流振荡现象是耿氏(J. B. Gunn)于1963年首先发现的,也称为耿氏二极管振荡器.体效应管工作原理是基于 n 型砷化镓(GaAs)的导电能谷——高能谷和低能谷结构.如图 6.1-5 所示,它是一种多能谷材料,其中具有最低能量的主谷和能量较高的临近子谷具有不同的性质.当电子处于主谷时,有效质量 m 较小,则迁移率 μ 较高;当电子处于子谷时,有效质量 m 较大,则迁移率 μ 较低.在常温且无外加电场时,大部分电子处于迁移率较高而有效质量较小的主谷.随着外加电场的增大,电子平均漂移速度也增大.当外加电场大到足够使主谷的电子能量增至 0.36 eV 时,部分电子转移到子谷,在那里迁移率低而质量较大,其结果是随着外加电压的增大,电子的平均漂移率反而降低.这种现象称为负阻效应.

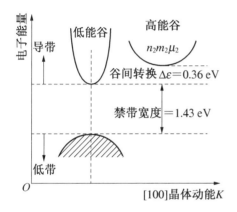

图 6.1-5 砷化镓能带结构

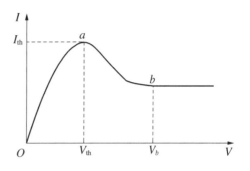

图 6.1-6 耿氏二极管的伏-安特性

实验可见:在体效应管两端加直流电压,当电压较小时,体效应管的电流随着电压增高而增大;当电压 V 超过某一临界值 V_{th} 后,随着电压的增高电流反而减小.这种随电压的增加电流下降的现象称为负阻效应.若继续增大电压($V>V_b$),则电流趋于饱和.如图 6.1-6 所示,体效应管具有负阻特性.

在实际应用中,体效应管都是被装入金属谐振腔中做成振荡器.如图 6.1-7 所示,在体效应管两端加上电压.当管内电场 E 略大于 E_r(E_r 是负阻效应起始电场强度)时,由于管内局部电量的不均匀涨落(通常在阴极附近),在阴极端开始生成电荷的偶极畴.偶极畴的形成使畴内电场增大、畴外电场下降,从而进一步使畴内电子转入高能谷,直至畴内电子全部进入高能谷,畴不再长大.此后,偶极畴在外电场作用下以饱和漂移速度向阳极移动直到消失.而后整个电场重新上升,再次重复相同的过程,周而复始地产生畴的建

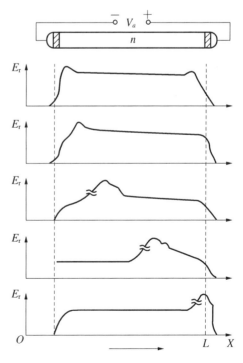

图 6.1-7 耿氏二极管中畴的形成、传播和消失过程

立、移动和消失,形成一连串很窄的电流,构成电流的周期性振荡,其振荡频率由偶极畴的渡越时间决定.改变腔体内的机械调谐装置可在一定范围内改变体内效应管振荡器的工作频率.

2. 微波传输线

微波能量的传输通常采用同轴线、波导管和微带线等传输线.传输线中某一种确定的电磁波分布称为波型,通常用 TEM、TE、TM 表示.

同轴线由内导体和一根环绕它的同心管形外导体组成,其间充有绝缘介质.它传输的是电、磁场仅分布在横截面积上而无纵向分量的横电磁波(TEM 波).

波导是空心金属的总称,由于空心波导中无任何导体,故不能传输 TEM 波,但能传输横电波(TE 波)和横磁波(TM 波).TE 波和 TM 波均可有无穷多个波型,写成 TE_{mn} 和 TM_{mn} 波,其中下标 mn 分别为包括 0 在内的正整数,即分别表示电磁波沿宽边和窄边交变的次数(半波长数).当 m 或 n 为 0 时,电磁场在相应方向保持恒定.为实现单一波型(单模)传输,常把波导尺寸标准化.对于宽边为 a、窄边为 b 的矩形波导,只要满足 $b=(0.4\sim 0.5)a$ 的关系,波导就只传输最低的模,即 TE_{10} 波(此时 $m=1$、$n=0$).

(1) 矩形波导管中的 TE_{10} 波.

实验室中最常见的是标准矩形波导管.如图 6.1-8 所示,在横截面积 $a\times b$ 的均匀、无耗波导管内,充以介电常数为 ε、磁导率为 μ 的均匀介质(一般为空气).若在管内传输角频率为 ω 的电磁波,则管内的电磁场分布由麦克斯韦方程组和边界条件可推出,沿 z 轴方向传播 TE_{10} 波的各个电磁场分量为

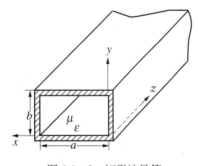

图 6.1-8 矩形波导管

$$\begin{cases} E_y = E_0 \sin\left(\dfrac{\pi x}{a}\right) e^{j(\omega t - \beta z)}, \\ E_x = E_z = 0, \\ H_x = -\dfrac{\beta}{\omega\mu} E_0 \sin\left(\dfrac{\pi x}{a}\right) e^{j(\omega t - \beta z)}, \\ H_z = j\dfrac{\pi}{\omega\mu a} E_0 \cos\left(\dfrac{\pi x}{a}\right) e^{j(\omega t - \beta z)}, \\ H_y = 0. \end{cases} \quad (6.1-5)$$

矩形波导管中 TE_{10} 波的电磁场结构如图 6.1-9 所示,具有下列特性.

① 微波在波导中传播存在一个临界波长 λ_c(也称截止波长),$\lambda_c=2a$,取决于波导横截面尺寸.波导中只能传输 $\lambda<\lambda_c$ 的电磁波.波导波长大于自由空间波长 ($\lambda_g>\lambda$).

② $E_z=0$,$H_z\neq 0$,电场在 z 方向无分量,为横电波.

③ 电磁场沿 x 方向形成半驻波,沿 y 方向均匀分布.

④ 电磁场沿 z 方向形成行波,E_y 和 H_x 的分布规律相同,即 E_y 与 H_x 同时为最大和同时为 0,与 H_z 的相位差为 $\dfrac{\pi}{2}$.

(2) 传输线的特性参量和工作状态.

对于矩形波导管中的 TE_{10} 波,常用下列几种参量来描述波导内的传输特征:

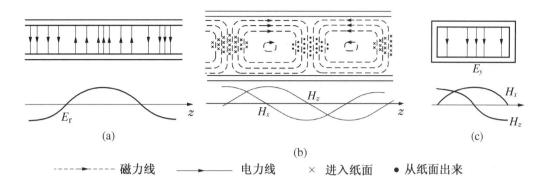

----→ 磁力线　　——→ 电力线　　× 进入纸面　　• 从纸面出来

图 6.1-9　TE_{10} 波的电磁场结构

$$\begin{cases} 相位常量 \quad \beta = \dfrac{2\pi}{\lambda_g}, \\[2mm] 波导波长 \quad \lambda_g = \dfrac{\lambda}{\sqrt{1-(\lambda/\lambda_c)^2}}, \\[2mm] 临界波长 \quad \lambda_c = 2a, 自由空间波长 \lambda = \dfrac{c}{f}, \\[2mm] 驻波比 \quad \rho = \dfrac{|E_y|_{\max}}{|E_y|_{\min}}, 反射系数 \Gamma = \dfrac{\rho-1}{\rho+1}. \end{cases}$$

在实际应用中,传输线为有限长,传输线中的电磁波由入射波和反射波叠加而成,传输线中的工作状态主要与负载有关.

① 当波导终端接匹配负载时,微波功率全部被负载吸收,波导中不存在反射波,即 $\rho=1$ 是行波状态(匹配状态).

② 当波导终端接理想导体板(即终端短路),将形成全反射,即 $\rho=\infty$ 是纯驻波状态.

③ 当波导终端开路(不接任何负载时),波导中传输的不是单纯的行波或驻波,而是行波与部分反射波的叠加,即 $1<\rho<\infty$ 是混波状态.

3. 微波谐振腔

常用的谐振腔是一个封闭的金属导体空腔,由一段长度为 $l=\dfrac{\lambda_g}{2}$ 整数倍的波导管和其两端的金属片组合而成,其能量传输通过金属片上的小孔耦合.谐振腔有矩形和圆形两种.下面以矩形谐振腔为例,讨论谐振腔的几个基本参数.

(1) 谐振频率为

$$f_0 = \frac{c}{\lambda} = \frac{c}{2}\left[\left(\frac{1}{a}\right)^2 + \left(\frac{p}{l}\right)^2\right]^{\frac{1}{2}}, \quad p=1,2,3,\cdots. \qquad (6.1-6)$$

由此可见,谐振频率与腔的形状、尺寸、波形等有关.

(2) 品质因数为

$$Q_0 = \frac{腔内的总储能}{一周期内损耗}. \tag{6.1-7}$$

由式(6.1-7)可知：腔内功耗愈多,则 Q 值越低；反之,功耗愈少,则 Q 值越高.品质因数是一个重要参量,它能衡量谐振腔效率和频率选择性等指标.

(3) 谐振曲线.

矩形谐振腔分通过式和反射式两种.通过式谐振腔有两个孔：一个孔输入微波信号以激励谐振腔,另一个孔输出腔内的部分能量.

通过式谐振腔的输出功率 $P_o(f)$ 和输入功率 $P_i(f)$ 之比称为腔的传输系数 $T(f)$,即

$$T(f) = \frac{P_o(f)}{P_i(f)}. \tag{6.1-8}$$

谐振腔的有载品质因数 Q_L 定义为谐振曲线的中心频率与半功率点的宽度比,即

$$Q_L = \frac{f_0}{2\Delta f_{1/2}} = \frac{f_0}{|f_2 - f_1|}, \tag{6.1-9}$$

其谐振曲线如图 6.1-10 所示.在微波测量中可根据式(6.1-9)求出通过式谐和振腔的有载品质因素.

反射式谐振腔上只有一个孔,输入和输出信号都通过于该孔.反射式谐振腔输入反射功率 $P_r(f)$ 与入射功率 $P_i(f)$ 之比称为反射式腔的相对反射系数 $R(f)$,即

$$R(f) = \frac{P_r(f)}{P_i(f)}. \tag{6.1-10}$$

反射式谐振腔的谐振曲线如图 6.1-11 所示.可见,谐振腔的 Q 值越高,谐振曲线越窄. Q 值高低除了表征谐振腔效率的高低外,还表示频率选择性的好坏.

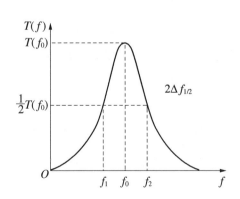

图 6.1-10 通过式谐振腔的谐振曲线

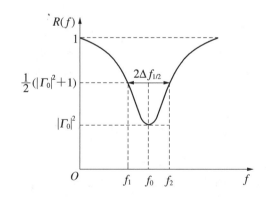

图 6.1-11 反射式谐振腔的谐振曲线

4. 微波测量仪器和常用的微波元件

微波元件是微波测量系统的重要组成部分,它们用于对微波信号或能量进行定向传输、衰减、滤波、相位控制、波形转换、阻抗变换和调配等.下面介绍几种常用的微波波导元件(见图 6.1-12).

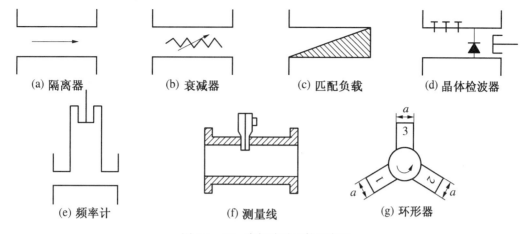

图 6.1-12 常规波导元件示意图

(1) 隔离器.隔离器是一种铁氧体,具有单向传输特性.微波正向通过衰减很小、反向通过衰减较大,一般正向衰减≤0.5 dB,反向衰减≥20 dB.隔离器常用于振荡器与负载之间,使振荡器工作稳定.

(2) 可变衰减器.衰减器是一段波导,在垂直于波导宽边沿纵向插入吸收片以吸收部分传输功率达到衰减.通过调节吸收片插入的深度以改变衰减量.最大衰减量一般小于 30 dB.

(3) 匹配负载.匹配负载是一单口终端短路波导段.内部的吸片几乎无反射地吸收入射波的全部功率,实现传输系统中的行波状态.通常要求驻波比 $\rho < 1.06$.

(4) 晶体检波器.晶体检波器由调配螺钉、微型检波二极管和活塞构成,用来检测微波信号,其中晶体二极管跨接在最大电场方向上,利用它的非线性进行检波,将微波信号转换成直流或低频信号供电表指示.

(5) 测量线.测量线是由一段开槽的波导、一个可沿线带有晶体检波器的探针和若干调谐机构组成.探针从槽中伸入波导,从中拾取微波功率,同时测量电场幅值的沿线分布.探针的位置可从测量线上所附标尺读取.测量线的调整包括探针的穿透深度、短路活塞调谐及传动机构探头位置的调整.

(6) 频率计(波长计).频率计是利用谐振法来直接测量微波频率的仪器.它由传输波导的圆柱形谐振腔构成,通过丝杆、螺母传动机构移动活塞调节腔长以改变谐振频率.频率值由外圆筒上的刻度读出.当微波信号与谐振腔频率一致时,谐振腔吸收一部分微波能量,使通过波导传输到负载的功率突然下降.

(7) 环形器.环形器是一种具有非可易性的分支传输元件,Y 形环形器是常用的一种,它由 3 个互成 120°对称配置的分支线构成.环形器的功能是保证功率的单向循环流通,即类似由 1→2、2→3、3→1 构成单向循环通路,反向时功率隔离.

6.2 微弱信号检测技术基础知识

微弱信号检测(weak signal detection)是测量技术中的综合技术和尖端领域.无论从理论还是技术角度出发,微弱信号检测所涉及的内容都是广泛、前沿和深入的,其检测技术是采用物理学、电子学、信息论、计算机技术等知识,分析噪声产生的原因和规律,研究被测信号的特点和相关性,检测被背景噪声覆盖的微弱信号.

微弱信号检测技术的发展,始终围绕着两个问题逐渐解决和提高,即速度和精度.微弱信号的种类繁多,包括稳定的直流信号、重复信号、离散信号和不重复的单次信号以及具有空间分布的信号等.重复信号又可分为频域信号和时域信号,或者分为快速信号、缓慢信号、不稳定信号、周期或非周期信号以及相干和不相干信号等.所以对于不同的信号,一般有三种检测方法:一是降低传感器与放大器的固有噪声,尽量提高信噪比;二是采用适合弱信号检测原理并能满足特殊需要的器件;三是利用弱信号检测技术通过各种手段提取信号.

1. 频域的窄带化技术

如果被测信号是频域信号,或被调制成频域为固定频率 f_0 的正弦波振荡或其他信号.过去对此类中心频率为 f_0 的信号实现窄带化的唯一办法是使它通过带通滤波器(band-pass filter,BPF).但 BPF 的带通是有一定范围的,只能允许 $f_0 \pm \Delta f$ 的信号与噪声通过.显然 Δf 越小(Q 值越高),噪声通过的分量也越少,检测越理想.实际上,BPF 的 Q 值是有限的,用它直接进行弱检测有一定困难.若将 f_0 的频率搬迁到 f'_0,而使 $f'_0=0$(即直流 DC),则 BPF 就可用低通滤波器(low-pass filter,LPF)来代替,对信号积分过程起到了平滑作用.由于 LPF 可以使 Δf 很小(取决于积分时间常数),窄带化得到了解决.实现频谱搬迁的电路称相敏检波器,它是窄带化技术的心脏.实现这种检测方法的仪器称为锁相放大器(lock-in amplifier,LIA),是一种相干检测,也是相关接收,它是一积分过程:

$$\int_0^t [S(t)+N(t)]\varphi(t)\mathrm{d}t, \tag{6.2-1}$$

式中,$\varphi(t)$ 是一个取决于接收方法的加权函数.若 $\varphi(t)=S(t-\tau)+N(t-\tau)$,即 $\varphi(t)$ 为经过延迟后的输入函数时,则是自相关.在处理频率信号(如正弦波信号)时,经过延迟后的输入函数就是含固定频率,并且有一定相位差的参考信号,因此锁相放大器是自相关的一个特例与变通形式.加权函数 $\varphi(t)$ 中的 τ 是一常数,在时域表示为固定延迟,在频域测量中则意味着相位的固定.由于噪声具有随机性,锁相放大器完成了相位的锁定.一般来说,带通滤波器的 Q 值为 $10\sim100$,锁相放大器的 Q 等效值可达 10^8,噪声几乎全部被抑制.

2. 时域信号的平均处理

利用相干检测的是频域的窄带化处理方法,但若被测弱信号是一个用时间描述的脉冲波形,相干检测必须完成时-频域的相互转换.因为在实际测量中二者的参数没有明显的直观关系.

一种根据时域特征的取样平均来改善信噪比,并恢复波形作永久记录的 BOXCAR 积分器首先得到发展.对于任何重复的信号波形,在其出现周期间只取一个样本,并在固定的取样间内重复 m 次.由 $\sqrt{m}$ 法则可知,信噪改善比 SNIR$=\sqrt{m}$.若将所描述的信号按时间序划分为 n 个间隔,将每个间隔的平均结果依次记录下来,便能使被噪声污染的信号波形得到恢复.n 分得越细,恢复越准确,平均次数 m 越大,SNIR 也越大.因此,当记录一个完整的波形时,共需信号重复 $n\times m$ 次,即 SNIR 的恢复是以长时间测量为代价的.

BOXCAR 积分器由慢扫描发生器控制的延时电路完成逐次移动取样间隔,在门宽的范围内积累平均,以达到改善信噪声比的目的.

假设伴有噪声的信号为 $f(t)=S(t)+N(t)$,每隔 T 秒后取样一次.对第 i 个取样点(相对信号的位置是固定的)的第 k 次取样值为

$$f(t_k+iT)=S(t_k+iT)+N(t_k+iT). \qquad (6.2-2)$$

将此值经 A/D 转换后存贮到各个取样点对应的存贮地址.经 mT 秒后,总取样数为 m,对 i 点共作了 m 次平均,若平均方式是简单线性累加平均,则 i 地址的存贮总值为

$$\sum_{k=1}^{m}f(t_k+iT)=\sum_{k=1}^{m}S(t_k+iT)+\sum_{k=1}^{m}N(t_k+iT). \qquad (6.2-3)$$

因此,对信号的输出是输入信号幅度的 m 倍,而噪声是随机的,其有效值为 $\sqrt{m}$ 倍,平均后的 $\text{SNIR}=\sqrt{m}$,信噪比得到了改善.

3. 离散量的计数统计

在被测信号中,有时却是随机的或按概率分布的离散信号.例如当光非常微弱时,它呈粒子性,成为量子化的光子.单位时间内的光子既非同时发射,也非有序到达,而是满足一定概率分布.在检测这些离散量时能否逐一分开,全部记录;如何修正其堆积过程;如何排除噪声,这些问题被光子计数系统成功地解决了.在常用的适合于光辐射的探测器中,光电倍增管(photo-multiplier tube,PMT)由于不直接测量功率,而是给出了一个与单位时间内探测器接收到的光子数即光子速率成正比例的输出信号.在不考虑量子效率时,输出信号与光子数的能量无关,与光子速率成正比,并且灵敏度高,从而表现出明显的优越性.因此,通常在光子计数系统中将 PMT 作为探测器件使用,PMT 的输出光电子脉冲经放大/甄别器后,利用光子计数器来对光脉冲信号脉冲计数.

在弱光检测中主要的噪声源是大量的二次电子发射、热激发和放大器噪声,它们都有很高的计数概率.因此,要求光电检测器对二次电子发射等的输出脉冲幅度要低;与要求检测光子脉冲幅度尽可能地趋于一致;对宇宙射线要尽量屏蔽,以防进入;要求 PMT 要有明显的单光子响应.基于此,对光电检测器要进行合理的选择和特殊的设计.对光子计数系统提出如下要求:第一,PMT 要有制冷系统以降低光电阴极的温度,防止热电子发射,且 PMT 各倍增极的增益要分配合理;第二,由于每一个光子所产生的脉冲是很窄的,后续放大器不仅要噪声低,而且有足够的频宽,其终端还需有两个可调整阈值的甄别电路,以便提取单光子的输出脉冲;第三,对所获取并经过甄别的信息要进行计数和计算处理,其中包括计数误差的修正、自动背景扣除、源强度补偿以及进一步改善信噪比等.

4. 并行检测

对于只有一次事件的信息记录,如单次闪光的光谱,或者希望在测量范围内用扫描方式同时获得结果,这就需要并行检测的方法.并行检测需要一个检测的传感器阵列,且每一个传感器必须有存贮效应,使数据能依次输出.这种并行检测所用的传统方法是照相干板,它能使整个干板同时感光并永久记录.

并行检测需要被测系统、传感器阵列和处理方法采用多路传输和多道技术来实现,其实质是图像处理技术.

并行检测除能对噪声作处理外,还可实现快速分析.因此,并行检测在荧光动力学、阳光

发射与大气现象、等离子体分析、爆炸研究、低能电子衍射、质谱及干扰测量中获得广泛应用.

5. 自适应噪声抵消系统

自适应噪声抵消系统需要一个额外的参考输入.如参考输入有干扰噪声电压,则系统能在不引入畸变的前提下,将与信号混杂的干扰噪声信号成分进行有效地抵消,从而提高信噪比.这种方法在生物医学、通信和测量设备中均有很大的应用价值.

实验十八　微波基本参量和传输特性

【实验目的】

(1) 了解微波振荡器工作原理和微波传输特性.
(2) 了解常用微波器件的功能和结构.
(3) 掌握检波晶体定标原理和方法.
(4) 掌握微波基本参量的测量原理和方法.
(5) 验证电磁波(TEM 波)在同轴线中传播速度为光速 c.

【实验原理】

1. 微波的传输特性

波导是传输微波信号时最常用的传输线之一.不同尺寸的波导适用于不同的波段.实验室常用的是矩形 TE_{10} 波导管,微波在波导中传输具有横电波(TE 波)、横磁波(TM 波)以及 TE 波与 TM 波叠加的混合波.当波导终端配置不同的负载时,波导中具有以下 3 种工作状态.

(1) 当波导终端接匹配负载时,微波功率全部被负载吸收,波导中不存在反射波,即 $\rho=1$,是行波状态.

(2) 当波导终端接终端短路,将形成全反射,即 $\rho=\infty$,是纯驻波状态.

(3) 当波导终端开路,波导中传输的是行波与部分反射波的叠加,即 $1<\rho<\infty$,是混波状态.

2. 波长的测量

测量方法有谐振法和驻波分布法.

(1) 谐振法.波长 λ 与频率 f 是微波的基本参量,它们之间的关系为

$$\lambda = \frac{v}{f}, \tag{18-1}$$

式中,f 是微波信号频率;v 是电磁波在媒质中的传播速度.

由式(18-1)可知,只要测出 f,即可算出 λ.测量频率时,按其连接方式分为通过型和吸收型两种.对后者,在调节谐振腔频率与微波信号频率一致时,谐振腔吸收了一部分微波能量,使通过波导传输到负载的功率突然下降到最低,此时频率计外圆筒上红线对准的刻度值,即为被测信号频率 f.

注意:频率计不用时应使之失谐,以免影响测量系统.

(2) 驻波分布法.当微波波导终端短路时,波导传输线上就建立纯驻波,波导波长在数值上为相邻两个驻波极点(波腹或波节)距离的 2 倍.由于波节位置受探针影响极小,实际

采用测定驻波极小值位置来求出波导波长.为准确测定极小点的位置,测量时通常采用平均值法间接测量,即测极小点附近两点的坐标(此两点的幅度必须相等);然后取这两点坐标的平均值,即得极小点坐标.如图 18-1 所示,两个相邻极小点的距离为半个波导波长 λ_g,测量计算公式为

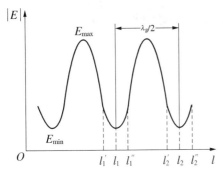

图 18-1 驻波极小点的测量方法

$$\frac{\lambda_g}{2} = \frac{l'_2 + l''_2}{2} - \frac{l'_1 + l''_1}{2}, \quad (18-2)$$

即

$$\lambda_g = (l'_2 + l''_2) - (l'_2 + l''_1), \quad (18-3)$$

式中,$(l'_2 + l''_2)$ 和 $(l'_2 + l''_1)$ 分别为极小点两旁输出幅度相等的两点坐标.

另外,在微波同轴传输线上,按此方法测得的波长即为自由空间波长 λ. 在波导传输线中,λ_g 与自由空间波长 λ 之间的关系为

$$\lambda_g = \frac{\lambda}{\sqrt{1 - (\lambda/\lambda_c)^2}}, \quad (18-4)$$

式中,$\lambda_c = 2a$;$a = 22.86$ mm.

3. 检波晶体定标

在微波系统中,通常用检波晶体二极管将微波信号转换成直流或低频电流信号来检测.由于晶体二极管是非线性元件,电表示值不能直接反应波导内场强的变化关系.因此在定量测量时,必须事先作出检波晶体 u-i 特性曲线(见图 18-2).

在一定范围内,检波晶体的电压和电流成如下关系:

$$i = k_1 u^n. \quad (18-5)$$

在探针深度一定时,感生电动势 E 与所测电场成正比.当电表的内阻远小于检波晶体的正向电阻时,感生电动势 E 基本上等于检波晶体上的压降.因此式(18-5)可近似写成

$$i = k_1 u^n \approx k_2 E^n. \quad (18-6)$$

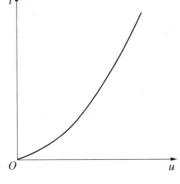

图 18-2 检波晶体 u-i 特性曲线

当微波场强较大时,i 与 E 呈现直线关系;当微波场强较小时,i 与 E 呈现平方关系.

为了测定 n 的数值和 u-i 的关系曲线,将测量线终端短路.此时沿线各点驻波的振幅与终端距离 d 的关系为

$$E = k_3 \left| \sin \frac{2\pi d}{\lambda_g} \right|, \quad (18-7)$$

式中,d 的参考点可设定在沿线任一驻波节点(见图 18-3).

将式(18-6)和式(18-7)联立,并取对数得

$$\log i = K + n\log\left|\sin\frac{2\pi d}{\lambda_g}\right|, \qquad (18-8)$$

式中,$K = \log k_2 + n\log k_3$.

用双对数纸作出 $\log i - \log\left|\sin\dfrac{2\pi d}{\lambda_g}\right|$ 曲线,就可以从曲线上求出晶体检波律 n.

4. 驻波比的测量

驻波比定义为波导中驻波极大值点和极小值点的电场之比,即

$$\rho = \frac{E_{\max}}{E_{\min}}. \qquad (18-9)$$

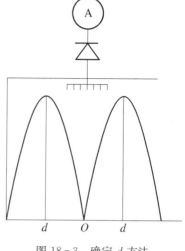

图 18-3 确定 d 方法

如图 18-1 所示,实验常采用沿线测量驻波最大和最小场强,但实际测出的是与其对应的检波电流,即驻波腹点 $i_{\max}$ 和波节点 $i_{\min}$;然后根据检波晶体定标曲线查出检波电流 i 与场强 E 的相应值,并用式(18-9)计算驻波比 ρ.

在小驻波比的情况下,驻波极大值点和极小值点的检波电流值相差微小.因此,为了提高测量精度,常采用测量多个相邻波腹与相邻波节点的检波电流值,然后求平均值的方向,即

$$\rho = \frac{E_{\max 1} + E_{\max 2} + \cdots + E_{\max n}}{E_{\min 1} + E_{\min 2} + \cdots + E_{\min n}}. \qquad (18-10)$$

【实验装置】

微波实验装置如图 18-4 所示.

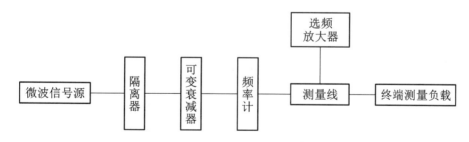

图 18-4 微波实验装置示意图

【实验内容】

1. 体效应管振荡特性的测量

(1) 按图 18-4 所示在测量线终端接上微波数字功率计,并进行零点调整.

(2) 将 DH1121A 型固态信号源的工作方式键置"教学"位置,调节电压,观察体效应管

工作电压的变化.

(3) 在工作电压 0～12 V 范围内取测量点,测出电流、功率、频率与电压的关系,并作出 u-i、p-u 和 f-u 特性曲线,确定体效应管最佳工作点.

注意:体效应管的工作电压不能高于 12 V,否则将会影响它的使用寿命.

2. 波导中微波传输特性的测量

(1) 将测量线终端接上短路器,移动探针到驻波波腹点位置,调节可变衰减器,使电表指示为 100(满刻度).

(2) 沿线移动探针,在含有 3 个波节和 2 个波腹的范围内逐点测量电流 i 和探针位置 d(见图 18-1),并在方格纸上作出 i-d 关系曲线.为使绘出的图形有较高的精度,实验点的间隔也应足够小.

(3) 利用 i-d 关系曲线确定波导波长 λ_g 时,应考虑如何获得较高的精度,并估计 λ_g 的测量误差.

(4) 根据 i-d 关系曲线,在双对数纸上作出 $\log i - \log \left| \sin \dfrac{2\pi d}{\lambda_g} \right|$ 关系曲线,其中 d 的原点取在驻波最小值位置(见图 18-3).由对数曲线确定晶体检波律 n.

3. 不同负载的驻波比 ρ 的测量

将测量线终端分别设置为开口和匹配负载,然后沿线分别测量驻波极大值 $i_{\max}$ 和极小值 $i_{\min}$.若晶体检波律为 n,则驻波比为

$$\rho = \left(\frac{i_{\max}}{i_{\min}} \right)^{\frac{1}{n}}. \tag{18-11}$$

4. 验证电磁波(TEM 波)在同轴线中传播速度为光速 c

用驻波分布法测量同轴线中 TEM 波波长 λ,同时用谐振法测量该信号的精确频率 f,并读取仪器误差 Δ_l 和 Δ_f.考虑减小测量误差,测量波长时要求用逐差法处理数据,求出波长 λ 及其不确定度 U_λ.利用式(18-1)的关系算出 TEM 波的传播速度 v 及其不确定度 U_v,与光速 c 相比较,求出百分误差并分析误差原因.

【注意事项】

(1) 波导元件、频率计、测量线是微波测试装置中的精密器件.在测量中,动作要求缓慢,调节要仔细耐心.

(2) 在使用测量线时,探针应沿单一方向移动.若测量途中返回探针,测量线的空位会造成测量误差.

(3) 实验室对测量线探针的深度已调好,不得擅自调节.

思考题

1. 比较谐振法与驻波分布法的差异,通过实验你认为哪一种方法较精确?
2. 为什么在检波晶体完好的条件下,还要进行检波晶体的定标?
3. 采用驻波极小点的位置确定波导波长 λ_g 有何意义?

参考文献

［1］吴思诚,王祖铨.近代物理实验[M].北京：北京大学出版社,1995.
［2］沈致远.微波技术[M].北京：国防工业出版社,1980.
［3］林木欣.近代物理实验教程[M].北京：科学出版社,1999.

实验十九　微波的干涉和衍射

【实验原理】

微波同样能在均匀介质中沿直线传播,也有类似于光的效应,例如反射、折射、衍射、干涉和偏振等现象.用微波和用光波所做的波动实验所说明的现象及规律是一致的.由于微波的波长比光波的波长在量级上大一万倍左右,因此用微波装置比用光学装置做波动实验更直观、更方便.

1. 反射实验

微波具有波长短、方向性强等特性,因此在传播过程中遇到障碍物就会发生反射.实验选取铝板作为障碍物,当电磁波以某一入射角入射到铝板,就会发生反射,且遵循和光线一样的反射定律,即反射线在入射线与法线所决定的平面内,反射角等于入射角.

2. 单缝衍射实验

如图 19-1 所示,当平面波入射到一宽度和波长可比拟的狭缝时,就会发生衍射现象.在缝后出现的衍射波强度并不均匀,中央最强,同时也最宽.在中央的两侧衍射波强度迅速减小,直至出现衍射波强度的最小值,即一级极小,此衍射角为

$$\varphi = \sin^{-1}\frac{\lambda}{a}, \quad (19-1)$$

式中,λ 为波长;a 为狭缝宽度,二者取同一长度单位.

然后,随着衍射角的增大,衍射波强度逐渐增大,直至出现一级极大,角度为

$$\varphi = \sin^{-1}\left(\frac{3}{2} \cdot \frac{\lambda}{a}\right). \quad (19-2)$$

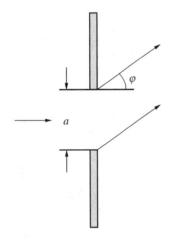

图 19-1　单缝衍射原理

3. 双缝干涉实验

如图 19-2 所示,当一平面波垂直入射到一铝板的两条狭缝上时,每一条狭缝就是次级波波源.由两缝发出的次级波为相干波,在铝板的背后空间中,将产生干涉现象.当然,波通过各缝均有衍射现象.因此实验将是干涉和衍射二者结合的结果.令 b 为双缝的间距;a 为缝宽,接近微波波长.若采用微波波长 $\lambda = 3.2$ cm,当 $a = 4.0$ cm 时,单缝的一级极小衍射角接近 53°.因此当 b 较大时,干涉强度受单缝衍射的影响小;当 b 较小时,干涉强度受单缝衍射影响较大.干涉加强的角度为

$$\varphi = \sin^{-1}\left(k \cdot \frac{\lambda}{a+b}\right), \quad k = 1, 2, 3, \cdots; \quad (19-3)$$

干涉减弱的角度为

$$\varphi = \sin^{-1}\left(\frac{2k+1}{2} \cdot \frac{\lambda}{a+b}\right), \quad k=1, 2, 3, \cdots. \tag{19-4}$$

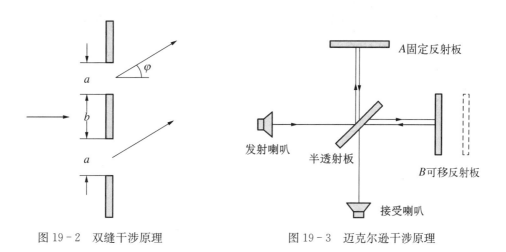

图 19-2 双缝干涉原理　　　　图 19-3 迈克尔逊干涉原理

4. 迈克尔逊干涉实验

如图 19-3 所示,在平面波传播的方向上放置一块与波传播方向成 45°的半透射半反射的分束板.将入射波分成两束波:一束被反射沿 A 方向传播;另一束被折射沿 B 方向传播.由于 A、B 方向上全反射板的作用,两列波就再次回到半透射板,又分别经同样的折射和反射,最后到达接收喇叭.于是接收喇叭收到同频率、同振动方向的两列波.若这两列波的相位相差为 2π 的整数倍,则干涉加强;当相位相差为 π 的奇数倍,则干涉减弱.若将 A 方向上的全反射板固定,令 B 方向的全反射板可移动,即可改变两列波的相位.

5. 偏振实验

平面电磁波是横波,它的电场强度矢量 **E** 和波长的传播方向垂直.如果 **E** 在垂直于传播方向的平面内沿着一条固定的直线变化,则此横电磁波叫线极化波,在光学中也叫偏振波.电磁场沿某一方向的能量有 $\sin^2\varphi$ 的关系,就是光学中的马吕斯(Malus)定律,即

$$I = I_0 \cos^2\varphi, \tag{19-5}$$

式中,I_0 为初始偏振光的强度;I 为偏振光的强度;φ 是 I 与 I_0 间的夹角.

6. 布拉格衍射实验

任何真实的晶体均具有自然外形和各向异性的性质,这与晶体内的离子、原子或分子在空间按一定的几何规律排列密切相关.晶体内的离子、原子或分子占据着点阵的结构,两相邻结点的距离称为晶体的晶格常数.真实晶体的晶格常数约在 10^{-8} cm 的数量级.X 射线的波长与晶体的常数属于同一数量级.实际上晶体起着衍射光栅的作用,因此,可以利用 X 射线在晶体点阵上的衍射现象来研究晶体点阵的间距和相互位置的排列,以达到对晶体结构的了解.

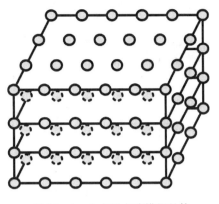

图 19-4 立方形点阵模拟晶体

本实验采用波长为 3.2 cm 的微波代替 X 射线,人为制作一个"晶格常数"为 4 cm 的立方形点阵模拟晶体,如图 19-4 所示.当微波入射模拟晶体上时,除了要引起晶体表面点阵的散射外,还要引起晶体内部平面的散射,不同晶面上点阵的散射互相干涉后将产生衍射条纹(详见实验八).令相邻散射平面点阵间为 d,则从两相邻平面散射出来的射线之间的程差为 $2d\sin\theta$,相互干涉加强的条件为

$$2d\sin\theta = n\lambda, \quad n = 1, 2, 3, \cdots, \quad (19-6)$$

式中,λ 为射线波长;θ 为掠射角(入射角与晶体面之间的夹角);n 为反射系数,其中 $n=1$ 称为一级反射,$n=2$ 称为二级反射.实验可测定掠射角 θ 和衍射强度 I 的分布 I-θ 曲线,由 I 的极大值所对应的 θ,可求出晶面间距 d.

【实验装置】

实验装置如图 19-5 所示.

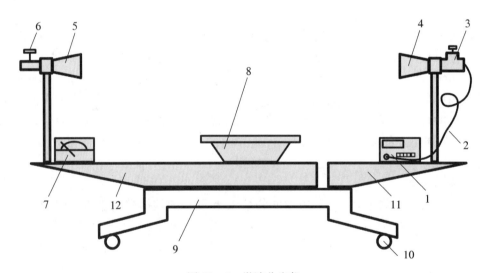

图 19-5 微波分光仪

1—三厘米固态源;2—同轴线;3—可变衰减器;4—发射喇叭;5—接收喇叭;6—晶体检波器;7—微安表;8—具有分度盘的平台;9—底盘;10—水平调节螺丝;11—固定臂;12—活动臂

【实验内容】

按图 19-5 所示连线仪器,调整水平,开启 DH1121B 三厘米固态源电源,预热 5 min.

1. 微波反射实验

(1) 将反射板(铝板)放置在具有分度盘的平台上,使度盘上的 0 刻度与铝板的法线方向一致.

(2) 转动度盘,使固定臂处在某一角度,即为入射角.然后转动活动臂,使微安表读数 i

为最大,则活动臂所指的刻度为反射角.

(3) 设置入射角分别为 20°、40°、60°,通过微安表的读数 i 变化,验证反射定律.

2. 单缝衍射实验

(1) 将预先调整好单缝衍射板放置在具有分度盘的平台上,使盘度上的 0 刻度与单缝平面的法线方向一致.

(2) 启动微波分光仪自动测试系统(DH926U)应用软件,测量 i-φ 曲线.

(3) 由波长 λ 和缝宽度 a,计算出一级极小值和一级极大值的衍射角,并与实验 i-φ 曲线上求得的结果进行比较.

3. 双缝干涉实验

(1) 将单缝板换成双缝衍射板,重复上述单缝衍射实验的步骤(1)、(2).

(2) 由波长 λ、缝宽度 a、缝间距 b,计算出一、二级干涉极小值和一、二级干涉极大值的角度.

4. 迈克尔逊干涉实验

(1) 将发射喇叭与接收喇叭轴线互成 90°,半透射板(玻璃板)放置在具有分度盘的平台上,并与两喇叭轴线互成 45°.

(2) 使固定反射板 A 的法线与接收喇叭的轴线一致;可移动反射板 B 的法线与发射喇叭的轴线一致.

(3) 移动反射板 B 至读数机构端,在附近寻找一个极小位置.然后旋转读数机构手柄使反射板 B 移动,从微安表上测出 $(n+1)$ 个极小值.同时从读数机构得到反射板 B 的移动距离 L,则微波波长 $\lambda = \dfrac{2L}{n}$.

5. 偏振实验

提示:偏振实验不需要在具有分度盘的平台上放任何分波元件.

(1) 将两喇叭口面互相平行,其轴线在同一水平线上.

(2) 在 0°~90° 之间要求每旋转接收喇叭 10°,记录一次微安表读数 i,验证马吕斯定律.

6. 布拉格衍射实验

提示:用模片把模拟晶体球调得上下左右成一方形点阵,晶格常数为 4 cm.使被研究晶面的法线与度盘上的 0 刻度一致.为避免两喇叭之间的波直接入射,入射角取值范围为 30°~70°.

(1) 验证布拉格公式.用(100)晶面簇作为散射点阵面,测定相当于第一级和第二级的掠射角 θ_1 和 θ_2,并与式(19-6)计算得的 θ_1 和 θ_2 进行比较.在 20~25° 之间要求每 0.5° 记录一次微安表读数 i.

(2) 已知晶格常数测定波长,模拟晶体晶格常数为 $a=b=c=4.0$ cm,用(110)晶面簇作为散射点阵面(度盘转 45°),由实验测定相当于第一级掠射角 θ,代入式(19-6)计算波长.

(3) 已知波长测定晶格常数,测定正交晶体的晶格常数 a、b、c.用 (100)、(010)、(001) 晶面簇作为散射点阵面,分别测得 θ_a、θ_b、θ_c,利用式(19-6)算出 a、b、c 的值.

【思考题】

1. 实验前,为什么必须使发射喇叭和接收喇叭的轴线在同一水平线上? 否则对实验结果会有什么影响?

2. 通过实验,你认为是否验证了微波也有类似于光的效应,例如反射、干涉、衍射、偏振等现象?

3. 本实验装置只能定性观察和验证电磁波的特性,其主要原因是什么?

参考文献

[1] 沈志远.微波技术[M].北京:国防工业出版社,1980.

[2] 高铁军,孟祥省,王书运.近代物理实验[M].北京:科学出版社,2009.

实验二十　介电常数波导法测量

【实验目的】

(1) 掌握介电常数波导法测量原理和方法.

(2) 测量某介质材料的相对介电常数 ε_r 和损耗角正切 $\tan\delta_\varepsilon$.

【实验原理】

微波介质材料的介电常数,是研究材料的微波特性和设计微波器件的重要参量.微波工程中广泛应用各种电介质材料,如同轴线中的绝缘片、微波集成电路的介质基片、波导中的介质片以及介质天线中各种微波器件的支持装置等.因此,在微波波段研究介质特性参量测量原理和方法有着实际的意义.

微波介质材料的特性参量通常用复数介电常数 ε^* 表征,即

$$\varepsilon^* = \varepsilon_0 \varepsilon_r = \varepsilon_0 (\varepsilon' - \mathrm{i}\varepsilon''), \tag{20-1}$$

式中,$\varepsilon_0 = 0.8854 \times 10^{-11}$ F/m,为自由空间的介电常数;ε_r 为介质材料的复数相对介电常数,即

$$\varepsilon_r = \frac{\varepsilon^*}{\varepsilon_0} = \varepsilon' - \mathrm{i}\varepsilon'' = \varepsilon'(1 - \mathrm{i}\tan\delta_\varepsilon), \tag{20-2}$$

式中,$\tan\delta_\varepsilon = \dfrac{\varepsilon''}{\varepsilon'}$ 称为电介质的损耗角正切.当 $\tan\delta_\varepsilon$ 很小,即 $(\varepsilon''/\varepsilon') \ll 1$ 时,可以认为无耗介质.此时,相对介电常数 ε_r 近似为实数,即 $\varepsilon_r \approx \varepsilon'$.

波导法是将填充介质试样的波导段作为传输系统的一部分来测量它的复数相对介电常数 ε_r.具体测量方法可以分为传输法和反射法.反射法是最常用的一种.在这种方法中,介质试样段接在测量系统的末端,它的输出端接短路器或开路器(即 $\lambda_g/4$ 短路器),以产生全反射波.根据介质试样段引起的驻波节点偏移和驻波比,可确定介质的相对介电常数.

波导法测量介质的 ε_r 实际上是阻抗测量的具体应用,通常采用终端短路法、终端短路开路法、长试样法和网络法等.终端短路法是应用最为普通的电介质测量方法.当介质的损耗极小且可以看成无耗介质时,常用这个方法可以获得准确的结果.

1. 终端短路法测量原理

通过介质波导传输理论不难证明,当短路波导的末端填充介质试样时,可在介质试样输入端面 AA'(见图 20-1)得到阻抗关系式,即

$$\frac{\tanh(\gamma l_\varepsilon)}{\gamma l_\varepsilon} = \frac{1}{\mathrm{i}\beta_0 l_\varepsilon} \frac{1 - \mathrm{i}\rho\tan(\beta_0 \bar{d})}{\rho - \mathrm{i}\tan(\beta_0 \bar{d})}, \tag{20-3}$$

式中，γ 为介质试样波导段中的传播常数，即 $\gamma = \alpha + \mathrm{i}\beta$；$l_\varepsilon$ 为介质试样段的长度（最好是取介质波导波长的四分之一，此情况下可使测量数据比较准确）；β_0 为未填充介质时空气波导中的相位常数，即 $\beta_0 = 2\pi/\lambda_\mathrm{g}$；$\rho$ 为介质试样段的输入驻波比；$\bar{d}$ 为驻波节点（波源与 AA' 端面之间的节点）到介质试样输入端面的距离（见图 20-2）.

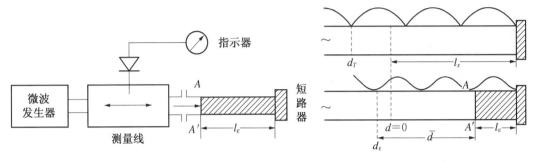

图 20-1 ε_r 终端短路法测量原理   图 20-2 确定 $\bar{d}$ 的方法

在传输 H_{10} 波的矩形波导测量系统中，复数相对介电常数的计算公式为

$$\varepsilon_\mathrm{r} = \varepsilon' - \mathrm{i}\varepsilon'' = \left(\frac{\lambda_0}{2\pi}\right)^2 \left[\left(\frac{\pi}{a}\right)^2 + \beta^2 - \alpha^2 - \mathrm{i}2\beta\alpha\right], \tag{20-4}$$

$$\varepsilon' = \left(\frac{\lambda_0}{2\pi}\right)^2 \left[\left(\frac{\pi}{a}\right)^2 + \beta^2 - \alpha^2\right], \tag{20-5}$$

$$\tan\delta_\varepsilon = \frac{2\beta\alpha}{\left(\frac{\pi}{a}\right)^2 + \beta^2 - \alpha^2}, \tag{20-6}$$

式中，λ_0 为自由空间波长（可通过未填充介质的空气波导中测量频率来计算）；a 为波导的宽边尺寸，$a = 22.86\ \mathrm{mm}$.

由式(20-4)~式(20-6)可知，欲在微波频率下测量某电介质材料的复数相对介电常数，仅需测量介质试样波导段中的传播常数 γ. 由式(20-3)可知，测出驻波比 ρ 及驻波节点至介质试样输入端面距离 $\bar{d}$，则通过求介质复数超越方程(20-3)，即可得 $\gamma = \alpha + \mathrm{i}\beta$.

2. 测量 ρ 及 $\bar{d}$

驻波比 ρ 的测量方法不再叙述（详见实验十八），下面介绍测量 $\bar{d}$ 的方法. 图 20-2 中分别为未放入和放入介质试样两种情况下测量驻波最小点的位置，其中 $d=0$ 为测量线上标尺的零点；d_T、d_ε 为驻波节点位置.

由图 20-2 可得，

$$\begin{cases} l_x = (n\lambda_\mathrm{g}/2) - d_T, \\ \bar{d} = d_\varepsilon + (l_x - l_\varepsilon) = d_\varepsilon - d_T - l_\varepsilon + n\lambda_\mathrm{g}/2, \end{cases} \tag{20-7}$$

式中，l_ε 为介质试样的长度（一般取填充介质时波导波长的 1/4）；λ_g 为未放入介质试样的波导波长，n 的选值使 $\bar{d} < \lambda_\mathrm{g}/2$.

3. 复数超越方程式(20-3)的图解法

式(20-3)右边项的模数 C 和幅角 ζ 为

$$C = \frac{\lambda_g}{2\pi l_\varepsilon} \sqrt{\frac{1 + \rho^2 \tan^2 \frac{2\pi \bar{d}}{\lambda_g}}{\rho^2 + \tan^2 \frac{2\pi \bar{d}}{\lambda_g}}}, \qquad (20-8)$$

$$\zeta = \arctan \frac{\rho \left(1 + \tan^2 \frac{2\pi \bar{d}}{\lambda_g}\right)}{(\rho^2 - 1) \tan \frac{2\pi \bar{d}}{\lambda_g}}. \qquad (20-9)$$

令式(20-3)左边项中

$$\gamma l_\varepsilon \equiv T e^{i\tau}, \qquad (20-10)$$

则式(20-3)为

$$\frac{\tanh T e^{i\tau}}{T e^{i\tau}} = C e^{i\zeta}, \qquad (20-11)$$

式中，T 和 τ 与 C 和 ζ 的关系可从图 20-3 所示的曲线中直接查出。查得 $Te^{i\tau}$ 值后，按下式计算 γ：

$$\gamma = \alpha + i\beta = \frac{T}{l_\varepsilon}(\cos \tau + i\sin \tau). \qquad (20-12)$$

根据式(20-4)～式(20-6)计算某介质材料的相对介电常数 ε_r 和损耗角正切 $\tan \delta_\varepsilon$。

4. 终端短路法测量结果的近似计算

在使用图 20-3 的函数曲线时，发现读取的数据还不够精确(除非在图 20-3 中绘出更多的曲线并加以放大)，使式(20-3)的求解产生误差。在实际应用中，微波介质材料的选取很大一部分是损耗极小的电介质。当衰减常数 α 远小于相位常数 β 的条件下，则可按下述步骤求取近似解。

(1) 将式(20-3)右边写成 $A + iB$ 的形式，即

$$A + iB = -\frac{\lambda_g}{2\pi l_\varepsilon} \left[\frac{(\rho^2 - 1)\tan \frac{2\pi \bar{d}}{\lambda_g} + i\rho \left(1 + \tan^2 \frac{2\pi \bar{d}}{\lambda_g}\right)}{\rho^2 + \tan^2 \frac{2\pi \bar{d}}{\lambda_g}} \right], \qquad (20-13)$$

$$A = -\frac{\lambda_g}{2\pi l_\varepsilon} \left[\frac{(\rho^2 - 1)\tan \frac{2\pi \bar{d}}{\lambda_g}}{\rho^2 + \tan^2 \frac{2\pi \bar{d}}{\lambda_g}} \right], \qquad (20-14)$$

$$B = -\frac{\lambda_g}{2\pi l_\varepsilon}\left[\frac{\rho\left(1+\tan^2\frac{2\pi\bar{d}}{\lambda_g}\right)}{\rho^2+\tan^2\frac{2\pi\bar{d}}{\lambda_g}}\right]. \tag{20-15}$$

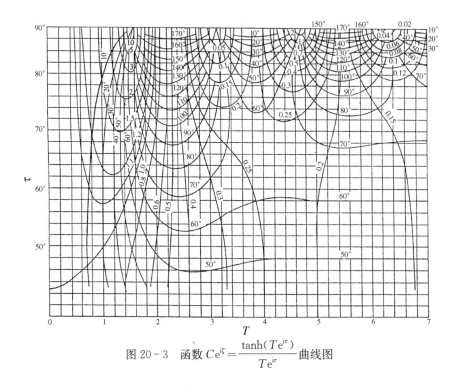

图 20-3　函数 $Ce^{i\zeta}=\dfrac{\tanh(Te^{i\tau})}{Te^{i\tau}}$ 曲线图

根据测量获得的数据 λ_g，将 l_ε、ρ 和 $\bar{d}$ 代入式(20-14)、式(20-15)可得 A 和 B.

(2) 令式(20-3)左边项中

$$\gamma l_\varepsilon = l_\varepsilon(\alpha+\mathrm{i}\beta) = a+\mathrm{i}b, \tag{20-16}$$

得

$$A+\mathrm{i}B = \frac{\tanh(a+\mathrm{i}b)}{a+\mathrm{i}b}. \tag{20-17}$$

展开式(20-17)，可得

$$A = \frac{a\tanh a(1+\tanh^2 b)+b\tan b(1-\tan^2 a)}{(a^2+b^2)(1+\tan^2 a\,\tan b)}, \tag{20-18}$$

$$B = \frac{a\tan b(1-\tanh^2 a)-b\tanh a(1+\tan^2 b)}{(a^2+b^2)(1+\tanh^2 a\,\tan^2 b)}. \tag{20-19}$$

对于损耗极小的电介质，设 $a=0$，则可将式(20-18)化为简单的超越方程，即

$$A = \frac{\tan b'}{b'}, \tag{20-20}$$

式中，b' 为假设 $a=0$ 的情况下的近似值 b.

由式(20-14)计算出 A 值，利用图20-4所示 $\dfrac{\tan x}{x}$ 与 x 的关系曲线求解 b'.

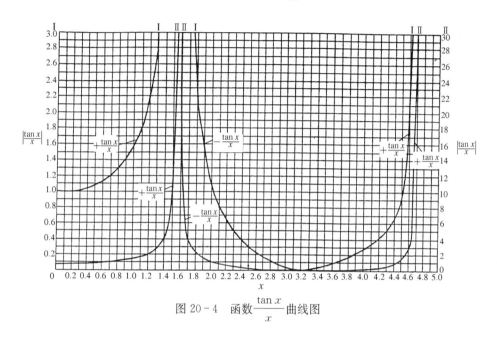

图 20-4　函数 $\dfrac{\tan x}{x}$ 曲线图

(3) 设 a 很小，则式(20-19)可写成近似式

$$B \approx \frac{a'[\tan b' - b'(1 + \tan^2 b')]}{b'^2}, \tag{20-21}$$

$$a' \approx \frac{Bb'^2}{\tan b' - b'(1 + \tan^2 b')}, \tag{20-22}$$

式中，B 为式(20-15)算出的常数值；b' 为由式(20-20)通过图20-4所求取到的 b 近似值；$\tan b'$ 可由式(20-20)计算得出.

(4) 为了验证计算出的近似值 a' 和 b' 是否可作为超越方程式(20-3)的解，可将 a'、b' 代入式(20-18)，计算出的近似值 A' 如与式(20-14)计算出的 A 值很接近，则可按式(20-16)计算衰减系数 α 和相位系数 β，即

$$\alpha = \frac{a'}{l_\varepsilon}, \tag{20-23}$$

$$\beta = \frac{b'}{l_\varepsilon}. \tag{20-24}$$

(5) 按式(20-4)～式(20-6)计算某介质材料的相对介电常数 ε_r 和损耗角正切 $\tan \delta_\varepsilon$.

【实验内容】

实验提示：如果已知被测介质 ε_r 的大约数值，则可从测量数据计算出的不同结果中确

定正确的解答;如果未知被测介质 ε_r 的大约数值,就需测量不同长度的介质试样,并经过两次测量和计算,由两次测量数据计算出的相同(或很接近)的结果确定待测介质的 ε_r.

电介质特性参量的测量方法和步骤如下.

(1) 按图 20-1 所示,连接测量仪表和介质试样的波导段(波导段中先不放入介质试样).

(2) 将波导终端短路,移动测量线,用极小点附近两点坐标的平均值法测出波导波长 λ_g,同时用谐振法测出传输频率 f.

(3) 按图 20-2 确定测量线的零点坐标刻度,即 $d=0$.

(4) 左移测量线,用极小点附近两点坐标的平均值法确定左邻驻波节点刻度 d_T.

(5) 右移测量线至零点坐标位置.

(6) 取下短路器,放入被测介质试样,再装上短路器.注意:介质试样端面与短路板之间不能有间隙.

(7) 重复步骤(4)方法,确定左邻驻波节点刻度 d_ε,同时测出驻波系数 ρ.

(8) 将上述实验数据分别用图解法和近似计算法算出 ε_r 和 $\tan\delta_\varepsilon$.

思考题

1. 比较图解法和近似计算法有何差异?哪一种方法精确?
2. 波导法测量 ε_r 和 $\tan\delta_\varepsilon$,其主要误差来自哪些方面?

参考文献

[1] 周清一.微波测量技术[M].北京:国防工业出版社,1974.
[2] 钮茂德.微波实验指导书[M]. 西安:西北电讯工程学院出版社,1985.

实验二十一 相关器原理和基本参数

【实验目的】

(1) 了解相关器的原理和结构.
(2) 掌握相关器的输出特性测量方法.
(3) 测量相关器抑制干扰的能力.

【实验原理】

相关器是锁相放大器的核心部件,它通常由一个开关式乘法器与低通滤波器组成. 如图 21-1 所示,设输入信号 V_A 是以角频率为 ω 的正弦波信号,参考信号 V_B 是以角频率为 ω_R 的方波信号,即

$$V_A = V_A \sin(\omega t + \varphi), \quad (21-1)$$

$$V_B = \frac{4}{\pi}\left[\sin(\omega_R t) + \frac{1}{3}\sin(3\omega_R t) + \cdots\right]. \quad (21-2)$$

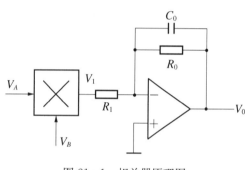

图 21-1 相关器原理图

当 $\omega = \omega_R$ 时,为信号;当 $\omega \neq \omega_R$ 时,为噪声或干扰. V_A 和 V_B 之间的相位差 φ 可由锁相放大器参考通道中的相移器调节. 根据相关器原理(见图 21-1)以及 V_A 和 V_B 关系,可得

$$V_1 = V_A \cdot V_B, \quad (21-3)$$

$$\begin{aligned} V_0 = &-\frac{2R_0 V_A}{\pi R_1}\sum_{n=0}^{\infty}\frac{1}{2n+1}\left\{\frac{\cos\{[\omega-(2n+1)\omega_R]t+\varphi-Q_{2n+1}^-\}}{\sqrt{1+\{[\omega-(2n+1)\omega_R]R_0C_0\}^2}}\right.\\ &-\frac{\cos\{[\omega+(2n+1)\omega_R]t+\varphi-Q_{2n+1}^+\}}{\sqrt{1+\{[\omega+(2n+1)\omega_R]R_0C_0\}^2}}\\ &-\mathrm{e}^{-\frac{t}{R_0C_0}}\left\{\frac{\cos(\varphi+Q_{2n+1}^-)}{\sqrt{1+\{[\omega-(2n+1)\omega_R]R_0C_0\}^2}}\right.\\ &\left.\left.-\frac{\cos(\varphi+Q_{2n+1}^+)}{\sqrt{1+\{[\omega+(2n+1)\omega_R]R_0C_0\}^2}}\right\}\right\}, \end{aligned} \quad (21-4)$$

式中,$Q_{2n+1}^- = \arctan[\omega-(2n+1)\omega_R]R_0C_0$;$Q_{2n+1}^+ = \arctan[\omega+(2n+1)\omega_R]R_0C_0$. 当

$\omega=\omega_R$ 时,图 21-1 中的各点工作波形如图 21-2 所示.需要说明的是,图 21-1 中的低通滤波器为反相输入,故输出直流电压 V_0 为负.本实验为直观起见,在图 21-2 中把低通滤波器设为正相输入,使 V_0 直流分量为正.

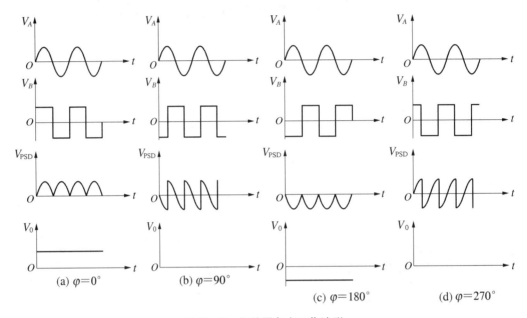

图 21-2 相关器各点工作波形

本实验对式(21-4)进行讨论,得出以下结论.

(1) 时间常数为

$$T = R_0 C_0. \tag{21-5}$$

(2) 当 $\omega = \omega_R$ 时,V_0 稳态解为

$$V_0 = -\frac{2R_0 V_A}{\pi R_1}\cos\varphi. \tag{21-6}$$

可见,输出直流电压 V_0 与相位 φ 成 $\cos\varphi$ 关系,如图 21-2 所示.

(3) 奇次谐波能通过并抑制偶次谐波,其传输函数和方波的频谱相同,说明相关器是以参考信号频率为参数的方波匹配滤波器.因此,它能在噪声或干扰中检测与参考信号频率相同的方波信号.输出 V_0 与 f/f_R 响应曲线如图 21-3 所示.可见,在 f_R 的各奇次谐波的响应为基波的 $\dfrac{1}{2n+1}$,离开奇次谐波频率 V_0 很快衰减,形成 Q 值很高的带通滤波器.

(4) 若输入信号为一恒定和与参考方波频率相同的方波信号,则相关器为相敏检波器,输出的直流电压与参考信号二者的相位差呈线性关系,如图 21-4 所示.

(5) 基波噪声带宽为

$$\Delta f_{N1} = \frac{1}{2R_0 C_0} = \frac{1}{2T}. \tag{21-7}$$

总等效噪声带宽为

$$\Delta f_N = \frac{\pi^2}{8}\Delta f_{N1} = \frac{\pi^2}{16T}, \qquad (21-8)$$

式中，T 为低通滤波器的时间常数．

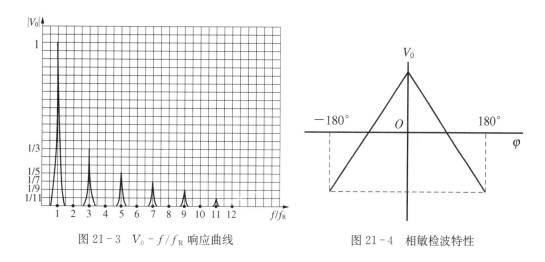

图 21-3　V_0-f/f_R 响应曲线　　　　图 21-4　相敏检波特性

【实验内容】

1. 相关器输出电压 V_0 和 PSD 波形的测量

测量前，实验者先阅读仪器说明书及有关资料，掌握交/直流放大器、乘法器、信号源及电表等仪器的功能和正确使用方法，然后进行如下操作．

（1）如图 21-5 所示连线．

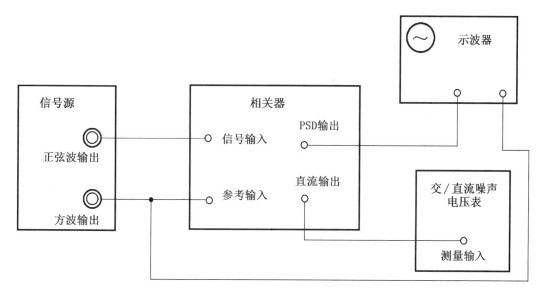

图 21-5　相关器 PSD 和 V_0 测量装置图

(2) 开启电源,热机 2 min 后,设定相关仪器的工作参数.

① 相关器.交流放大×1,直流放大×10,时间常数 1 s.

② 多功能信号源.输入信号为正弦波,频率 1 000 Hz,幅度 1 000 mV;参考信号为方波,频率 1 000 Hz,幅度 1 000 mV.

(3) 改变相移量 φ,分别测量 φ 为 0°、90°、180°和 270°时对应的 V_0 值和 PSD 波形.将测量值与理论值 $V_0 = \dfrac{2}{\pi} K_{AC} K_{DC} \widetilde{V}_A \cos\varphi$ 作比较,分析误差原因.其中,V_0 为相关器输出的直流电压;K_{AC} 为交流放大倍数;K_{DC} 为直流放大倍数;$\widetilde{V}_A$ 为输入信号幅度;φ 为输入信号与参考信号相位差.

2. 相关器谐波响应的测量

(1) 如图 21-5 所示连线.

(2) 开启电源,热机 2 min 后,设定相关仪器的工作参数.

① 相关器.交流放大×1,直流放大×10,时间常数 1 s.

② 多功能信号源.输入信号为正弦波,频率 1 000 Hz,幅度 1 000 mV;参考信号为方波,频率 1 000 Hz,幅度 1 000 mV.

(3) 调节相移量 $\varphi = 0°$,测量并记录对应的 V_0 值和 PSD 波形.

(4) 调节信号源,使相关器输入的正弦波信号分别为参考信号的 2 次、3 次、4 次和 5 次倍频,测量并记录各次谐波的直流电压 V_0 和 PSD 波形.

由实验结果验证:奇次谐波 V_0 为基波直流响应电压的 $\dfrac{1}{m}$,m 为相关器输入的正弦波信号与参考波信号的频率比;偶次谐波 V_0 直流响应为 0,并且各次谐波的 PSD 波形应相似于图 21-6 中的波形.

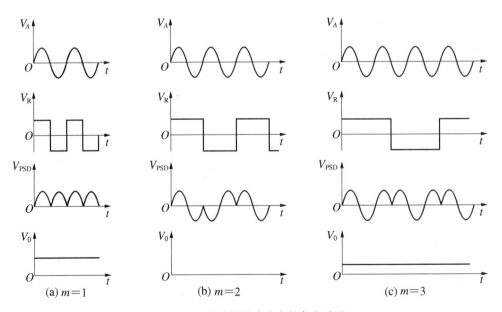

图 21-6 相关器谐波响应的各点波形

3. 相敏检波特性测量

(1) 如图 21-5 所示连线.

(2) 设定相关仪器的工作参数.

① 相关器.交流放大×1,直流放大×1,时间常数 1 s.

② 多功能信号源.输入信号为方波,频率 250 Hz,幅度 1 000 mV;参考信号为方波,频率 250 Hz,幅度 1 000 mV.

(3) 改变相移量 φ,在 360°范围内测量 V_0 与 φ 关系,作 V_0-φ 曲线.

4. 相关器对不相关信号的抑制

(1) 如图 21-7 所示连线,设定相关仪器的工作参数.

① 相关器.交流放大×1,直流放大×10,时间常数×10 s.

② 信号源.被测信号为正弦波,频率 f_1=200 Hz,振幅 100 mV;干扰信号为正弦波,频率 f_2=930 Hz,振幅 300 mV;同步信号为方波,频率 200 Hz,振幅 2 500 mV.

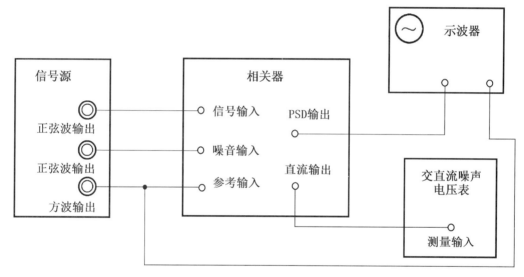

图 21-7 对不相干信号抑制实验装置

(2) 断开干扰信号与噪声输入端连线,使相关器输入信号中不含干扰信号.

(3) 调节相移量 φ=0°,使相关器输出电压 V_0 为最大值,PSD 波形相似于全波整流波形,记录 V_0 和 PSD 波形.

(4) 恢复干扰信号与噪声输入端连线,测量 V_0 的同时观察 PSD 波形的变化.

(5) 分别设定时间常数 T 为 0.1 s、1 s 和 10 s,改变干扰信号频率,使 f_2 接近于 f_1 的奇次谐波,仔细观察 V_0 和 PSD 波形的变化规律,并记录实验现象.

根据测量数据和实验现象,分析讨论相关器对不相关信号的抑制能力,以及影响相关器抑制干扰的因素.

思考题

1. 在什么条件下,相关器输出反映输入信号的大小?

2. 为什么相关器时间常数也有抑制噪声的作用?
3. 相关器用作鉴相器的条件是什么?

参考文献

［1］曾庆勇.微弱信号检测[M].杭州：浙江大学出版社,1994.
［2］陈佳圭.微弱信号检测[M].北京：中央广播电视大学出版社,1987.

实验二十二　锁相放大器原理和应用

【实验目的】

(1) 了解锁相放大器的基本原理和结构.
(2) 学习用实验插件组装锁相放大器,并掌握正确的测试方法.
(3) 了解 ND204 型双相锁定放大器的工作原理和扩展功能.
(4) 掌握利用锁相放大器检测各种弱信号的方法和技巧.

【实验原理】

1. 锁相放大器

如图 22-1 所示,锁相放大器主要由信号通道、参考通道和相敏检波器三部分组成.

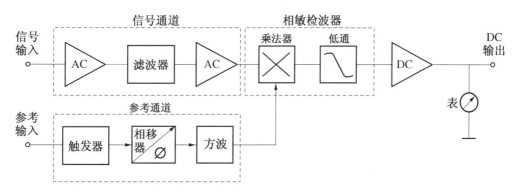

图 22-1　锁相放大器基本原理和结构

(1) 信号通道包括低噪声前置放大器、有源滤波器、主放大器.它的作用是把微弱信号放大到足以推动乘法器的工作电平,并兼顾抑制噪声的功能.

不同的测量工作所用的传感器种类也不同,因而对放大器呈现出的信号源内阻也不一样.为了得到最佳的信噪比,应使放大器工作在 3 dB 曲线之内.

信号通道中的滤波器可根据各种噪声特点,使用带通、高通、低通、陷波器等不同形式,也可以插入有源滤波器.这样可以在信号进入乘法器之前预先削弱一部分噪声,避免乘法器过载,从而扩大锁相放大器的动态范围.

(2) 参考通道是指从参考信号输入到乘法器输入之前的部分,它的作用是产生与被测信号同步的参考信号.通常参考通道输出的是与被测信号同步的对称方波,用以驱动乘法器工作.参考通道包括触发电路、相敏电路、方波形成电路和驱动级.输入参考通道的信号可以是正弦波、方波、三角波、脉冲等各种波形的周期信号.

① 触发电路,能把各种波形的参考信号变成一定波形的同步脉冲以触发下一级电路分

电路.

② 倍频电路的作用是把触发器输入的脉冲进行倍频,使参考通道输出的方波和被测信号的二次谐波同步.大多数的锁相放大器中都有 $2f$ 工作方式,在进行二次谐波响应的测量时需采用此方式.

③ 相移电路是参考通道的重要部件,它的功能是改变参考通道输出方波的相位,要求相位在 360°范围内可调.大多数的锁相放大器的相移器是由一个 0°～100°连续可调的相移器和相移量可 0°、90°、180°、270°跳变的固定相移器联合组成.

④ 方波形成电路的作用是将相移器送来的波形变成与被测信号同步的,宽比严格为 1:1 的方波,以抑制信号中的偶次谐波分量.

(3) 相敏检波器的工作特性在此不再赘述(详见实验二十一).

本实验,考虑定量分析锁相放大器抑制噪声的能力.根据国内外多数仪器面板可控制参数,设定时间常数为最大值 $T_1 = 300$ s. 等效信号带宽 Δf_s 与相关器时间常数之间的关系用公式表示为

$$\Delta f_s = \frac{1}{\pi R_0 C_0} \approx 1.06 \times 10^{-3} \text{ Hz}, \tag{22-1}$$

式中, R_0、C_0 为相关器的低通滤波器电阻和电容;时间常数 $T_1 = R_0 C_0$.

同样,可求得等效噪声带宽 Δf_N 为

$$\Delta f_N = \frac{\pi}{2} \Delta f_s = \frac{1}{2 R_0 C_0} \approx 1.67 \times 10^{-3} \text{ Hz}. \tag{22-2}$$

式(22-1)和式(22-2)中 Δf_s、Δf_N 的数值表明,锁相放大器具有十分窄的信号和噪声带宽.如果工作频率 $f_s = 100$ kHz,则锁相放大器的等效 Q 值为

$$Q = \frac{f_s}{\Delta f_s} \approx 9.4 \times 10^7. \tag{22-3}$$

由式(22-3)可知,这样高的 Q 值常规滤波器是无法达到的.由于锁相放大器的被测信号与参考信号严格同步,不存在频率的稳定性,因此它相当于一个"跟踪滤波器".等效 Q 值由低通滤波器的积分时间常数决定.

信道输出噪声带宽越窄,则信噪比改善越有效.对白噪声而言,噪声电压正比于噪声带宽的平方根.设仪器输入等效噪声带宽为 $\Delta f_{Ni} = 200$ kHz,相关器输出等效噪声带宽为 $\Delta f_{No} = 1.67 \times 10^{-3}$ Hz,则锁相放大器信噪改善比 SNIR 为

$$\text{SNIR} = \frac{S_o/N_o}{S_i/N_i} = \sqrt{\frac{\Delta f_{Ni}}{\Delta f_{No}}} \approx 1.09 \times 10^4. \tag{22-4}$$

由式(22-4)可知,锁相放大器使信噪比提高了1万多倍,即功率信噪比提高了 80 dB 以上. 若有辅助前置放大器,总增益可达 10^{11}(即 220 dB),能检测极微弱的信号;交流输入直流输出,其直流输出电压正比于输入信号幅度及被测信号与参考信号相位差的余弦;满刻度灵敏度 μV、nV,甚至于 pV 量级;非相干输入过载电压可达 60 dB 以上,即噪声大于信号数千倍以上时仍能正常检测.

2. 双相锁定放大器

若两个完全相同的信号通道和相关器分别由两个相互成正交的参数对称方波激励,则两个相关器的输出分别为 V_I、V_Q,其表示为

$$\begin{cases} V_I = KV_s \cos\varphi, \\ V_Q = KV_s \sin\varphi. \end{cases} \tag{22-5}$$

将式(22-5)变换为极坐标的表示式,即

$$\begin{cases} A = \sqrt{V_I^2 + V_Q^2}, \\ \varphi = \arctan\dfrac{V_Q}{V_I}, \end{cases} \tag{22-6}$$

式中,V_I、V_Q 为用直角坐标表示的同相与正交输出分量;A、φ 分别为被测信号的振幅和相位.

如图 22-2 所示,双相锁定放大器能将被测信号用直角坐标表示同相分量和正交分量,或用极坐标表示幅值和相位.由式(22-6)可知,A 的输出是不相敏的.因此,双相锁定放大器具有功能扩展,可做如下仪器使用:① 矢量电压表;② 频谱分析仪;③ 噪声电压表;④ 动态特性测试仪.

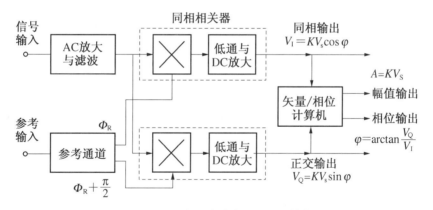

图 22-2 双相锁定放大器原理和结构

【实验装置】

主要包括 ND601 精密衰减器、ND501 微弱信号检测综合装置、HP33120A 多功能信号源、双踪示波器、BOIF 单色仪、YJ32-2 直流电源、调制器等设备.

【实验内容】

1. 锁相放大器原理和结构
(1) 锁相放大器.

如图 22-3 所示,虚线框以内的插件构成锁相放大器,虚线框以外的插件为测量仪器.使用同轴电缆和三通分支器进行线路连接.开启电源,预热 2 min 后,进行如下操作.

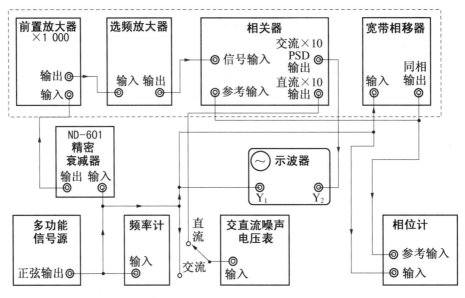

图 22-3 锁相放大器实验原理

① 多功能信号源输出：正弦波，频率 $f=1\text{ kHz}$ 左右，电压 $V_0=100\text{ mV}$.
② 调节 ND-601 精密衰减器衰减量 10^{-3}，使输出电压为 $V_0=100\text{ μV}$.
③ 前置放大器设置为增益 100；接地方式置"浮地"；输入方式置"测量".
④ 选频放大器设置为增益 10；Q 值为 3，选频频率为 1 kHz.
⑤ 相关器设置为交流放大倍数 10；直流放大倍数 10；时间常数为 1 s.
⑥ 用示波器观察相关器"加法器输出端"信号波形.
⑦ 调节选频放大器的选频率，微调 0.1 档和 0.01 档的波段开关和电位器，使加法器输出信号电压为最大.
⑧ 改变选频放大器的 Q 值为 30，重复上述步骤⑦，使输出电压为最大，得到的选频放大的频率即为信号频率.
⑨ 调节宽带相移器的相移量，使相关器直流输出为 0 V，然后跳变相位 90°. 这时用示波器观察到的相关器 PSD 波形应相似全波整流波形，相关器输出的直流电压最大，即为锁相放大器的输出电压. 根据上述各插件的放大倍数可知，此时相关器输出直流电压应为 6.37 V.
⑩ 重复上述步骤①～⑨的测量方法，测量更小的信号，如 10 μV、1 μV、…. 在整个测量过程中，注意观察输出信噪比和时间常数与输入灵敏度之间的关系，以及接地对测量微弱信号的影响.

（2）双相锁定放大器.

根据实验室提供的测量仪器和实验插件，由实验者设计一个双相锁定放大器的实验原理图，拟定实验步骤并进行组装、调试、测量工作. 将测量数据填入表 22-1 中进行计算，验证双相锁定功能，分析误差原因. 提示：计算值 $\arctan \dfrac{V_Q}{V_I}$ 与测量值 $\varphi-\varphi_0$ 应相同，

计算 $\arctan\dfrac{V_Q}{V_I}$ 时要考虑正、负号和象限.

表 22-1 双相锁定放大器实验数据

测 量 值			计 算 值	
V_I	V_Q	$\varphi-\varphi_0$	$A=\sqrt{V_I^2+V_Q^2}$	$\arctan\dfrac{V_Q}{V_I}$

2. 锁相放大器应用

(1) 弱激励下发光二极管相对光谱响应的测定.

半导体发光二极管光谱响应是表征该器件性能的重要指标,应用锁相放大器进行光谱测量:一方面能提高测量系统的灵敏度和抗干扰能力;另一方面能使测量工作不限于在暗室中进行.本实验目的是加深对锁相放大器原理及应用的理解.

如图 22-4 所示,由调制器调制信号并激励发光二极管.调制光由入射狭缝进入单色仪,经分光到出射狭缝处的光电倍增管上,转换成与出射狭缝光强成正比的电压信号 $V_s(\lambda)$.同时调制器产生一个与调制光同频的参考信号 V_R,输给锁相放大器参考通道.锁相放大器把信号 $V_s(\lambda)$ 中与调制频率相同的基波和奇次谐波检测出来,除此频率以外的干扰信号和噪声被抑制.

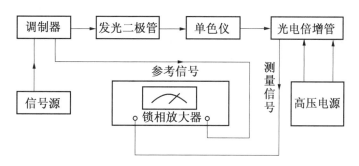

图 22-4 发光二极管相对光谱响应测量系统

由于光源在不同波长的光强不同,如果用单色仪进行波长扫描,输出的光强将随波长发生变化,锁相放大器输出电压 $V_0(\lambda)$ 也会随之变化.

在调制单色光的作用下,光源的光谱功率分布 $\gamma(\lambda)$ 与光电倍增管输出电压信号 $V_s(\lambda)$、灵敏度 $S(\lambda)$、单色仪棱镜透过率 $T(\lambda)$ 和线色散率 $\left[\dfrac{dl}{d\lambda}\right]_\lambda$ 之间的关系如下:

$$\gamma(\lambda) = \frac{V_s(\lambda)}{S(\lambda)T(\lambda)\left[\dfrac{\mathrm{d}l}{\mathrm{d}\lambda}\right]_\lambda}. \tag{22-7}$$

在本实验中,如果 $S(\lambda)$、$T(\lambda)$、$\left[\dfrac{\mathrm{d}l}{\mathrm{d}\lambda}\right]_\lambda$ 是与波长 λ 无关的常量,则只需测出电压 $V_0(\lambda)$ 与波长 λ 的关系,并对 $\gamma(\lambda)$ 进行归一化,即可得出发光二极管的相对光谱响应曲线.

(2) 双 T 网络特性的测定.

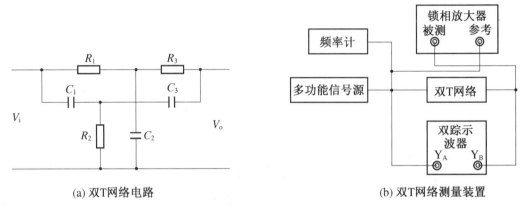

图 22-5 双 T 网络特性的测量

图 22-5(a)是双 T 网络电路图.它有两条支路,输入信号经过支路时会产生幅度和相位的变化.在某一特定频率 f_0 时,两条支路产生的信号幅度相等,相位相反,输出信号幅度为 0,f_0 被称为谐振频率.离开 f_0 后,双 T 网络输出信号幅度和相位都会随着频率 f 而变化,因此双 T 网络具有选频特性,该特性通常以测量电路的幅频和相频特性来表征.

实验室为以上实验提供了相关的仪器及配件(见实验装置).实验者在阅读所用仪器说明书和有关资料后,根据实验装置的具体条件(见图 22-5(b))拟定实验步骤.设定相关仪器参数的最佳值,进行如下测量:① 测绘出弱激励下发光二极管相对光谱响应 $\gamma(\lambda)$-λ 曲线,从曲线上求出半高宽 $\Delta\lambda$,分析光谱纯度;② 测绘出双 T 网络幅频特性 V_o/V_i-$\log(f/f_o)$ 和相频特性 φ-$\log(f/f_o)$ 曲线.

根据实验现象及测量数据,分析讨论锁相放大器抑制噪声的能力及影响抑制噪声能力的因素.

【注意事项】

(1) 锁相放大器是贵重仪器,使用前,必须了解它的工作原理、使用方法、面板控制旋钮功能.

(2) 在使用中,必须逐步提高灵敏度.随时监视过载指示灯,一旦发现过载应及时加大时间常数,同时降低灵敏度.

(3) 本实验中,光电倍增管采用负高压供电方式,即高压电源输出端正极接地.

(4) 选择调制信号频率时,必须排除测量系统仪器的工作频率和外界干扰信号(包括奇次谐波).

思考题

1. 测光调制方式有几种？选取的条件是什么？
2. 调制信号是否反映原来信号的信息？调制波形和频率选取原则是什么？

参考文献

［1］曾庆勇.微弱信号检测［M］.杭州：浙江大学出版社，1994.
［2］王圣佑,曹之芝,韩召进.光测原理和技术［M］.北京：兵器工业出版社，1992.

单元七 等离子体参数测量与真空镀膜

7.1 等离子体基础知识

1. 等离子体的物理特性

等离子体(又称等离子区)定义为包含大量正负带电粒子而又不出现净空间的电离气体,是由大量带电粒子组成的非凝聚系统.也就是说,其中正负电荷密度相等,整体上呈现电中性.等离子体可分为等温等离子体和不等温等离子体,一般气体放电产生的等离子体属于不等温等离子体.

等离子体具有不同于普通气体的特性:① 高度电离,是电和热的良导体,具有比普通气体大几百倍的比热容;② 带正电的和带负电的粒子密度几乎相等;③ 宏观上是电中性.

虽然等离子体宏观上呈现电中性,但是由于电子的热运动,等离子体局部会偏离电中性.电荷之间的库仑相互作用,使这种偏离电中性的范围不能无限扩大,最终使电中性得以恢复.偏离电中性的区域最大尺度称为德拜长度 λ_D. 当系统尺寸 $L > \lambda_D$ 时,系统呈现电中性;当 $L < \lambda_D$ 时,系统可能出现非电中性.

2. 等离子体的主要参量

(1) 电子温度 T_e. 因为在等离子体中电子碰撞电离是主要的,而电子碰撞电离与电子能量有直接关系,即与电子温度相关联.

(2) 带电粒子密度:电子密度为 n_e;正离子密度为 n_i;在等离子体中 $n_e \approx n_i$.

(3) 轴向电场强度 E_L,表征为维持等离子体的存在所需的能量.

(4) 电子平均动能 $\bar{E}_e$.

(5) 空间电位分布.

此外,由于等离子体中带电粒子间的相互作用是长程的库仑力,它们在规则的热运动之外,能产生某些类型的集体运动,如等离子振荡,其振荡频率 f_p 被称为朗谬尔频率或等离子体频率.电子振荡时辐射的电磁波称为等离子体电磁辐射.

7.2 等离子体的诊断方法

等离子体诊断方法分为接触法和非接触法两大类.接触法有朗谬尔探针法、霍尔效应法、阻抗测量法等,一般用来对大范围、均匀分布的等离子体参数进行诊断.非接触法有微波透射法、电荷收集器法、双谱线法等,一般用来对小范围或非均匀等离子体进行精确诊断,其特点是不对等离子体产生扰动.

1. 阻抗测量法

阻抗测量法以网络分析理论为基础,对射频放电电压、电流及相位角进行精确测量,结合等效电路模型得到等离子体阻抗的实部和虚部,再结合射频放电模型得到等离子体的电子密度.一个线圈就可以组成一个简便的电流探头,用来测量与电流成正比的磁场强度 H;电压探头用来测量与电压成正比的电场强度 E.但要想完全屏蔽电场对电流探头的干扰很困难,因此仪表得到的电流示值为射频电压 U 和电流 I 共同叠加的结果,用 S_I 表示,即

$$S_I = a_{11}I + a_{12}U. \qquad (7.2-1)$$

同样由于电流形成磁场的耦合,使得仪表得到的电压示值为射频电压 U 和电流 I 共同叠加的结果,用 S_U 表示,即

$$S_U = a_{21}I + a_{22}U. \qquad (7.2-2)$$

由式(7.2-1)和式(7.2-2)得

$$\begin{bmatrix} I \\ U \end{bmatrix} = \begin{bmatrix} a_{11} & a_{12} \\ a_{21} & a_{22} \end{bmatrix}^{-1} \begin{bmatrix} S_I \\ S_U \end{bmatrix}. \qquad (7.2-3)$$

通过对传感器的校正得到系数 a_{11}、a_{12}、a_{21}、a_{22},即可精确地测量射频电压 U 和电流 I,进而得到放电管的阻抗 Z.在此基础上,测出无射频放电时阻抗 $Z_0 = (j\omega c_0)^{-1}$,算出 c_0,电极间的电容 c_{p0} 可以由公式 $c_{p0} = \varepsilon_0\varepsilon_r A/d$ 计算得出,其中 A 为电极的面积,d 为电极间的距离,则分布电容 $c_s = c_0 - c_{p0}$.

调整电极间距离使放电区域只有鞘层和负辉区,考虑到分布电容的存在,射频放电管等效电路如图 7.2-1 所示.其中 I_P 为通过等离子体的电流;I_S 为通过分布电容的电流;C_S 为分布电容;R_P 为负辉区电阻;C_P 为鞘层电容;Z_P 为等离子体阻抗;Z 为放电总阻抗.设 A 为电极面积,$\bar{d}$ 为电极鞘层平均厚度,求出等离子体阻抗 Z_P,进而求出等离子体放电电压 U,最后可求出电子密度为

$$n_e = \frac{\varepsilon_0}{2e\bar{d}^2}\sqrt{|U|^2 - (I_P R_P)^2}, \qquad (7.2-4)$$

式中,U 值为测量值;$I_P = U/Z_P$;Z_P、R_P 可由等效电路求出.此法测得的是电子的平均密度.

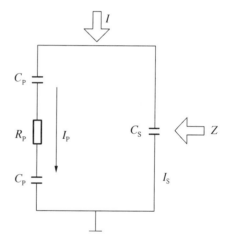

图 7.2-1 射频放电管等效电路

2. 双谱线法

根据原子发射光谱理论,受激原子从高能级向低能级跃迁时,将以光的形式辐射出能量,产生特定的原子光谱,如图 7.2-2 所示.

选择同种原子或离子的两条光谱线,在热力学平衡(thermodymamic equilibrium,TE)状态或局部热力学平衡(local thermodynamic equilibrium,LTE)状态下,两条光谱线的辐射强度比满足

$$\frac{I_1}{I_2} = \frac{A_1 g_1 \lambda_2}{A_2 g_2 \lambda_1}\exp\left(-\frac{E_1 - E_2}{kT_e}\right), \qquad (7.2-5)$$

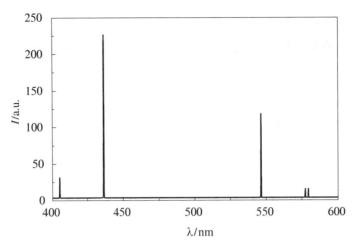

图 7.2-2 等离子体原子发射光谱

式中，I_1 和 I_2 分别为两条谱线的发射光谱强；A_1 和 A_2 为跃迁概率；g_1 和 g_2 为统计权重；λ_1 和 λ_2 为两谱线的波长；E_1 和 E_2 为两谱线激发态能量；k 为 Boltzman 常数；T_e 为等离子体电子温度. 参数 A、g 和 E 的值可以从光谱常数表、化学或物理常数手册中查到. 通过实验测定出两条谱线的强度后，代入相关光谱常数值，就可以获得等离子体的电子温度 T_e.

3. 微波透射法

微波透射法诊断原理是当微波进入等离子体中时，会引起那些谐振频率与微波一致的粒子共振，共振将改变微波的传播，通过测量传播变化的信号，可以诊断出等离子体中粒子的分布. 作为一种发展完善的、非扰动的诊断方法，微波干涉测量法在测量直流和 RF 辉光放电等离子体的电子数密度中得到了广泛的应用. 微波透射法的关键是，当微波信号穿过等离子体传播时，采用微波网络分析器同时测量该微波信号的衰减和相移. 由于衰减和相移与等离子体折射系数相关，而等离子体折射系数又是一个由阿普尔顿等式确定的复合值，因此可以从测定的衰减和相移中求解出电子密度和碰撞频率.

由阿普尔顿等式推导出衰减、相移和电子密度、碰撞频率之间的关系为

$$\alpha(\text{dB}) = 10 \lg\left[\left(\frac{E}{E_0}\right)^2\right] = 10 \lg(e^{-\frac{2d}{\delta}}) = 10 \lg(e^{-\frac{2d\omega}{c}x}) = f(n_e, \nu_c, \omega, d), \tag{7.2-6}$$

$$\Delta\phi(\text{degree}) = \phi - \phi_f\left(\frac{\omega}{c}\mu - \frac{2\pi}{\lambda}\right)d = g(n_e, \nu_c, \omega, d), \tag{7.2-7}$$

式中，n_e 为电子密度；ν_c 为碰撞频率；d 为波在等离子体中传播的距离；ω 为入射波的频率.

参考文献

[1] 项志遴,俞昌旋.高温等离子体诊断技术[M].上海：上海科学技术出版社,1982.
[2] 黄建军,余建华,Teuner D.射频放电阻抗测量用于等离子体诊断研究[J].物理学报,2001,50(12)：

2403-2407.
[3] 发射光谱分析编写组.发射光谱分析[M].北京：冶金工业出版社,1977.
[4] Corliss C H, et al. Experimental Transition Probabilities for Lines of Seventy Elements[M]. Washington: National Bureau of Standard Monograph, 1962.
[5] John R R. CRC Handbook of Chemistry and Physis[M]. 71th Ed. Boca Raton: CRC Press, 1996.
[6] 詹如娟.ECR 微波等离子体特性的实验研究[J].真空科学与技术,1998,18(5):390394.
[7] 沙振舜,黄润生.新编近代物理实验[M].南京：南京大学出版社,2002.

实验二十三　低温等离子体温度和密度测量

【背景知识】

等离子体(plasma)通常被视为物质除固态、液态、气态之外存在的第 4 种形态.如果对气体持续加热,使分子分解为原子并发生电离,就形成了由离子、电子和中性粒子组成的气体,这种状态称为等离子体.等离子体与气体的性质差异很大.等离子体中起主导作用的是长程的库仑力,而且电子质量很小,可以自由运动,因此等离子体中存在显著的集体过程,如振荡与波动行为.等离子体中存在与电磁辐射无关的声波,称为阿尔文波.等离子体是一种以自由电子和带电离子为主要成分的物质形态,具有很高的电导率,与电磁场存在极强的耦合作用.等离子体是由克鲁克斯在 1879 年发现的.1928 年,美国科学家欧文·朗缪尔和汤克斯(Tonks)首次将"等离子体"(plasma)一词引入物理学,用来描述气体放电管里的物质形态.严格来说,等离子体是具有高势能动能的气体团,等离子体的总带电量仍是中性,借由电场或磁场的高动能将外层的电子击出,结果电子便不再被束缚于原子核,而成为高势能、高动能的自由电子.

等离子体可分为两种:高温和低温等离子体.高温等离子体只有在温度足够高时发生.太阳和恒星不断地发出这种等离子体,组成了宇宙的 99%.低温等离子体是在常温下发生的等离子体(虽然电子的温度很高),低温等离子体可用于氧化、变性等表面处理或者在有机物和无机物上进行沉淀涂层处理.

常见等离子体形态如表 23-1 所示.

表 23-1　常见等离子体形态

人造等离子体	地球上的等离子体	太空和天体物理中的等离子体
• 荧光灯、霓虹灯灯管中的电离气体 • 核聚变实验中的高温电离气体 • 电焊时产生的高温电弧,电弧灯中的电弧 • 火箭喷出的气体 • 等离子显示器和电视 • 太空飞船重返地球时在飞船的热屏蔽层前端产生的等离子体 • 在生产集成电路用来蚀刻电介质层的等离子体 • 等离子球	• 圣艾尔摩之火 • 火焰(上部的高温部分) • 闪电 • 球状闪电 • 大气层中的电离层 • 极光 • 中高层大气闪电	• 太阳和其他恒星 　(其中等离子体由于热核聚变供给能量产生) • 太阳风 • 行星际物质 　(存在于行星之间) • 星际物质 　(存在于恒星之间) • 星系际物质 　(存在于星系之间) • 木卫一与木星之间的流量管 • 吸积盘 • 星际星云

等离子态常被称为"超气态",它和气体有很多相似之处,如没有确定形状和体积,具有流动性等.但等离子也有很多独特的性质.等离子体中的粒子具有群体效应,只要一个粒子扰动,这个扰动就会传播到每个等离子体中的电离粒子.等离子体和普通气体的最大区别是它是一种电离气体.由于存在带负电的自由电子和带正电的离子,有很高的电导率,和电磁场的耦合作用也极强:带电粒子可以同电场耦合,带电粒子流可以和磁场耦合.描述等离子体要用到电动力学,并因此发展起了磁流体动力学理论.

和一般气体不同的是,等离子体包含 2～3 种不同组成粒子:自由电子、带正电的离子和未电离的原子.因此对不同的组分定义不同的温度:电子温度和离子温度.轻度电离的等离子体,离子温度一般远低于电子温度,称为"低温等离子体".高度电离的等离子体,离子温度和电子温度都很高,称为"高温等离子体".

相比于一般气体,等离子体组成粒子间的相互作用也大很多.一般气体的速率分布满足麦克斯韦分布,但等离子体由于与电场的耦合,可能偏离麦克斯韦分布.

本实验通过观察气体放电现象,了解辉光放电等离子体的知识,掌握用 Langmuir 探针法和霍尔效应法测量等离子体的电子温度和离子密度等基本参量的方法.

【实验原理】

本实验所研究的是直流辉光放电等离子体,在放电管中,正柱区是我们实验所研究的等离子体区,该区气体高度电离、电场强度沿轴向恒定,其光强、电位、场强沿放电管长 L 的分布如图 23-1 所示.

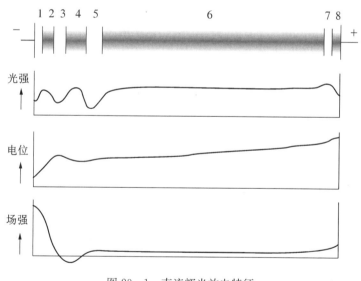

图 23-1 直流辉光放电特征

1—阿斯顿;2—阴极辉区;3—阴极暗区;4—负辉区;
5—法拉第暗区;6—正柱区;7—阳极暗区;8—阳极辉区

1. Langmuir 单探针方法

若在放电管两端加上一定的直流电压,起辉放电管.在正柱区中任何一点,装一根探针,该探针不与其他任何电极相连接,称之为"悬浮".探针相对于等离子体的电位为 V_p.

在实验时,按图 23-2 连接单探针电路,可以测得如图 23-3 所示的 I-V 曲线,其中 I 是探针总电流($I=-I_e+I_i$),V 是探针外加电压,$I_o=0$ 所对应的 V 值相应于悬浮电位 V_f.

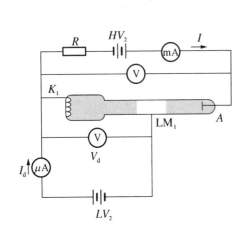
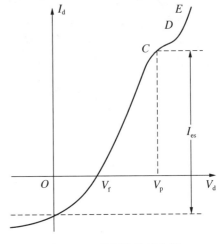

图 23-2 单探针测量原理　　　　　　图 23-3 单探针特征曲线

在图 23-3 的区域 A,探针电压足够负,以致几乎所有的电子都被排斥,所有向探针方向运动的离子都被收集.利用已学过的知识,知道单位时间打到探针的离子数是 $\dfrac{n_i A V_i}{4}$,其中 A 为探针截面积,n_i 为离子密度数,V_i 为离子平均速度,因此饱和离子电流为

$$I_i = \frac{1}{4} n_i V_i e A. \tag{23-1}$$

当探针上的外加电压 V 增加,探针开始收集电子,电子流加上离子流,曲线上升.我们可以找到一点,使总电流等于 0,此时曲线上该点对应的 V 值,便是悬浮电位 V_f.当探针上的外加电压 V 增加到超过悬浮电位 V_f 时,探针收集到更多的电子,但它相对于等离子电位 V_p 仍然是负,即 B 区为

$$I = -I_e + I_i. \tag{23-2}$$

因为电子受到一个减速电压 $V_p - V$,只有能量超过 $e(V_p - V)$ 的那部分电子才能到达探针.设电子能量按 Maxwell 分布,分布函数 f_e 为

$$f_e = e^{-(V_p - V)e/(K_B T_e)}, \tag{23-3}$$

式中,T_e 为电子温度,比例常数取 1.

由此探针电子电流为

$$I_e = -f_e \frac{1}{4} n_e V_e e A = -j_r A e^{-(V_p - V)e/(K_B T_e)}, \tag{23-4}$$

式中,$j_r = \dfrac{1}{4} n_e V_e e$ 为电流密度.

将式(23-4)两边取对数,然后对外加电压 V 求微商得

$$\frac{\mathrm{d}[\ln(-I_e)]}{\mathrm{d}V}=\frac{e}{k_B T_e}. \tag{23-5}$$

在半对数纸上作 $\ln(-I_e)$-V 曲线,便可求得电子温度 T_e.如果探针处于等离子体中的面积为 A,则此时探针收集到的电子流为

$$I_{es}=\frac{1}{4}n_e V_e eA=en_e A\sqrt{k_B T_e/(2\pi m_e)}. \tag{23-6}$$

由此,得到探针所在处的电子密度为

$$n_e=\frac{I_{es}}{eA}\left[2\pi m_e/(k_B T_e)\right]^{\frac{1}{2}}, \tag{23-7}$$

式中,I_{es} 为饱和电子流.

2. Langmuir 双探针法

图 23-4 是双探针法的测量线路图,探针 LM_1 和探针 LM_2 的面积分别 A_1 和 A_2(两探针截面积尽可能相等),置于等离子体中,且位置相当接近,使它们所在处的等离子体具有相同的性质.可调电位加在两探针之间,探针系统内就有电流流过.整个双探针系统不与任何电极连接,称为悬浮双探针系统.V_d 改变时得到 I_d-V_d 曲线,图 23-5 即为双探针系统特征曲线.

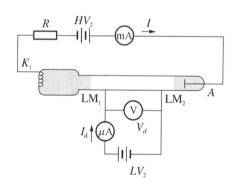

图 23-4 双探针测量原理

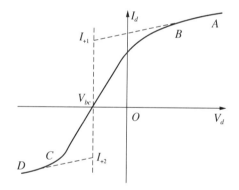

图 23-5 双探针特征曲线

图 23-6 是双探针系统的电位分布,其中 V_d 是外加偏置电压,V_1 和 V_2 是两个探针相对于它们所在处等离子体的电位,V_{bc} 是等离子体之间的电位差.因为整个系统是悬浮的,所以从等离子体流入探针系统的净电流必须为 0.因此,

$$(I_{+1}+I_{+2})+(I_{e1}+I_{e2})=0, \tag{23-8}$$

式中,I_{+1}、I_{+2}、I_{e1}、I_{e2} 分别是到达探针 LM_1 和 LM_2 的离子流和电子流.这是探针系统的基尔霍夫定律.由于系统悬浮,当 V_d 增加时,V_1 减小,同时 V_2 向相反方向增加,即

$$V_d=|\Delta V_1+\Delta V_2|, \tag{23-9}$$

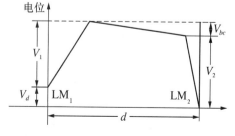

图 23-6 双探针系统电位分布

在图 23-6 中,取探针 LM_1 处等离子体电位为零点.随着 V_d 的增加,最后到某一点,此时探针 LM_2 的电位太负,$I_{e2}=0$,探针 LM_2 只吸收正离子.式(23-8)变为

$$-I_{e1}=I_{+1}+I_{+2}. \tag{23-10}$$

这种情况对应于图 23-5 的 B 点和 C 点,只要两个探针的面积差别不大,当探针 LM_1 的电位仍低于等离子体电位时,此条件就能满足.因此,悬浮双探针系统的两个探针,通常总是处于等离子体更负的电位.

V_d 继续增加,由于 $I_{e2}=0$,V_1 必须自行调整,使 I_{e1} 满足式(23-10).V_d 的增加,只使 V_2 变得更负,双探针曲线的这一部分称为饱和区,即图 23-5 中的 AB 段和 CD 段.当 $V_d=V_{bc}$ 时,电位分布如图 23-6 所示,这时 $V_1=V_2=V_f$,其中 V_f 为探针的悬浮电位,即

$$V_f = \frac{k_B T_e}{2e}\ln\left(\frac{\pi m_e}{2M_+}\right). \tag{23-11}$$

这时,$I_{e1}=I_{+1}$,$I_{e2}=I_{+2}$.因此,探测电流 $I_d=0$,特性曲线与横坐标相交,即图 23-5 中 V_{bc} 那一点.如果两探针所处的等离子体电位相等,即 $V_{bc}=0$,则探针曲线通过坐标原点.

以上定性地分析了悬浮双探针系统的电位分布特性曲线,下面推导双探针特性曲线方程.

假设等离子体内电子速度分布服从 Maxwell 分布,则到达两探针的电子流为

$$I_{e1}=I_1 A_1 \exp(V_1/V_e),\ V_1<0, \tag{23-12}$$

$$I_{e2}=I_2 A_2 \exp(V_2/V_e),\ V_2<0, \tag{23-13}$$

式中,I_1、I_2 为两个探针附近的无序电子流密度;$V_e=k_B T_e/e$.利用式(23-8)得

$$I_{+1}+I_{+2}=\sum I_+ = -[I_1 A \exp(V_1/V_e)] \\ +[I_2 A_2 \exp(V_2/V_e)]. \tag{23-14}$$

V_1 与 V_2 的关系为

$$V_1-V_2=V_d-V_{bc}. \tag{23-15}$$

由式(23-14)和式(23-15)得

$$\sum I_+ = -I_{e1}\left[1+\frac{I_2 A_2}{I_1 A_1}\exp\left(\frac{V_{bc}-V_d}{V_e}\right)\right]. \tag{23-16}$$

探针系统电流为

$$I_d = I_{+1}+I_{e1}=-(I_{+2}+I_{e2}). \tag{23-17}$$

若 $A_1=A_2$、$I_1=I_2$,又若 $I_{+1}=I_{+2}$,且与探针电位无关,则

$$I_d = I_+ - \frac{2I_+}{1+\exp\left(\dfrac{V_{bc}-V_d}{V_e}\right)} = I_+ \cdot \frac{\exp\left(\dfrac{V_{bc}-V_d}{V_e}\right)-1}{\exp\left(\dfrac{V_{bc}-V_d}{V_e}\right)+1} \tag{23-18}$$

$$= I_+ \cdot \tanh\left(\frac{V_{bc}-V_d}{2V_e}\right).$$

这就是对称双探针特征曲线的数学表达式.此式表明：特性曲线对于$V_d=V_{bc}$这一点是对称的；当$|V_d|$大时，$|I_d|\to I_+$即进入饱和区.上面分离特征曲线在$I_d=0$处的斜率为

$$\frac{\mathrm{d}I_d}{\mathrm{d}V_d}\bigg|_{V_d=V_{bc}}=-\frac{I_+}{2V_e}=\frac{eI_+}{2k_BT_e}. \tag{23-19}$$

由于两探针面积不可能完全相等，所以探针曲线不完全对称，$I_+\neq|I_{+2}|$. 这时可取 $I_+=(|I_{+1}|+|I_{+2}|)/2$，则式(23-19)就成为

$$\frac{\mathrm{d}I_d}{\mathrm{d}V_d}\bigg|_{V_d=V_{bc}}=\frac{e(|I_{+1}|+|I_{+2}|)}{4k_BT_e}. \tag{23-20}$$

由此得到

$$T_e=\frac{e}{4k_B}\cdot\frac{|I_{+1}|+|I_{+2}|}{\dfrac{\mathrm{d}I_d}{\mathrm{d}V_d}\bigg|_{V_d=V_{bc}}}. \tag{23-21}$$

饱和离子流为

$$I_+=0.61en_eA\left(\frac{k_BT_e}{M_+}\right)^{\frac{1}{2}}. \tag{23-22}$$

因此，

$$n_e\approx n_i=\frac{1}{2}\left[\frac{|I_{+1}|}{0.61eA_1\left(\dfrac{k_BT_e}{M_+}\right)^{\frac{1}{2}}}+\frac{|I_{+2}|}{0.61eA_2\left(\dfrac{k_BT_e}{M_+}\right)^{\frac{1}{2}}}\right], \tag{23-23}$$

式中，M_+为离子质量.

3. 霍尔效应法

等离子体中的带电粒子在极间电场作用下沿电场方向将产生迁移运动.在等离子体中"悬浮"一对平行板，在等离子体外面加一均匀磁场，保持磁场方向、电子迁移运动方向，以及平行板法线方向三者之间互相垂直，如图23-7和图23-8所示.具有电荷量e和迁移速度$U_\perp$的电子在磁场中将受到作用力

$$\boldsymbol{F}_B=-e\boldsymbol{U}_\perp\times\boldsymbol{B}, \tag{23-24}$$

式中，$\boldsymbol{B}$是磁感强度.

这个作用力使电子向平行板法线方向偏转，从而建立起电场$\boldsymbol{E}_H$. 这个电场对电子产生的作用力为

$$\boldsymbol{F}=e\boldsymbol{E}_H. \tag{23-25}$$

当电场作用在电子上的力和电场的作用力达到平衡时，有

$$e\boldsymbol{E}_H=e\boldsymbol{U}_\perp B, \tag{23-26}$$

或

$$U_\perp = \frac{E_H}{B} = \frac{V_H}{Bd} = \frac{V_H}{B} \cdot \frac{1}{d}, \tag{23-27}$$

式中，d 是平行板间距；V_H 是霍尔电压；$\frac{V_H}{B}$ 为霍尔电压随磁场变化拟合直线的斜率.

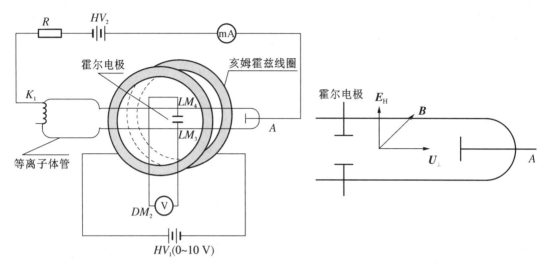

图 23-7 霍尔效应法原理　　　　　图 23-8 带电粒子受力示意图

在等离子体内，磁场和电场必定干扰了等离子体，因此式(24-27)和实验结果是有差别的，可以证明(Aincin, R. A., 在横向磁场中低压正圆柱理论).对弱磁场而言，霍尔电压和磁场之间仍保持线性关系，但式(24-27)要修改为

$$U_\perp = 8 \frac{V_H}{Bd}. \tag{23-28}$$

通过放电管的电流是

$$dI = j\,dA = n_e(r)eU_\perp 2\pi r\,dr, \tag{23-29}$$

式中，r 为放电管半径.如果把 $n_e(r)$ 看作一个常数，有

$$I = n_e e\pi r^2 U_\perp, \tag{23-30}$$

即得

$$n_e = \frac{I}{e\pi r^2 U_\perp}. \tag{23-31}$$

当给出不同 B 值，可测出对应的霍尔电压 V_H.由式(24-28)和式(24-31)可求出电子迁移速度 $U_\perp$ 和电子密度 n_e.

【实验内容】

实验前，请认真预习实验讲义和有关参考资料，拟定实验步骤，再进行如下测量.
(1) 用双探针法测量 I-V 曲线，计算等离子体电子温度 T_e 和电子密度 n_e（建议扫描电

压 LV_2 为 $-30 \sim 10$ V).

(2) 用霍尔效应法测量 $V_H - B$ 曲线(建议放电电流设定为 30、60 mA 两种).利用计算机绘图、计算电子密度 n_e 和电子迁移速度 $U_\perp$(建议扫描电压 HV_1 为 $0 \sim 10$ V).

与本实验有关的参量如下.

① 放电管半径 r：2.8 mm.
② 霍尔电极间距 d：2.6 mm.
③ 探针 $LM_1(LM_2)$ 直径 D：0.4 mm.
④ 汞离子质量(约) $M+$：3.33×10^{-25} kg.
⑤ 电子电量 e：1.602×10^{-19} C.
⑥ 电子质量 m_e：9.3×10^{-31} kg.
⑦ 玻尔兹曼常数 k_B：1.381×10^{-23} J/k.
⑧ $B - HV_1$ 对照表如表 23 - 2 所示.

表 23 - 2　$B - HV_1$ 对照表

电压 HV_1/V	1	2	3	4	5	6	7	8	9	10
磁场 B/mT	0.30	0.52	0.75	0.96	1.18	1.40	1.61	1.83	2.05	2.26

【注意事项】

(1) 所有线路连接无误后方可打开主机电源,连接或断开相关模块的连接电缆前,必须将相应的电压或电流调节至零.

(2) 放电管工作时相当于一个半导体,阴极、阳极引线相对都有一定的高压,实验过程中切勿用手触摸引线.

(3) 本仪器开机后相关实验模块可能带有高电压,请谨慎操作,避免触电.

【思考题】

1. 比较单探针和双探针两种方法的差异,双探针法测量优点有哪些?
2. 采用霍尔效应法测量时,为什么要采用空心线圈和较小的励磁电流?
3. 分析双探针法、霍尔效应法这两种实验方法的误差来源.

参考文献

[1] 项志遴,俞昌旋.高温等离子体诊断技术[M].上海：上海科学技术出版社,1982.
[2] 徐学基,诸定昌.气体放电物理[M].上海：复旦大学出版社,1996：121 - 126,43 - 61.
[3] Auciello O.等离子体诊断(第一卷)[M].郑少白,等,译.北京：电子工业出版社,1994：136 - 137.
[4] 孙大明.气体放电等离子体参量的霍尔效应诊断[J].安徽大学学报,1983(2)：92 - 96.
[5] 李明,王叶,耿在斌.等离子体综合实验仪[J].物理实验,2009(11)：12 - 14,19.

实验二十四 真 空 镀 膜

【背景知识】

真空镀膜是指在真空中把蒸发源加热蒸发或用加速离子轰击溅射,沉积到基片表面形成单层或多层薄膜,包括真空离子蒸发、磁控溅射、MBE 分子束外延、PLD 激光溅射沉积等很多种类,主要实现技术分蒸发和溅射两种.

真空镀膜技术发展很快,从 20 世纪 40 年代开始,至今已成为以电子学为中心的电子、光学、钟表、宇航等工业部门不可缺少的新技术、新方法,有着十分广泛的应用前景.需要镀膜的称为基片,镀的材料称为靶材.基片与靶材同在真空腔中.蒸发镀膜一般是加热靶材使表面组分以原子团或离子形式被蒸发出来,并且沉降在基片表面,通过成膜过程(散点-岛状结构-迷走结构-层状生长)形成薄膜.对于溅射类镀膜,可以简单理解为利用电子或高能激光轰击靶材,并使表面组分以原子团或离子形式被溅射出来,并且最终沉积在基片表面,经历成膜过程,最终形成薄膜.

所谓真空,是指低于一个大气压的气体空间.在真空技术中对于真空度的高低常用"真空度"和"压强"这两个参量来度量.真空度和压强是两个概念:压强越低意味着单位体积中气体分子数愈少,真空度愈高;反之,真空度越低则压强就越高.由于真空度与压强有关,所以真空的度量单位是用压强表示的.

在真空技术中,压强所采用的国际单位制(SI)中的计量单位是帕斯卡(Pascal),简称帕(Pa).此外,在实际工程技术中几种旧的单位(Torr、mmHg、atm)仍有采用.它们之间的关系如下:1 标准大气压(1 atm) = 1.013 25 × 10^5 Pa;1 mmHg = 1.000 000 14 Torr;1 mmHg = 133.322 Pa.

真空度的区域划分并无严格的界限,大致可以分为以下 5 个区域:① 粗真空 10^5 ~ 10^3 Pa;② 低真空 10^3 ~ 10^{-1} Pa;③ 高真空 10^{-1} ~ 10^{-6} Pa;④ 超高真空 10^{-6} ~ 10^{-10} Pa;⑤ 极高真空 10^{-10} Pa 以下.

【实验原理】

真空蒸发(即真空镀膜)是指在一个真空容器(工作室)中,把所要蒸发的金属(如铝、金等)加热至熔化,使其原子或分子获得足够的能量,脱离金属材料表面束缚而蒸发到真空室中成为蒸气原子或分子.当这些原子或分子在运动的路程中遇到待淀积的基片(如硅片、光学玻璃基片等)时,就淀积在基片表面形成一层薄的金属膜.

气体分子运动平均自由程公式为

$$\lambda = \frac{kT}{\sqrt{2}\pi d^2 p} \approx \frac{3.76 \times 10^{-3}}{p} (\text{m}), \qquad (24-1)$$

式中，d 为分子直径；T 为环境温度(K)；p 为气体压强(Pa).真空蒸发是在高真空的条件下进行的，否则空气中所含的大量氧气极易使金属蒸气原子氧化，从而使淀积的金属膜质地疏松.事实上空气分子的存在，使得金属蒸气原子的平均自由程缩短，不能顺利地到达基片表面，蒸发效果极差.例如，在蒸铝时，一般要求真空度达到 5×10^{-5} Torr.

测量真空度的仪器称为真空规，一般使用的有热偶真空规、电离真空规等.

如果把基片和蒸发源的距离选得短一些，相对地可以降低真空度的要求，但基片离蒸发源太近，淀积的金属膜将不均匀，同时基片的温度将会升高，对膜片质量有影响.所以，源和基片的距离取 6～10 cm 为宜.

通常将能够从各个方向蒸发等量材料的微小球状蒸发源称为点蒸发源.假定蒸发源是一个理想的点蒸发源，根据理论计算薄膜厚度 d 与蒸发源用量 m 及蒸发源与基片距离 r 之间的关系为

$$d = \frac{m}{4\pi\rho} \cdot \frac{\cos\theta}{r^2}, \tag{24-2}$$

式中，m 为点蒸发源质量；r 为源至基片距离；ρ 为淀积材料的密度；θ 为基片表面法线与蒸发源和基片表面的连线之间夹角.基片上任何一点的薄膜厚度与蒸发源的用量 m 及蒸发源与基片的相对位置有关.为了获得厚度均匀的薄膜，基片最好放置在和蒸发源同心的球体表面上.

淀积金属膜的厚度可用称量法测定，即用足够精确的天平称量淀积前后衬底的质量，衬底的面积可先测出，因而可算出淀积薄膜的平均厚度.此外，也可利用椭圆偏振测量仪来进行厚度测量.

在实际工作中，常用固定蒸发源的加热功率、源量等方法，使淀积速率相对稳定.通过控制蒸发时间，粗略地控制膜厚.

【实验装置】

常用的真空镀膜装置是真空镀膜机，它由真空镀膜室、抽气系统和电气控制系统组成，如图 24-1 所示.本实验使用 DH2010 型多功能真空实验仪.该仪器的镀膜室、油扩散泵和真空管路部件采用透明玻璃设计，便于观察真空获取和薄膜制备过程.

【实验内容】

实验前应熟悉真空镀膜实验的内容，认真阅读 DH2010 型多功能真空实验仪的使用说明书，熟悉每一个部件的作用和操作要求.

(1) 清洗真空镀膜室、靶材和基片.清洗玻璃钟罩并烘干.按需选取清洁处理后的高纯金属丝，置于蒸发源加热器上.最常用的蒸发源加热器是钨舟加热器.钨舟的清洁要求如下：先用 10%～20% 的氢氧化钠溶液煮两次，使钨舟表面光亮，无氧化层为止；再用氢氧化钠溶液电解，除去加热器缝隙中的钨化物；最后用去离子水煮几次，去除残留的碱，在烘箱中烘干，置于干燥缸中.初次使用的钨舟需空蒸一次.

(2) 将清洗之后的基片置于衬底平台上，然后转动挡板，遮住基片，盖上钟罩.

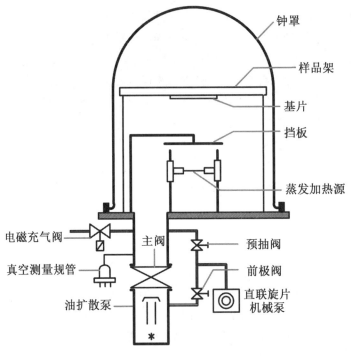

图 24-1 真空系统图

(3) 真空室抽真空．先检查冷却水是否接通，要求冷却水管路接通并通水．使用机械泵和油扩散泵对真空室抽真空．结合扩散泵的工作原理观察油扩散泵的工作过程．使用真空计观察真空室内真空度的变化过程．待真空室内的真空度达到 5×10^{-3} Pa 时，开始镀膜．

(4) 蒸发．接通蒸发源加热器电源，逐步增大蒸发电流，观察真空计电离规的测量值，分析真空变化的原因．调节蒸发电流，使放在钨舟上的金属丝熔化，并在钨舟加热器上铺展开来．继续增大电流并移开蒸发挡板，开始蒸发．当熔化的金属快蒸发完时，立即将挡板移回遮盖基片表面，降下蒸发电源，并切断蒸发电源．

(5) 关闭仪器，数据处理．

【注意事项】

(1) 使用镀膜机时，应严格按操作规程．正确使用真空室阀门、扩散泵阀门、机械泵阀门和放气阀门，开启和关闭的顺序不能搞错，否则会引起扩散泵油或机械泵油的倒流．

(2) 真空系统应保持一定的清洁度，不允许油污及腐蚀性气体、水蒸气留在镀膜室里．

(3) 蒸发结束后，真空镀膜室应保持真空状态．关闭电炉开关，油扩散泵停止加热．机械泵继续抽气，冷却水继续冷却油扩散泵．待油扩散泵冷却后，方可将电源开关关闭，切断电源．

(4) 靶材在蒸发前需进行预熔．预熔时，用挡板挡住基片，把材料中蒸发温度低于蒸发物质的杂质先蒸发掉，而不要使它蒸发到基片表面上．预熔时，会有大量吸附在蒸发材料和电极上的气体放出，真空度会降低一些，应继续抽气，待真空度恢复到原来的真空度后，方可移开挡板，加大蒸发电流，进行蒸镀．

思考题

1. 进行真空镀膜为什么要求有一定的真空度？
2. 可以采用几种方法来估算真空镀膜中薄膜的厚度，请分别论述.
3. 扩散泵的工作条件是什么？
4. 用热偶计测高真空、用电离计测低真空是否可行？如何避免电离计被烧坏？

参考文献

[1] 杨邦朝,王文生. 薄膜物理与技术[M]. 成都：电子科技大学出版社，1994.

单元八 创　新　实　验

实验在人才培养和科技发展中具有极其重要的作用.一般来说,大学实验可以分为教学实验和科学实验.科学实验是基于一定的理论框架、模型或猜想,对研究对象进行观察、测量和分析,从而验证、获取或探索新的信息、规律或机理,以科学发展和技术进步为目的,但结果不一定为所预期,实验可能会失败.常规的教学实验是经典、成熟科学实验的简化、理想化或其中某些独立模块的抽取,排除或忽略了次要因素的影响,实验总是成功的.

随着 20 世纪末全球科技各个领域的迅猛发展,中国高等教育在"科教兴国"战略背景下相应得到了高速发展,常规的教学实验项目已不能满足我国人才培养的需求.为提高物理人才培养质量,在基础物理实验教学中,教育部高等学校原物理学与天文学教学指导委员会和教育部高等学校大学物理课程教学指导委员会在《理工科类大学物理实验课程教学基本要求》(2010 年版、2023 年版)中对综合性、设计性、研究性实验项目和进阶性、高阶性实验内容提出了相关指导性意见,同时也鼓励各高校积极创造条件,开辟学生创新实践第二课堂,进一步加强对学生创新意识和创新能力的培养.因此,本教材探索性地在近代物理实验教学中,适当引入创新研究物理实验项目.

创新研究物理实验介于常规教学实验和科学实验之间,过程相对复杂,时间跨度较长,涉及环节较多,类似科学实验;而实验结果可预见,类似教学实验,但因参数、工艺、操作把控的差异,学生实验也可能是失败的.创新研究物理实验属于大型综合性实验项目,以某个实验主题为主线,串接相关联的多项实验内容和类似科研实验的各个环节,学生可获得全方位、综合能力和创新性思维的培养.本单元引入两个创新实验项目:

(1) 高温氧化物超导样品制备和物性测量. 实验以 $YBa_2Cu_3O_7-\delta$ 高温氧化物超导体为实例,研究高温氧化物超导体的制备过程、工艺,了解超导体的零电阻特性和迈斯纳效应,学生将在材料成型、固相反应、炉温控制、晶相观察、电阻温度特性、抗磁特性、低温等各个环节得到综合锻炼.

(2) 功能玻璃材料制备和激光诱导微纳结构. 实验学习玻璃样品的制备流程、烧制工艺、抛光方法和实验操作经验,研究飞秒激光与玻璃相互作用后在玻璃内部或表面引起的折射率和玻璃组分的变化,利用 X 射线衍射、扫描电子显微镜、显微拉曼光谱等测量微结构尺寸、形貌随激光功率及激光脉冲数的变化,分析激光诱导微纳晶体结构及其相关机理.

实验二十五　高温氧化物超导样品制备和物性测量

【背景知识】

1911 年,荷兰 Leiden 实验室科学家 Kamerlingh Onnes 和他的学生在测量汞(Hg)电阻率的时候首次发现了超导现象,并给出了第一个超导材料的临界温度 4.2 K(之后的精确实验表明为 4.15 K),即在 4.15 K 以下汞的电阻率突然降为 0,进入了一个新的物态,称为超导态.随后的实验证实,与理想导体不同,超导体同时具备两个基本特征:处于超导态下超导体的直流电阻为 0,超导体具备完全抗磁特性(磁通完全排出体外,常称为 Meissner 效应).

由于超导体极具诱惑的物理内涵和潜在的革命性应用价值,自 Onnes 发现第一块超导体开始引发了超导研究一轮又一轮的热潮,不断有新超导材料的报道,至今已发现的超导材料数以千计.继超导元素之后,人们利用周期表各元素的排列组合获得了二元、三元合金或化合物的超导电性.实践证明利用化学元素或化合物合成新的超导材料是突破超导临界温度的最有效途径.迄今为止,除普通元素外,人们已经发现了许多合金、无氧化合物、高温氧化物、C_{60}、有机物等超导材料,临界温度得到了极大的提高.元素超导体中临界温度最高的为铌(Nb,9.25 K),最低的为铑(Rh,35 μK).临界温度最高的二元合金超导体为 2001 年日本科学家 Akimitsu 的研究小组发现的 MgB_2,为 39 K.临界温度突破液氮温区(突破超导应用温度壁垒)的超导体是在高温氧化物中获得.

高温氧化物超导体的发现,始于 1986 年下半年 Bednorz 和 Müller 报道的 LaBaCuO 氧化物超导体,并很快掀起了超导物理研究的一个新高潮.两人也因此获得了 1987 年度诺贝尔物理学奖.短短的六年里,人们先后合成了以 YBCO(1987 年,92 K)、BSCCO(1988 年,110 K)、TBCCO(1988 年,125 K)、HBCCO(1993 年,135 K)为代表的 100 多种铜氧化物高温超导材料,目前加压下的 HBCCO 临界温度已达到 164 K.

高温超导材料临界温度远高于液氮的沸点,突破了超导可能大规模应用的温度壁垒.超导材料必将类似于光纤快速进入我们的生活,成为未来几十年最重要的高技术器材之一.超导材料的用途广泛,涉及能源、电信、计算机、强磁、医疗、微弱信号等众多领域,目前已在超导输电电缆、超导变压器、储能器、发电机、马达、强磁体、超导滤波器等领域得到应用.仅超导电缆而言,美国超导公司、日本东京电力公司、韩国电力研究所、中科院电工所、北京英纳超导、上海上创超导和上海超导科技有限公司等都已有商业化超导电缆投入运行,预计未来每年全球超导产业将达到千亿美元.

因此,了解超导电性的基本原理,了解超导材料的制备、基本特性和应用,具有重要的意义.

【实验目的】

(1) 了解高温氧化物超导材料的制备方法.
(2) 掌握管式炉固相反应法制备超导材料的实验技术和工艺流程.
(3) 测量和理解超导体的两个基本特性.

【实验原理】

1. 高温氧化物超导材料制备方法

本实验以 $YBa_2Cu_3O_{7-\delta}$ 为实例,研究其合成技术和电磁特性,了解高温氧化物超导体的制备过程和基本物理特性.

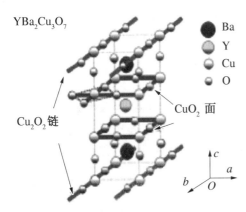

图 25-1 高温氧化物超导体 YBCO 的晶体结构特征

绝大多数高温氧化物超导体为空穴型超导体,并且晶体结构都是很有规律的层状结构.图 25-1 为高温氧化物超导体 YBCO 的结构示意图,分别由 1 个 Y 平面层、2 个 BaO 层、2 层 CuO_2 面和 1 层 Cu_2O_2 链组成.人们认为 CuO_2 面层是导致高温超导转变的关键因素,它的作用就像一个电荷库(charge reservoir).

制备高温氧化物超导体材的方法主要有两种:固相反应法(solid state reaction)和柠檬酸盐凝胶法(citrate gel)或草酸盐共沉淀法(oxalate coprecipitation).柠檬酸盐凝胶法是将各金属的硝酸盐溶于柠檬酸(citric acid)及乙二胺(ethylene diamine)溶液中,加热至 90~120 ℃;1~2 h 后冷却至室温形成均匀的凝胶;将凝胶在 500 ℃下预分解,去除有机杂质;然后进行焙烧(calcination)、烧结(sintering)得到具有超导性的粉末或块材.草酸盐共沉淀法是在各金属的硝酸盐水溶液中,加入草酸作为沉淀剂;然后用氢氧化钾(或氢氧化钠)调整溶液的 pH 值,使之产生各金属的共沉淀物;最后再将共沉淀物过滤、烧结,得到具备超导性的粉末.

固相反应法是将金属氧化物或碳酸盐按一定的比例混合、研磨、焙烧和烧结,从而获得具有超导性的块材.本方法的优点是制备过程简易,缺点是合成的材料颗粒粗、均匀度差,影响到材料的超导性能,尤其是超导转变宽度 ΔT.本实验采用固相反应法合成 $YBa_2Cu_3O_{7-\delta}$ 块材.

2. 超导材料零电阻特性测量

最令人信服的"零"电阻测量方法是永久电流法,但该方法需要观测很长时间.较现实而可信的方法是标准四引线或其修正方法.标准四引线法的测量精度为 $10^{-13} \sim 10^{-15}\ \Omega \cdot m$,铜的低温电阻率可达 $10^{-11}\ \Omega \cdot m$.

测量线路如图 25-2 所示.恒流源提供测量回路恒定的电流,回路电流 I_R 可以用数字电流表读出,也可以在回路中串接准确度等级好于 0.01 级的标准电阻 R_s,通过测量标准电阻上电压 V_s 换算出回路电流 $I_R = V_s/R_s$.如果没有恒流源,可以用恒压源串接很大的限流电阻限制回路中的电流,使样品电阻变化时回路电流变化缓慢,近似为恒流源.样品阻值可按下式计算：

$$R = V_R / I_R.$$

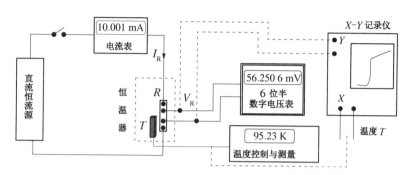

图 25-2 标准四引线法测量超导体零电阻特性测量

R-T 曲线也可以使用 X-Y 记录仪绘制，但这时建议使用线性度非常好的温度计.温度传感器的电压信号能够线性正比于样品温度值，即可直接送到 X-Y 记录仪的 X 轴.当然，最好是利用数字多用表直接读出样品电压 V_R、回路电流 I_R，用数字控温仪控制恒温器温度并读出样品温度数值 T，从而精确绘制样品 R-T 曲线.

制作电极的方法如图 25-3 所示，可以采用银胶或铟粒压接，引线用铜或银引线，压接必须良好，否则会带来测试误差.

3. 超导体抗磁特性测量

实验装置采用交流互感法测量样品交流磁化率的相对值.如图 25-4 所示，由上下两个线圈构成一个互感交流电路，当初级线圈流过某一频率的交流激励信号 $U_0\cos(\omega t)$ 时，次级线圈的交流感应信号与样品的磁导率相关，利用锁相放大器即可测得相对大小的交流磁化率实部 χ' 和虚部 χ''.

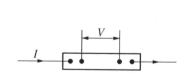

图 25-3 标准四引线电极示意图

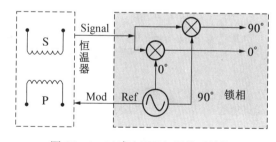

图 25-4 互感法测量超导抗磁特性

【实验仪器和布局】

1. 真空管式烧结炉

样品的固相反应法合成是在如图 25-5 所示的真空管式炉中进行的，使用时请仔细阅读设备使用说明书.

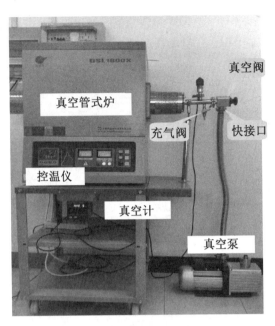

图 25-5 真空管式烧结炉装置图

2. 超导样品物性测量

样品性能的好坏,首先要测量电阻-温度特性曲线(实验装置见图 25-6(a))和抗磁特性,即一般测量样品的交流磁化率随温度变化的特性(实验装置见图 25-6(b)).所使用的恒温器的内部结构如图 25-7 所示.

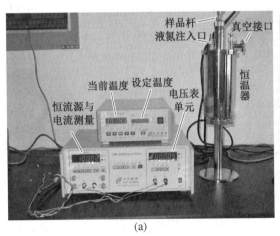
(a)

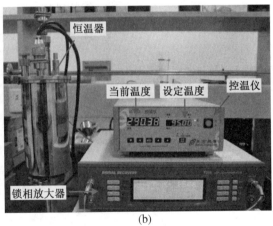
(b)

图 25-6 变温直流电阻/交流磁化率测量仪器装置图

【实验内容】

1. YBCO 固相反应法制备过程

(1) 原料烘干.将原料 Y_2O_3、$BaCO_3$、CuO 适量放入烘箱中,恒温约 120 ℃,时长 3 h,去除原料水分.

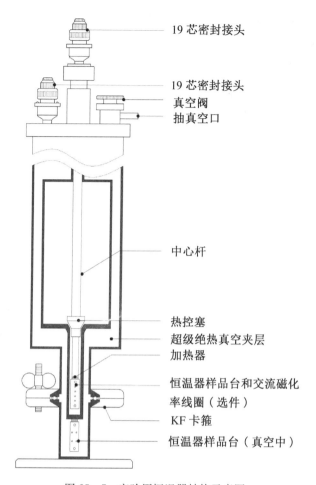

图 25-7 实验用恒温器结构示意图

(2) 称量. $YBa_2Cu_3O_{7-\delta}$ 的超导相为 123 相,因此应有意识地按 123 相的比例称量,即根据所需要样品的质量,按照各金属的原子计量比 Y∶Ba∶Cu 为 1∶2∶3 的比例称量 Y_2O_3、$BaCO_3$、CuO 的质量.

烧结成相的化学反应方程为

$$Y_2O_3 + 4BaCO_3 + 6CuO + xO_2 \uparrow = 2YBa_2Cu_3O_{7-\delta} + 4CO_2 \uparrow.$$

原子量为 Y(88.905)、Ba(137.34)、Cu(63.54)、O(15.999 4)、C(12.011 15).

分子量为 Y_2O_3(225.808 2)∶$BaCO_3$(197.349 35)∶CuO(79.539 4)→$YBa_2Cu_3O_7$(666.200 8).

质量比为 Y_2O_3(169.47 mg)∶$BaCO_3$(592.46 mg)∶CuO(358.18 mg)→$YBa_2Cu_3O_7$(1 g).

(3) 研磨. 将称量好的 Y_2O_3、$BaCO_3$、CuO 原料粉末放至研钵中,充分研磨混合.

(4) 压片. 利用油压机将充分研磨好的原料适量放入模具中压制成片.

(5) 焙烧. 将片状样品放在氧化铝坩埚中,置于管式炉内. 在空气中以 5 ℃/min 的速率升温至 900 ℃焙烧 10～15 h,然后以 5 ℃/min 的速率降温至室温.

(6) 粉碎/研磨/压片. 将焙烧样品取出,放入研钵中粉碎研磨,用压力机压制成片. 压力取 5 t/cm², 相当于 490 MPa.

(7) 烧结. 将样品放入管式炉中在氧气气氛下以 5 ℃/min 的速率升温至 900～950 ℃ 焙烧 20～25 h. 然后以 1～2 ℃/min 的速率降温至 450 ℃. 在 450 ℃、氧气气氛中退火 10～15 h. 最后自然降温至室温, 即可获得超导样品.

2. 超导样品的电阻温度曲线测量

(1) 恒温器抽真空. 将恒温器与真空泵用 KF25 接头连接好. 打开机械泵, 等待真空到达 2 Pa 后, 关闭真空泵, 将恒温器移到实验台.

(2) 准备样品. 将高温氧化物超导体样品做成 (2.0～3.0) mm×(10.0～15.0) mm×(1.0～2.0) mm 的形状, 在金相砂纸上抛光. 剪下 4 根 $\phi 0.1～0.2$ mm 长约 50 mm 的铜漆包线, 两头去漆. 在显微镜下用铟粒压接 4 个电极. 将做好电极的样品贴到恒温器铜块上, 对应焊好 4 根测量引线.

(3) 灌注液氮. 灌液氮前, 认真检查, 确保容器内无明显水迹. 取出中心杆, 注满液氮, 等 15 min, 待容器冷透后再将液氮补满; 插入用液氮预冷透的中心杆. 液氮的有效高度为 11 cm, 有效容积为 0.2 L, 工作时间约为 4～6 h.

顺时针转动中心杆至最低位置, 再回旋约 180～720°, 即可通过控温仪设定并自动调整加热器电流来获得 80～320 K 之间的各种中间温度. 中心杆旋高则冷量增大, 适于较低温度的实验; 需要快速降温时, 可适当旋松或提起中心杆; 控温精度不理想时, 可适当调整中心杆高度. 一般情况下, 80～320 K 宽温区范围内, 只需调中心杆高低 2～3 次即可.

(4) R-T 特性曲线测量. 设定某温度 T, 测量相应的回路电流 I_R、V_R, 计算该温度下的样品电阻 R. 80～100 K 区间每隔 1 K 记录一个点, 其中在转变温度附近每隔 0.2 K 记录一个点. 如果转变宽度很陡, 则要进一步细测. 从 100～200 K 每隔 10 K 记录一个点. 超导样品电阻-温度记录表如表 25-1 所示.

注意: 测量完毕后, 一定要将中心杆旋松, 以防止由于热膨胀系数不同而卡住聚四氟乙烯绝热塞, 损坏恒温器.

(5) 利用 Origin 或其他作图软件, 在电脑上绘制 R-T 曲线, 并打印.

表 25-1 超导样品电阻-温度数据表

恒流源电流值 I_R = _____ mA

温度 T/K	样品电压 V_R/mV	温 度 T/K	样品电压 V_R/mV	温 度 T/K	样品电压 V_R/mV

续 表

温度 T/K	样品电压 V_R/mV	温 度 T/K	样品电压 V_R/mV	温 度 T/K	样品电压 V_R/mV

(6) 超导转变特性分析.分析高温氧化物超导体的电阻温度曲线,并计算表 25-2 中的临界温度的值.

表 25-2　依据 R-T 图表分析样品超导转变数据

恒流源电流值 I_R = _____ mA

转折点 电阻 /Ω	转折点 温度 T_s/K	上临界 温度 T_c^+/K	下临界 温度 T_c^-/K	中点温度 T_m/K	零电阻 温度 T_0/K	转变宽度 ΔT/K

3. 超导样品抗磁特性测量

(1) 装样.将待测样品做成薄片(厚小于 1 mm),用电容器纸或擦镜纸包住,小心地松开探测线圈的夹紧螺钉,将样品推入两个线圈的正中间,拧动螺钉,使样品被两线圈轻轻夹住即可.

(2) 抽真空.真空度好于 2 Pa 后,关闭真空阀,卸下真空连接.

(3) 灌注液氮.向恒温器注入液氮,将中心杆慢慢放入恒温器,连接 19 芯密封接头.

(4) 测量.设定某个温度 T,仿照 R-T 曲线,待温度恒定后利用锁相记录感应线圈 0°相位和 90°相位电压值,分别表征样品交流磁化率实部和虚部的相对值.

（5）取样.测量完成后,关闭电源,打开真空阀,将中心杆松开提起,待回复室温后小心取出样品.

超导样品交流磁化率-温度数据表如表 25-3 所示.

表 25-3　超导样品交流磁化率-温度数据表

温度 T/K	实部 χ'	虚部 χ''	温度 T/K	实部 χ'	虚部 χ''

思考题

1. 超导体和理想导体有什么区别?
2. 为什么要使用标准四引线方法测量超导样品的电阻?
3. 灌注液氮过程中有哪些注意事项?
4. 在测试过程中,如何判定样品处于热平衡状态?

参考文献

[1] 张裕恒.超导物理[M].3 版.合肥：中国科学技术大学出版社,2009.
[2] Bennemann K H, et al. Superconductivity[M]. Berlin：Springer, 2008.

实验二十六　功能玻璃材料制备和激光诱导微纳结构

【背景知识】

　　自从1960年诞生第一台激光器以来,激光技术得到了迅猛的发展.经过调Q、锁模,特别是啁啾脉冲放大技术,激光输出脉冲的宽度越来越短,强度也是越来越高,出现了飞秒(10^{-15} s)激光.20世纪90年代以后,随着飞秒钛宝石激光器的研制成功,激光与材料相互作用进入一个全新的领域.由于飞秒激光具有峰值功率(可达 10^{12} W)大、功率密度(达 10^{18} W/cm^2)大、脉冲极短等特性,其在辐照材料时能在焦点区域形成极高的场强.即使材料本身在激光波长处不存在本征吸收,也会在飞秒激光诱导的多光子吸收或多光子电离等非线性效应的影响下发生反应,这使得飞秒激光能够在透明材料中进行选择性的三维微结构加工.在飞秒激光诱导的多光子效应阈值场强的限制下,材料在辐照区域获取高精度的加工,并被赋予特有的光功能.飞秒激光重复频率的高低对材料结构变化的影响有所不同.对于低重复频率的飞秒激光,因其脉冲与脉冲之间的时间间隔比较长(小于1 ms),远大于材料热扩散的弛豫时间,热累积效应往往被忽略.激光脉冲与材料的相互作用可以认为是一个绝热过程,所以对激光辐照区域的周围部分不会产生显著的影响.这样通过控制脉冲能量的大小和空间分布,可以在透明材料内部实现微纳米尺度的精细加工.对于高重复频率的飞秒激光(大于200 kHz),由于脉冲与脉冲之间的间隔比较短,在辐照材料的时候,会出现前一个脉冲能量还没完全扩散出去,下一个脉冲又入射进来的情况,从而在辐照区域不断淀积能量而导致热累积效应出现,并形成从中心到外围很高的温度梯度场.温度梯度场的形成,会引发一系列材料相应结构的变化,如熔融、析晶的变化等.在此过程中,由于热能的扩散会引起未辐照区域材料的温度升高,因而微结构的精度降低了.因此,在实验中人们往往会根据实验目的的不同而选择不同频率的激光器.

　　玻璃具有透明性高、化学稳定性高、热学和电学性能优异等特性,是微电子学、光学和光纤技术的关键材料.玻璃材料的微加工在光电子学、通信、光子器件(如光栅和波导)等领域得到了越来越多的应用.玻璃是一种反转对称材料,原则上不产生二阶光学非线性或者铁电现象.一般地,玻璃仅作为像玻璃光纤这样的被动使用.然而在诸如光电开关和波长转换等主动应用中,二阶光学非线性是绝对需要的.因而,在玻璃内部空间选择性设计非线性光学/铁电晶体结构是十分重要和有意义的,飞秒激光辐照玻璃作为一种空间选择性微加工方法正引起大量的关注.可以发现,利用高重复频率飞秒激光热积累效应制备波导和诱导玻璃析晶是当前研究的一个热点.

【实验原理】

　　飞秒激光与透明材料相互作用时,激光能量主要是通过非线性吸收沉积在材料中.飞秒激光经透镜聚焦后,焦点处光强可以高达 10^{14} W/cm² 量级,焦点区域具有超高的电场强度,从而可以产生激光诱导多光子吸收、多光子电离等非线性效应.飞秒激光能够在瞬间将作用区域的物质变成等离子体,而等离子体进一步吸收激光能量将导致局部加热或光损伤.

1. 多光子电离

激光光束的能量被物质中的束缚电子所吸收,使得电子由价带激发到导带的过程称为"光电离".在激光与透明材料相互作用的过程中,光电离分为两种情况:隧道电离和多光子电离.这两种电离情况的发生,取决于激光的频率和能量.

对于低频率、高强度的激光,主要以隧道电离为主.在隧道电离过程中,激光电场压制了将电子束缚在原子价带上的库仑势阱.如果电场非常强,束缚电子可以通过量子力学的电子隧道现象,穿过短势垒,克服库仑势阱的压制而变为自由电子.

对于更高的激光频率(但还不足以产生单个光子吸收的情况),主要是多光子电离.对于高能隙宽度物质中的电子,必须同时吸收多个光子,才能将其束缚电子从价带激发到导带上,此时被吸收的光子数与单光子能量的乘积应大于物质的能隙宽度.多光子电离过程是一个 n 阶过程,其吸收截面非常小,只有在极高的激光场强下,多光子电离才能占优势.长脉冲激光场强较低,多光子电离过程可忽略不计,激光损伤以雪崩电离过程为主,但超短脉冲激光场强极高,可达到 10^{10} V/cm 量级甚至更高,多光子电离过程占主要地位(见图 26-1).

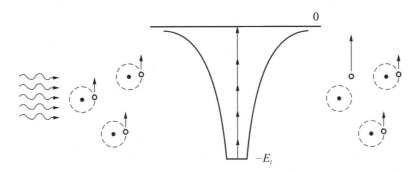

图 26-1　多光子电离示意图

2. 等离子体自由载流子吸收

当等离子体密度很高时,由非线性光电离和雪崩电离形成的电子等离子体可以强烈地吸收激光能量.可以用 Drude 模型来理解这种等离子体对激光能量的吸收.随着等离子体密度 N 的增加,等离子体频率为

$$\omega_p = \left(\frac{Ne^2}{\varepsilon_0 m}\right)^{1/2}. \qquad (26-1)$$

当达到激光频率时,对激光能量的吸收将变得十分充分,其吸收系数为

$$k = \frac{\omega_p^2 \tau}{c(1+\omega^2\tau^2)}, \qquad (26-2)$$

式中,ω 是激光频率;τ 是 Drude 扩散时间(一般为 0.2 fs).

当等离子体密度达到 $10^{21}/\mathrm{cm}^3$ 时,由于对激光能量的强烈吸收,激光能达到的深度只有 $1~\mu\mathrm{m}$.在紧聚焦的条件下,瑞利长度(聚焦参数的一半)恰好是微米量级.因此,当由非线性电离机制产生的等离子体密度达到 $10^{21}/\mathrm{cm}^3$ 时,可以预计大部分的激光能量将在焦点区域被吸收.大量激光能量在物质中的沉积,将导致透明介质形成永久性的损伤.

3. 高重复频率飞秒激光辐照玻璃材料诱导晶体析出

飞秒激光聚焦后的脉冲峰值功率可达到 $10^{16} \sim 10^{18}~\mathrm{W/cm^2}$,超过了材料多光子吸收的阈值 I_P ($10^{12}~\mathrm{W/cm^2}$).因此,在飞秒激光与材料作用的过程中,由于多光子吸收会在焦点区域产生大量的等离子体.这些等离子体会与激光发生耦合共振,反过来增加脉冲能量的吸收效率,使得大部分脉冲能量能够沉淀在焦点区域,从而形成焦点区域瞬时的高温.如果所用激光的重复频率比较低,则这个高温会在下一个脉冲到达前迅速地扩散掉,而不会在辐照区域形成持续稳定的温度梯度场,这使玻璃在很多时候只是发生折射率的变化,而无法形成晶体.而当飞秒激光的重复频率大于 $200~\mathrm{kHz}$ 时,在辐照区域单脉冲的能量还没扩散出去迎来下一个脉冲能量的注入,从而出现热累积效应,形成很高的温度梯度场.当飞秒激光的辐照时间超过材料的热弛豫时间,热量开始在焦点周围传递,如果有连续的脉冲激光辐照,就会在焦点区域及其周围形成一个动态稳定的温度梯度场.在此梯度场中,超过了材料析晶温度的位置就会析出晶体.

由于玻璃是各向同性的均质材料,假设飞秒激光聚焦的焦点在玻璃样品的内部,把飞秒激光辐照引起的热积累效应简化为热传导问题处理,则其热传导方程为

$$\frac{\partial^2 T}{\partial z^2} - \frac{1}{\alpha}\frac{\partial T}{\partial t} = 0; \tag{26-3}$$

边界条件为

$$AI(t) = -K\left(\frac{\partial T}{\partial z}\right)_{z=0}, \tag{26-4}$$

式中,T 为所求的温度;z 为光轴上离原点的深度;t 为辐照时间;α 是材料的热扩散率;A 为材料对激光的吸收率;K 为材料的平均导热系数.

设初始条件为 $T(0)=0$,方程的解为

$$T(z, t) = (2AI/K)\sqrt{\alpha t}\,\mathrm{ierfc}(z/\sqrt{4\alpha t}), \tag{26-5}$$

式中,ierfc 是误差函数 erfc 的积分,有

$$\mathrm{ierfc}(x) = \int_x^\infty \mathrm{erfc}(s)\mathrm{d}s,~\mathrm{erfc}(x) = \frac{2}{\sqrt{\pi}}\int_x^\infty \mathrm{e}^{-s^2}\mathrm{d}s. \tag{26-6}$$

聚焦后激光光斑的功率密度分布近似为高斯分布,即

$$I(r, t) = I(0, t)\exp(-2r^2/\omega^2), \tag{26-7}$$

式中,ω 为光斑半径;r 为考察点至光斑中心距离;$I(0, t)$ 为时间 t 时光斑中心的功率密度.瞬间环状热源在半无限体内造成的温度分布为

$$T(r, z, t) = \frac{Q}{4\rho C(\pi \alpha t)^{3/2}} \exp\left(\frac{-r^2 - r'^2 - z^2}{4\alpha t}\right) I_0\left(\frac{rr'}{2\alpha t}\right), \qquad (26-8)$$

式中,Q 为环释放的总能量,环心为坐标原点;r' 为环的半径;r 为考察点距轴 z 的距离;I_0 为零阶第一类变形的贝塞尔函数.

对于高斯分布的热源,

$$Q = 2\pi r' q_0 \exp(-2r'^2/\omega^w) dr', \qquad (26-9)$$

式中,q_0 为原点处单位面积的能量.

将式(26-9)代入式(26-8)并对整个面积积分,得瞬时释放高斯分布的能量所产生的温度场为

$$T(r, z, t) = \frac{q_0 \omega^2}{2\rho C(\pi \alpha^3 t^3)^{1/2}(4\alpha t + \omega^2/2)} \exp\left(-\frac{z^2}{4\alpha t} - \frac{r^2}{4\alpha t + \omega^2/2}\right). \qquad (26-10)$$

如果高斯光束连续辐照材料,则有

$$q_o = AI(0, t') dt'. \qquad (26-11)$$

将式(26-11)代入式(26-10)并对时间积分后,可得

$$T(r, z, t) = \frac{\omega^2}{2\rho C(\pi \alpha)^{1/2}} \int_0^t \frac{AI(0, t') dt'}{(t-t')^{1/2}[4\alpha(t-t') + \omega^2/2]} \\ \times \exp\left[-\frac{z^2}{4\alpha(t-t')} - \frac{r^2}{4\alpha(t-t') + \omega^2/2}\right]. \qquad (26-12)$$

由于使用的是飞秒脉冲激光,因此这里假设激光输出的是一个矩形脉冲,即

$$I_0(0, t) = I_0, \qquad (26-13)$$

$$I(t) = \begin{cases} I_0, & 0 \leqslant t \leqslant t_0, \\ 0, & t \leqslant 0, t \geqslant t_0, \end{cases} \qquad (26-14)$$

因此可得

$$T(r, z, t) = \frac{AI_0 \omega^2}{2K}\left(\frac{\alpha}{\pi}\right)^{1/2} \int_0^t \frac{dt'}{t'^{1/2}(4\alpha t' + \omega^2/2)} \\ \times \exp\left[-\frac{z^2}{4\alpha t'} - \frac{r^2}{4\alpha t' + \omega^2/2}\right], \qquad (26-15)$$

焦点中心的温度为

$$T(0, 0, t) = \frac{AI_0 \omega}{K(2\pi)^{1/2}} \arctan \frac{(8\alpha t)^{1/2}}{\omega}. \qquad (26-16)$$

可以看到,当高重复频率的飞秒激光连续辐照玻璃样品内部时,会在焦点区域形成一个大的温度梯度场.尤其是激光焦点区域形成的温度可以超过玻璃材料的析晶温度,达到上千度的高温.在高频率飞秒激光辐照形成的高温高压场作用下,玻璃中的化学键断裂,组成玻

璃的基团开始重组,最后发生玻璃熔融相变析出晶核.接下来,由于热积累和热传递效应使得焦点区域周围的温度不断上升,导致玻璃受热熔融形成熔体.当周围区域的温度超过玻璃的晶化温度时,之前析出的晶核就会在热扩散的驱动下开始不断生长.因此玻璃析晶的过程可以概括如下:焦点区域高温促使玻璃熔融达到析晶温度析晶,然后由于后续的热累积和热传递促使焦点周围区域达到玻璃的析晶温度而促使晶体第二次生长.

【实验仪器】

1. 玻璃制备过程的主要实验仪器

主要包括电子天平、意丰电炉、刚玉坩埚、退火炉,具体的使用方法请参照说明书.

2. 激光作用过程中需要的仪器设备

(1) 高重复频率飞秒激光系统.实验中用到的飞秒激光系统是美国相干公司的 Ti:Sapphire 飞秒激光器(RegA 9000,Coherent),系统装置如图 26-2 所示,主要由半导体泵浦激光器(Verdi)、飞秒种子脉冲激光振荡器(Mira 900)、飞秒再生放大器(RegA 9000)三部分组成.最终从再生放大器中产生出来的激光脉冲为高斯分布,中心波长为 800 nm,脉冲宽度为 150 fs,重复频率为 250 kHz.

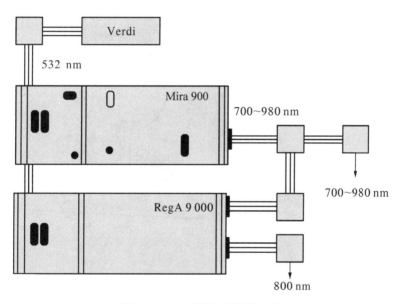

图 26-2 飞秒激光系统装置图

(2) 三维微加工控制系统.飞秒激光三维微加工平台由计算机控制系统、Newport 电子快门(shutter)、PRICR (H101Af)三维平台、奥林巴斯(Olympus)显微镜系统、平台控制箱电源、CCD 等部件组成.通过串口通信的方式由计算机来控制三维加工平台的移动,以及光快门的开关.光快门的开关可以用来控制激光辐照时间(脉冲数).在计算机中装有 Image-Pro MC5.1 软件,通过其可视化界面可以控制快门的开关、三维平台移动,完成扫线、打点、画圆等各种动作.

在实验中,实验样品被放置在三维可移动平台上,飞秒激光被显微系统聚焦后,垂直入射到样品上.在实验的过程中,激光焦点固定不动,三维平台移动.对三维平台的控制有粗调和精确控制两种情况.平台控制箱的手柄可以对平台在水平方向的移动进行粗调,而平台处的旋钮可以实现平台在竖直方向移动的粗调.对平台的精确控制需要通过 Image-Pro MC5.1 软件可视化界面的设定来完成.在此界面内,可设定光快门的开关时间,也就是控制激光辐照样品的时间(激光的脉冲数),还可以精确设定平台水平、竖直的移动距离以及移动的速率.微加工平台的最小横向位移为 20 nm,最小纵向位移为 3 nm,可以实现很高的三维空间定位.另外,通过编写软件脚本程序,可以实现三维空间复杂图形的微加工操作.

(3) 实验用到的光束聚焦系统是一台 Olympus BX51 正置式光学显微镜,使用的物镜包括：$5\times/0.15$、$10\times/0.3$、$20\times/0.46$、$50\times/0.5$ 和 $100\times/0.8$.通过透镜聚焦系统,将光束聚焦到样品表面,聚焦后激光的光斑尺寸可达到微米量级.飞秒激光的能量控制可以利用安装在光路上的中性滤色片(neutral density filter)来调节.本实验中,涉及的飞秒激光功率均是利用功率计在中性滤色片之后测出的.激光通过中性滤色片后面光路中的一些反射镜和聚焦物镜后,功率衰减为测量功率的 50%.整个控制系统的简易装置如图 26-3 所示.

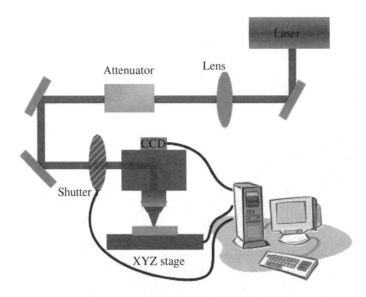

图 26-3 飞秒激光微加工简易装置图

【实验内容及要求】

(1) 探索不同玻璃的制备方法,制备出符合实验要求的玻璃.

(2) 探索飞秒激光与玻璃相互作用后在玻璃内部或表面引起的折射率变化和玻璃组分的变化及其产生的机理.

(3) 研究在不同的辐照能量、辐照时间、样品深度下,飞秒激光对玻璃的作用.分析从玻璃中诱导出的晶体的结构,及其晶体的取向和激光偏振方向的关系.

【实验方法】

1. 玻璃样品制备

玻璃的制备是一个非常复杂的过程,需要注意很多细节和条件的变化,要在实验过程中不断总结经验,不断变换条件进行尝试.烧制玻璃的具体过程如图 26-4 所示.先按一定剂量将样品粉末混合均匀.对于已经很细的粉末样品,只需要搅拌半个多小时即可,而对于其中有成分为非粉末的样品则需要用力研磨,直至样品磨到很细为止,这一般需要 1~2 h 的时间.将混合好的样品放入洗净、晾干的刚玉坩埚当中,等电阻炉的温度升到所需温度时,将坩埚用钳子夹着放入炉膛中的样品台上,然后迅速将样品台升入炉中,以防止炉子由于骤冷而开裂.在一定温度烧制需要的时间后,迅速降下样品台,将高温下的坩埚用钳子迅速夹出,并用最快的速度将坩埚中的样品倒到一块事先准备好的钢板上,然后迅速用另一块钢板压到钢板上的玻璃液体上,直至冷却.烧好的样品为了消除其内部的细微裂纹,要在玻璃的熔化温度附近退火,少则几十分钟,多则几个小时甚至十几个小时.退过火的玻璃一般需要抛光,以利于实验过程中飞秒激光能尽量低损耗地进入到样品中.只有抛光好的玻璃才能与激光达到最好的作用效果.

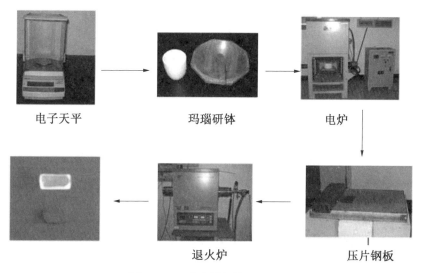

图 26-4 玻璃制备的过程图示

2. 飞秒激光诱导微结构

将抛光好的玻璃样品放到电脑控制的三维可移动平台上.根据实验要求,通过电脑软件界面,控制平台的移动方式及激光的辐照时间,最终在玻璃样品的表面或内部诱导出微结构.

【数据处理方法和总结报告要求】

(1) 测量微结构的尺寸随激光功率以及激光脉冲数的变化.

(2) 利用紫外-可见-近红外吸收光谱分光光度计测量激光作用区域的吸收谱和透射谱.

(3) 利用激光共交显微拉曼光谱仪测量激光作用区域玻璃结构的变化情况,利用 Origin 软件处理分析获得的数据.

(4) 利用 X 射线衍射仪,从宏观上观察激光作用后玻璃结构的变化.

(5) 利用扫描电子显微镜(scanning electron microscope,SEM)观察激光作用区域的显微形貌,通过能谱仪(energy dispersive spectometer,EDS)测量作用区域的材料组成,观察激光作用区域各种成分的比重与激光作用之前的不同.

（6）给出实验总结,包括玻璃材料的组分、制备条件及方法,激光诱导的微结构的形貌、尺寸及各种其他数据分析结果.最后结合实验原理分析实验结果.

参考文献

［1］石顺祥,陈国夫,赵卫,等.非线性光学[M].西安：西安电子科技大学出版社,2003.

［2］周炳琨,高以智,陈倜嵘,等.激光原理[M].5版.北京：国防工业出版社,2004.

［3］Sehaffer C B, et al. Interaction of femtosecond laser pulse with transparent material[D]. Cambridge：Harvard University，2001.